全国职业技术院校模具制造/模具设计专业教材

成型模具设计（第二版）

人力资源和社会保障部教材办公室组织编写

中国劳动社会保障出版社

简　介

本书主要内容包括塑料及其成型基础知识、注射成型模具结构、注射成型模具设计、其他塑料成型模具设计等。

本书由洪惠良主编，王盛、徐小燕、陈烨妍、孙喜兵、陈宏、刘超参加编写。

图书在版编目(CIP)数据

成型模具设计/人力资源和社会保障部教材办公室组织编写. —2版. —北京：中国劳动社会保障出版社，2016

全国职业技术院校模具制造/模具设计专业教材

ISBN 978-7-5167-2601-3

Ⅰ.①成…　Ⅱ.①人…　Ⅲ.①模具-设计-职业教育-教材　Ⅳ.①TG760.2

中国版本图书馆CIP数据核字(2016)第176036号

中国劳动社会保障出版社出版发行

（北京市惠新东街1号　邮政编码：100029）

*

北苑印刷有限责任公司印刷装订　　新华书店经销

787毫米×1092毫米　16开本　11.5印张　230千字

2016年7月第2版　　2016年7月第1次印刷

定价：22.00元

读者服务部电话：(010) 64929211/64921644/84626437

营销部电话：(010) 64961894

出版社网址：http://www.class.com.cn

http://zyjy.class.com.cn

前言

为了更好地适应全国职业技术院校模具类专业的教学要求，全面提升教学质量，人力资源和社会保障部教材办公室组织有关学校的骨干教师和行业、企业专家，对全国中等职业技术学校和高等职业技术院校模具类专业教材进行了修订和补充开发。教材的修订和开发以人力资源社会保障部颁布的《技工院校模具制造专业教学计划和教学大纲（2016）》与《技工院校模具设计专业教学计划和教学大纲（2016）》为依据，充分调研了企业生产和学校教学情况，广泛听取了教师对现行教材使用情况的反馈意见，吸收和借鉴了各地职业技术院校教学改革的成功经验。

教材体系

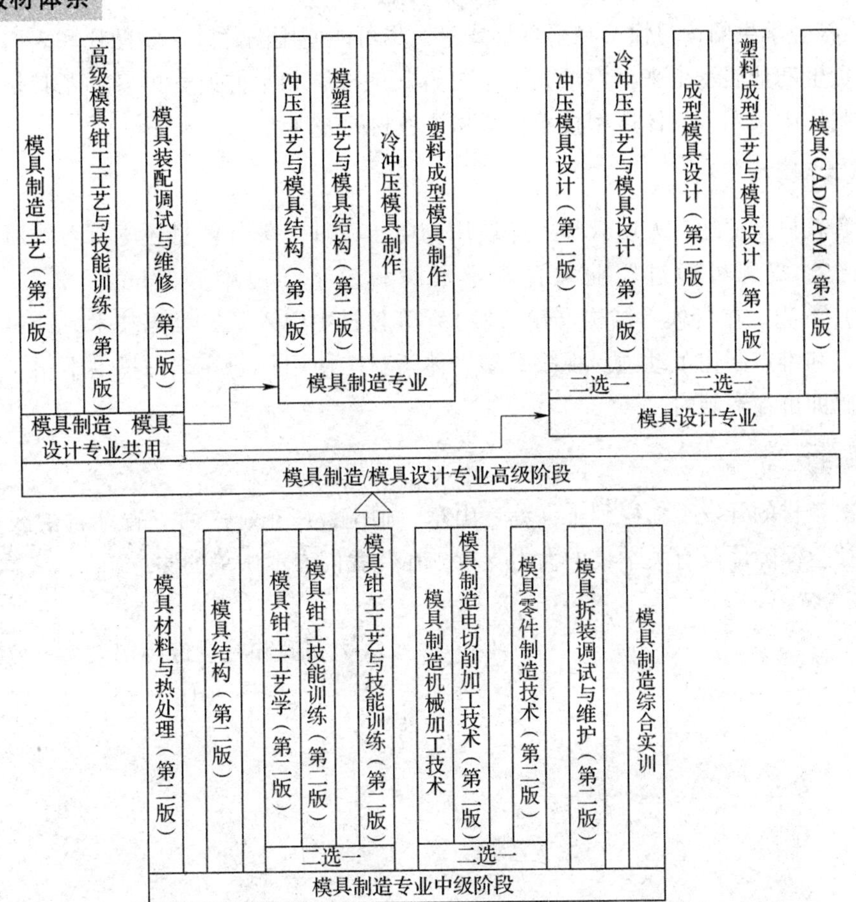

适用对象

模具制造/模具设计专业中级、高级两个层次和以下 3 种学制：

- 初中毕业生 3 年学制培养中级工
- 高中毕业生 3 年学制培养高级工
- 初中毕业生 5 年学制培养高级工

编写特色

◆ **紧贴国家职业标准** 紧密贴合《中华人民共和国职业分类大典（2015 年版）》中对模具工等职业的职业能力要求，同时参照了模具工、工具钳工等国家职业技能标准。

◆ **体现行业技术发展** 根据模具行业的最新发展，在教材中充实模具制造、设计方面的新技术，如模具 CAD/CAM/CAE 技术、快速成型技术、多轴数控加工技术、微细加工技术等，体现教材的先进性。

◆ **更新国家技术标准** 采用最新的国家技术标准，如《工模具钢》（GB/T 1299—2014）、《冲压件尺寸公差》（GB/T 13914—2013）、《冲压件角度公差》（GB/T 13915—2013）等，使教材内容更加科学和规范。

◆ **符合学生阅读习惯** 在呈现形式上，尽可能使用图片、实物照片和表格等形式将知识点生动地展示出来，力求让学生更直观地理解和掌握所学内容。尤其是在教材插图的制作中采用了立体造型技术，增强了教材的表现力。

教学服务

本套教材全部配有方便教师上课使用的电子课件，部分教材还配有习题册，电子课件等教学资源可通过职业教育教学资源和数字学习中心（http：// zyjy. class. com. cn）下载。在《模具结构（第二版）》等教材中引入了二维码技术，针对书中的教学重点和难点制作了动画、视频等多媒体素材，使用移动终端扫描书中相应位置处的二维码即可在线观看。

致谢

本次教材的开发工作得到了江苏、山东、湖南、广东、广西等省（自治区）人力资源和社会保障厅及有关学校的大力支持，在此我们表示诚挚的谢意。

人力资源和社会保障部教材办公室

2016 年 6 月

目录
Contents

塑料及其成型基础知识

第一节　塑料及其制品

随着塑料工业的飞速发展，塑料与钢铁、木材、水泥一起构成了现代工业四大基础材料，在国民经济发展中占有重要地位。可以说，塑料制品（见图1—1—1）无所不在，并逐渐取代人们熟知的传统材料，渗透到人类生活的众多领域。当然，要生产外形美观、性能可靠、尺寸合格的塑料制品，除了原材料的合理选择，制品结构的合理确定，成型方法及成型工艺的正确制定，还离不开成型模具的合理设计和精良制作。

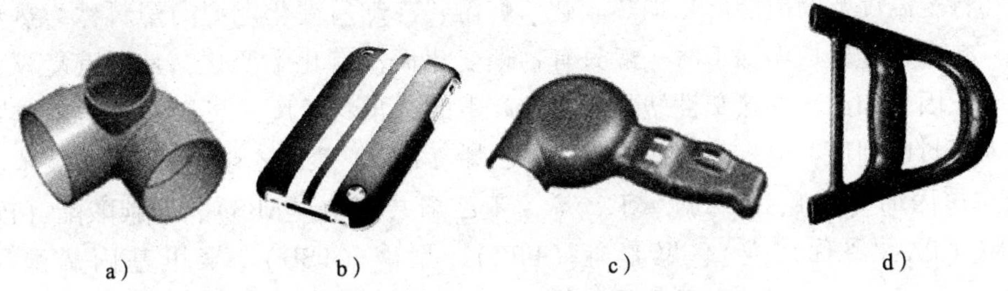

图1—1—1　塑料制品示例

a）三通　b）手机壳　c）吹风机外壳　d）购物车塑料件

一、塑料

1. 塑料及其组成

塑料是指以树脂为基础原材料（含量一般为40%～100%），并辅以添加剂而制成的有机合成材料。作为塑料中最重要的成分，树脂不仅起黏结作用，而且决定着塑料的性能，故塑料常以其中的树脂来命名。

（1）树脂

树脂是一种相对分子质量不确定但通常较高的有机物质，具有软化或熔融温度范围，软化时在外力作用下有流动倾向，这也是塑料成型的基础。

树脂有天然树脂和合成树脂之分。天然树脂来自树木分泌出的脂物（如松香）、热带昆虫分泌物中的提取物（如虫胶）或石油中的提取物（如沥青），目前所使用的塑料很少采用天然树脂。

顾名思义，合成树脂（如聚乙烯、尼龙、环氧树脂等）均采用人工方法制得，石油是制成合成树脂的主要原料。合成树脂不但保留了天然树脂的优点，还改善了其成型加工工艺性和使用性能。

需要指出的是，有些树脂可以直接作为塑料使用，如聚乙烯、聚苯乙烯、尼龙等，但多数树脂必须在其中加入一些添加剂，方能作为塑料使用，如酚醛树脂、氨基树脂、聚氯乙烯等。所以，在塑料中树脂虽然起着决定性的作用，但添加剂的作用也不能忽视。

（2）添加剂

添加剂是为改善塑料的成型工艺性能、改善塑料制品的使用性能或降低塑料制品的成本而加入的一些物质。添加剂包括填充剂、增塑剂、着色剂、稳定剂等。

除上述添加剂外，在塑料中还可有选择性地加入一些其他添加剂，如润滑剂、固化剂、发泡剂、阻燃剂、防静电剂、导电剂、导磁剂等，以满足不同的需要。

2. 塑料的分类

根据受热后所表现的性能不同，塑料可分成热塑性塑料和热固性塑料两大类。

（1）热塑性塑料

在特定温度范围内能反复加热软化、熔融，冷却后硬化定型的塑料称为热塑性塑料。热塑性塑料成型加工时一般只有物理变化而没有化学变化，是可重复成型的塑料。正因为如此，在热塑性塑料加工中产生的边角料及废品可以回收粉碎成颗粒后掺入原料中利用，以提高其使用率。聚乙烯（PE）、聚氯乙烯（PVC）、聚苯乙烯（PS）、聚丙烯（PP）、丙烯腈－丁二烯－苯乙烯共聚物（ABS）、聚碳酸酯（PC）、聚酰胺（PA，俗称尼龙）、聚苯醚（PPE）、聚砜（PSU）、聚甲基丙烯酸甲酯（PMMA，俗称有机玻璃）等是常用的热塑性塑料。热塑性塑料制品示例如图 1—1—2 所示。

（2）热固性塑料

加热到一定温度时能软化、熔融，可塑制成型，并硬化定型的塑料称为热固性塑料。热固性塑料在成型过程中既有物理变化又有化学变化，成型后再次加热时不会再度软化、熔融。正因为如此，热固性塑料加工中的边角料和废品不可回收再生利用。酚醛塑料、氨基塑料、环氧树脂（EP）、有机硅塑料、硅酮塑料、聚邻苯二甲酸二烯丙酯（PDAP）等是常用的热固性塑料。热固性塑料制品示例如图 1—1—3 所示。

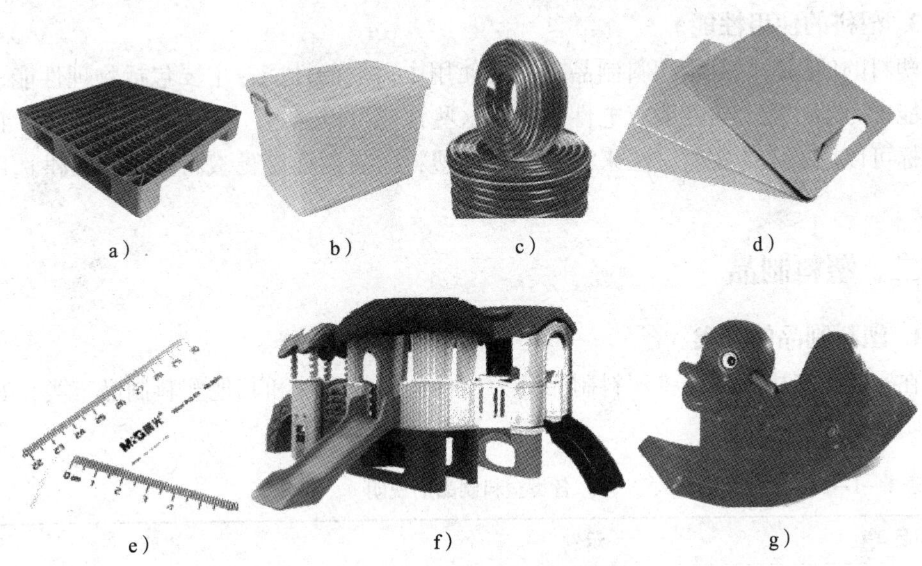

图 1—1—2 热塑性塑料制品示例

a）货架 b）储物箱 c）水管 d）砧板 e）直尺 f）儿童乐园 g）木马

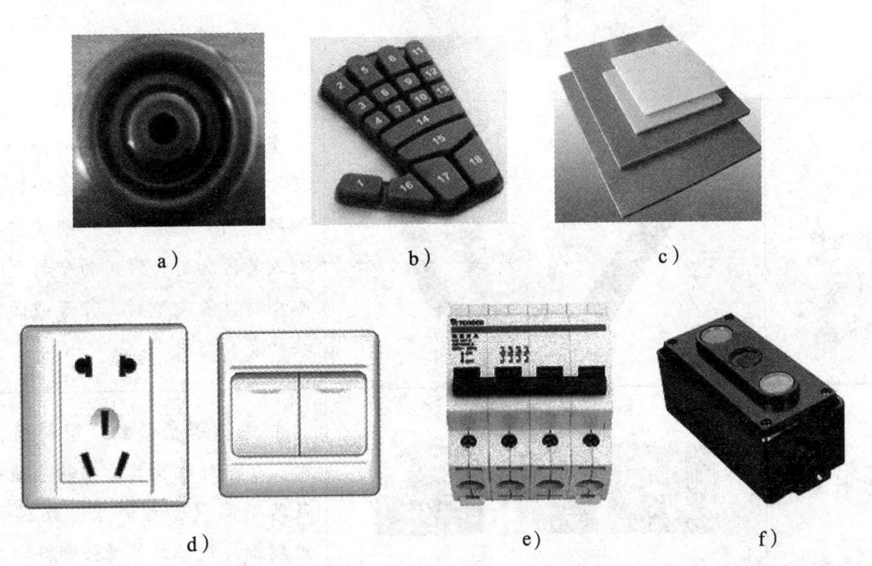

图 1—1—3 热固性塑料制品示例

a）法兰 b）手掌模塑 c）胶合板 d）开关和插座 e）空气开关 f）压扣开关

需要指出的是，根据塑料的性能和用途，在实际使用中还可将其分为通用塑料、工程塑料和增强塑料。通用塑料主要包括聚乙烯、聚丙烯、聚氯乙烯、聚苯乙烯、酚醛塑料和氨基塑料六大品种，它们占塑料总产量的一大半以上，产量大、用途广、价格低是它们的特点；工程塑料强度和刚度高、可代替金属用作工程材料，如 ABS、聚碳酸酯等；增强塑料是指加入玻璃纤维填料或其他纤维作为增强材料，以树脂为黏结剂的塑料，热固性塑料的增强塑料又称玻璃钢。

3. 塑料的使用性能

塑料的使用性能是指塑料制品在实际使用中需要的性能，主要包括物理性能、化学性能、力学性能、热性能、电性能等，这些性能可以通过一定的指标来衡量，且这些指标可以用一定的实验方法来测得。常用塑料的使用性能见教材附录一，供选用时参考。

二、塑料制品

1. 塑料制品的分类

在实际生产中，一般将塑料制品分为塑件、塑料型材和其他塑料制品三类，其相关说明见表1—1—1。

表1—1—1　各类塑料制品的说明

制品类型	示例	说明
塑件		塑件是一种最常见的塑料制品，它具有特定的使用功能、结构和形状，成型后一般无须加工或只需做少量的加工就能投入使用
塑料型材		塑料型材是指按一定的截面形状和尺寸规格加工成型后供应市场的塑料制品，用户在使用时一般还需要做切割或其他加工。常用的塑料型材有实心型材、管类型材、异型截面型材和共挤复合型材
其他塑料制品		主要包括塑料丝、塑料绳、塑料网，塑料纤维及其纺织物，塑料薄膜及其制品（如塑料袋、胶黏带等），玻璃钢（玻璃纤维增强塑料）制品

2. 塑料制品的特点及生产

（1）塑料制品的特点

塑料制品的特点主要包括：密度低，化学稳定性高，绝缘性良好，光、电、声、磁特性优良，摩擦因数较低（有些塑料有很好的自润滑性），来源丰富，可以使用高效率的工艺方法加工成型。

当然，塑料并非十全十美，有些缺陷至今未能克服，如老化、不耐高温等。正因为如此，塑料还不能从根本上替代金属材料。

(2) 塑料制品的生产

塑料制品的生产又称塑料加工，它是一个复杂而繁重的过程，其完整工序要经历的过程如图 1—1—4 所示，共由三个生产部门组成，即塑料原料生产部门、塑料生产部门、塑料制品生产部门。

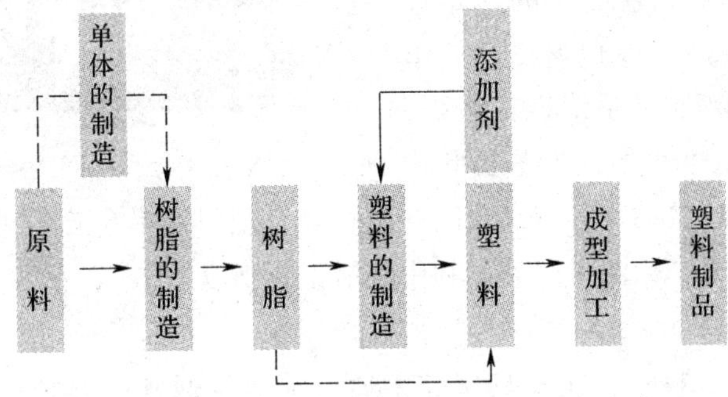

图 1—1—4 塑料制品的生产过程

在实际生产中，往往是塑料原料生产部门和塑料生产部门组合在一起，或塑料生产部门和塑料制品生产部门组合在一起。其中，成型加工至关重要，根据塑料制品的类型可选择不同的成型方法，如注射成型、压缩成型、压注成型、挤出成型等。

需要指出的是，根据需要，塑料制品中有时还包括机械加工、修饰加工、装配加工等内容，甚至某些塑料在成型之前还需进行预处理（如预热、预压、干燥等）和后处理（如去除应力）等。

第二节 塑料成型

塑料成型的工艺种类很多，利用成型设备和模具通过加压、加热使塑料成型的方法称为模塑成型。作为一种广泛应用的、先进的塑料加工方法，模塑成型不仅所得塑料制品高度一致，而且生产过程易于实行机械化和自动化。当然，这一切与成型方法（包括成型工艺）、成型设备、成型模具密不可分。

一、塑料成型方法

在塑料制品生产中，主要采用的塑料成型方法包括注射成型、压缩成型、压注成型、挤出成型、吹塑成型、气压成型和发泡成型等。在实际生产中，应根据具体的制品材料及要求采用不同的成型方法。

1. 注射成型

注射成型是热塑性塑料制品最为普遍的一种成型方法，它是在加压条件下，将塑料物料由注射机加热料筒经过模具浇注系统注入闭合模具型腔的模塑方法，注射成型如图 1—2—1 所示。

注射成型主要用来成型从日常生活用品到各类复杂的机械、电器、交通工具等零件，几乎可以涵盖所有的热塑性塑料制品，及某些热固性塑料制品。由于注射成型具有对塑料的适应性比较强，可以连续、经济地大批量生产终端形状塑料制品，容易实现自动化等特点，因此，在整个塑料制品生产行业占有非常重要的地位，大约有三分之一的塑料制品是利用注射工艺制成的。

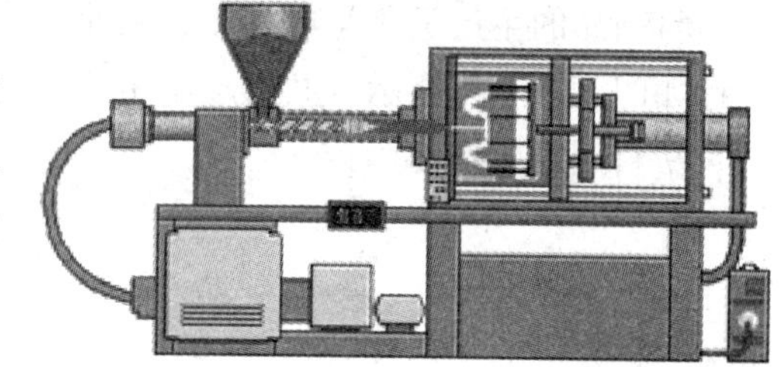

图 1—2—1　注射成型

2. 压缩成型

压缩成型是指塑料物料在模具型腔中通过加压且通常需要加热的成型方法。它是较早采用的塑料成型方法，其使用的设备为压力机。压缩成型如图 1—2—2 所示。

压缩成型通常用于热固性塑料制品的成型，如树脂镜片、汽车转向盘、仪表壳、电气开关和插座等。

3. 压注成型

压注成型是指使塑料物料经过加热室进入热模具的闭合型腔而成型的模塑方法。压注成型又称传递成型或挤塑成型，它是在压缩成型基础上发展起来的塑料成型方法，其使用的设备同样是压力机，压注成型如图 1—2—3 所示。

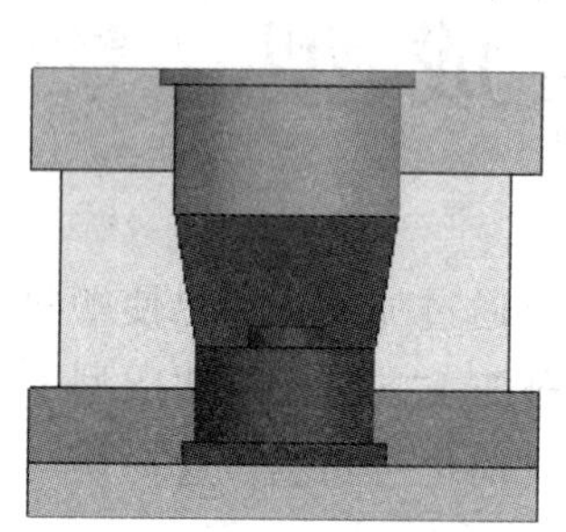

图 1—2—2　压缩成型

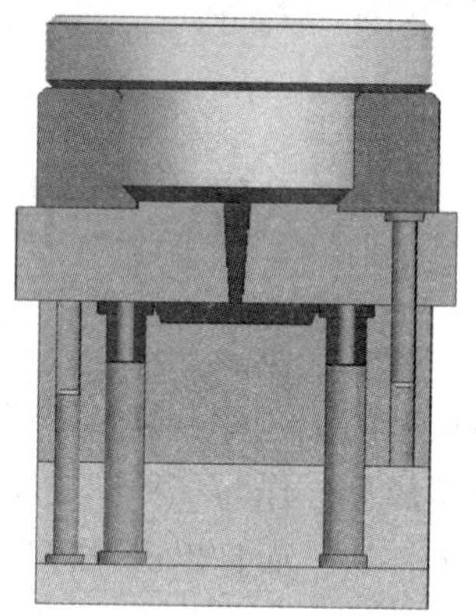

图 1—2—3　压注成型

压注成型主要用于热固性塑料制品的生产。由于能生产比较精密的带细薄嵌件的制品（如封装电子元器件等），因此，广泛应用于电机、电器、灯具等行业。

4. 挤出成型

挤出成型是指将固态塑料在一定温度和压力下熔融、塑化，利用挤出机的螺杆旋转（或柱塞）加压，使其通过特定形状的口模成为截面与口模形状相仿的连续型材的方法。挤出成型如图 1—2—4 所示。

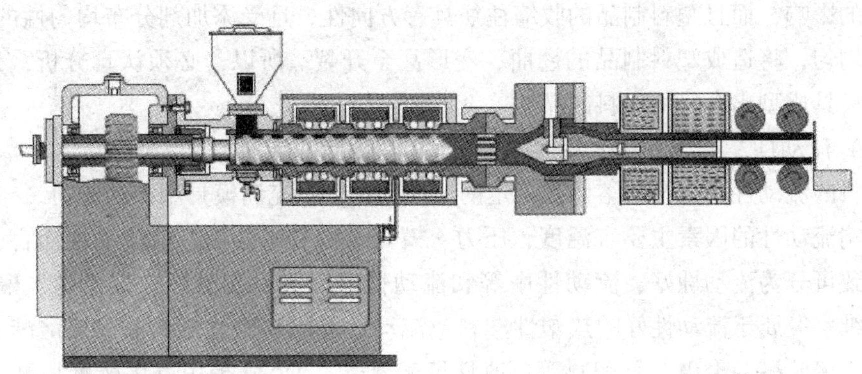

图 1—2—4 挤出成型

挤出成型是塑料型材的主要成型方法，轴向任何地方断面形状和尺寸一样的制品均可采用挤出成型的方法，例如，管材、棒材、板材、薄膜及电线、电缆等。

至于其他成型方法，有着各自的适用场合。吹塑成型常用于生产由热塑性塑料制成的容器类中空制品，如塑料饮料瓶、塑料水桶等；气压成型则可用于热塑性塑料桶、瓶、罐、盒类制品的成型；发泡成型常用作隔热材料、保温材料、隔音材料、防振材料、缓冲材料等发泡塑料的成型。

另外，还涌现了热流道技术、气辅成型技术、水辅成型技术、夹心注塑技术、重叠注塑工艺、注射—压缩成型技术、塑封模具技术、反应注射技术、低压模塑技术、熔芯模塑技术等先进、特殊的塑料成型方法（工艺）。

二、注射成型工艺

注射成型是将塑料原料转变为塑料制品的主要工艺方法，几乎所有的热塑性塑料都可以采用此方法成型。当然，采用注射成型工艺必须充分考虑影响塑料制品成型工艺的因素，掌握塑料的成型特性，熟悉塑料注射成型阶段，掌握成型工艺条件。

1. 考虑因素

影响塑料制品成型工艺的因素主要包括塑料形态、收缩性、流动性、吸水性、结晶性、热敏性、应力开裂及熔体破裂等。

（1）塑料形态

随着成型温度的变化，热塑性塑料将呈现不同形态，它们分别是玻璃态（坚硬固体）、高弹态（橡皮状弹性体）和黏流态（黏性流体）。

处于不同形态的塑料，适宜于采用不同的成型方法。对于注射成型来说，成型温度的选择必须确保塑料呈黏性流体状态。

（2）收缩性

塑料制品从模具中取出冷却后，一般都会出现尺寸收缩，这就是塑料的收缩性，收缩性的大小可用（模塑）收缩率来表示。

需要指出的是，收缩率不仅受到诸如塑料品种、成型特征、成型条件及模具结构等因素的影响，而且塑料制品的收缩往往具有方向性，且受添加剂分布均匀性的影响。收缩不均匀，将造成塑料制品的翘曲、变形甚至开裂。所以，必须认真分析，方能使设计的模具成型出合格的塑料制品。

（3）流动性

塑料的流动性是指塑料熔体在一定的温度和压力下充满模具型腔的能力。

影响流动性的因素主要有温度、压力、模具结构和水分等，就流动性而言，常用塑料大致可分为流动性好、流动性中等和流动性差三类。聚酰胺、聚乙烯、聚丙烯、乙酸纤维素等属于流动性好的热塑性塑料；流动性差的热塑性塑料有聚碳酸酯、硬聚氯乙烯、聚苯醚、聚砜、氟塑料等；改性聚苯乙烯、ABS、聚甲基丙烯酸甲酯、聚甲醛、氯化聚醚等则属于流动性中等的热塑性塑料。

（4）吸水性

吸水性是指塑料对水分的吸收能力。在实际生产中，通常可将塑料归纳为具有吸水或黏附水分倾向和不具有吸水或黏附水分倾向两类。

具有吸水或黏附水分倾向的塑料包括聚甲基丙烯酸甲酯、聚酰胺、聚碳酸酯、聚砜、ABS 等，对于这类塑料，成型之前必须进行干燥处理，并在成型过程中继续保温，避免重新吸潮；否则，成型时水分在成型设备的高温料筒中将产生气体并促使塑料发生水降解，使塑料制品出现气泡、银丝和斑纹等缺陷。

不具有吸水或黏附水分倾向的塑料包括聚乙烯、聚丙烯、聚甲醛等，对于这类塑料，成型之前可不进行干燥。

（5）结晶性

结晶倾向是指塑料由熔融状态到冷凝时，其分子从无序状态变成正规排列的倾向。在实际生产中，通常用结晶性表示结晶倾向，并据此将热塑性塑料划分为结晶型塑料与非结晶型（又称无定型）塑料两大类。

结晶型塑料加热熔化时需要较多的热量，冷却凝固时放出的热量也多，必须注意成型设备的选用和模具中冷却装置的设计；结晶型塑料收缩大，易产生缩孔或气孔；结晶型塑料各向异性显著，内应力大，脱模后制品易变形、翘曲；结晶型塑料结晶和熔化温度范围窄，易发生未熔塑料注入模具或堵塞浇口的现象。所以，在模具设计及选择注射机时应对结晶型塑料特别注意。

属于结晶型塑料的有聚乙烯、聚丙烯、聚四氟乙烯、聚甲醛、聚酰胺、氯化聚醚等。

（6）热敏性

热敏性是指某些塑料对热较为敏感，在高温和长时间受热情况下易发生变色、降解、分解的倾向。具有上述倾向的塑料称为热敏性塑料，如硬 PVC、聚偏氯乙烯、醋酸乙烯共聚物、POM、聚三氟氯乙烯等。

热敏性塑料在分解时产生单体、气体、固体等副产物，特别是有的分解气体对人体、设备、模具都有刺激、腐蚀作用或毒性。所以，在模具设计、选择注射机及成型时都应注意，应选用螺杆式注射机，模具和料筒应镀铬，且必须严格控制成型温度及在塑料中加入稳定剂，以减弱其热敏性。

（7）应力开裂及熔体破裂

聚苯乙烯、聚碳酸酯、聚砜等塑料比较脆，成型时又容易产生内应力，故成型后的制品在外力作用下容易产生应力开裂。因此，除了在原料内加入添加剂提高抗开裂性外，还要注意原料的干燥，合理地选择成型条件，以减小内应力及增加抗裂性。另外，进行合理的塑件设计、模具设计和适宜的后处理等均可以提高抗开裂性。

熔体破裂是指塑料熔体在恒温下通过喷嘴或浇口等狭窄部位且流速超过一定值时，挤出的熔体表面产生明显的横向凹凸不平或外形畸变以致破裂的现象。对于熔体指数高的塑料，在模具设计时应增大喷嘴、流道和浇口的截面积，防止产生熔体破裂现象。

2. 塑料的成型特性

塑料的成型特性是塑料成型工艺性能的体现，它不仅关系到塑料能否顺利成型及塑件质量，同时也影响着模具的设计要求。

尽管塑料品种繁多，但常用的热塑性塑料主要为聚乙烯、聚氯乙烯、聚丙烯、聚苯乙烯、丙烯腈－丁二烯－苯乙烯共聚物、聚碳酸酯等，它们各自的成型特性见教材附录二，供设计模具时参考。

3. 注射成型阶段

塑料制品注射成型生产工艺过程循环如图1—2—5所示，其过程可概括成三个阶段，即成型前的准备、注射过程、塑料制品的后处理。

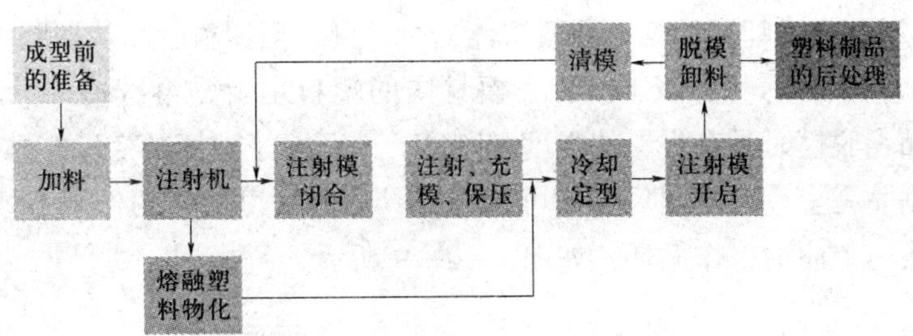

图1—2—5 注射成型生产工艺过程循环

注：图中“物化”为“发生物理反应和化学反应。”

（1）成型前的准备

注塑成型前的准备工作应根据具体塑料制品的成型需要，从多方面做起，其可能涉及的内容包括：原料检验和工艺性能测定、原料着色（按需要）、原料预热干燥（按需要）、嵌件的预热（按需要）、料筒的清洗（在改变成型产品、更换原料和颜色时进行）、脱模剂的选用（根据具体情况）等。

（2）注射过程

注射过程是一个间歇过程，是塑料原料转变为塑料制品的最主要阶段，主要包括加热塑化、加压注射、冷却定型三个基本工步。

1）加热塑化。塑料的塑化是一个比较复杂的物理过程。简单地说，加热塑化是塑料在料筒内经过加热达到熔融流动状态并具有良好可塑性的过程（见图 1—2—6），通过塑化，物料由松散的粉状或粒状固体转变成连续的均化熔体。

塑化质量受到众多因素的影响，如塑料种类、注射机类型和工艺条件、成型前的准备工作、料筒温度、螺杆转速等。塑化进行得如何，将直接关系到塑料制品的质量。

2）加压注射。加压注射是指通过注射机柱塞或螺杆，按要求的压力和速度将已经塑化好的塑料熔体推挤至料筒前端，经喷嘴和模具的浇注系统高速注射入型腔的过程，如图 1—2—7 所示。该工步经历的时间虽短，但熔体在其间所发生的变化却不少，而且这些变化对塑料制品的质量有着重要影响。

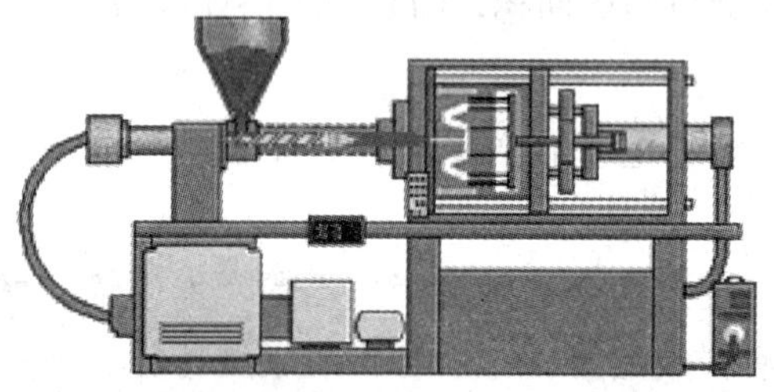
图 1—2—6　加热塑化

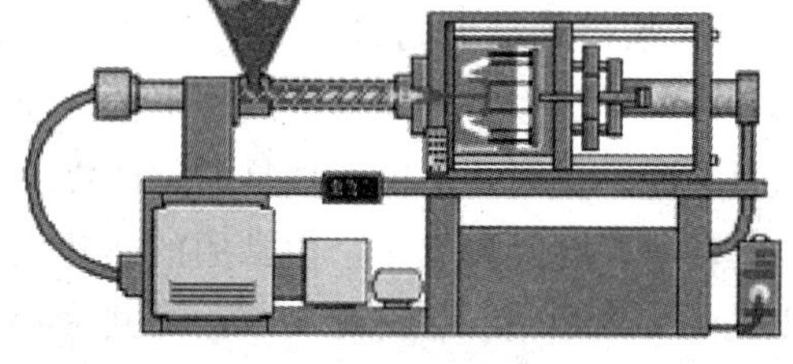
图 1—2—7　加压注射

由于塑料熔体与料筒、喷嘴、模具浇注系统和型腔的外摩擦以及熔体内部的摩擦，塑料熔体自料筒注入型腔需要克服一系列的流动阻力；与此同时，还需要对熔体进行压实。因此成型压力很高。

3）冷却定型。冷却定型是自塑料熔体完全冷凝，至塑料制品从型腔中脱出时的过程，如图 1—2—8 所示。在该工步内，模具内的塑料主要是继续冷却、凝固、定型，以使塑料制品在脱模时具有足够的强度和刚度，而不至于破坏及变形。

当塑料制品完全冷却凝固后，即可打开模具，在推出机构的作用下塑料制品被推出模外，完成一个注射工作循环，如图 1—2—9 所示。

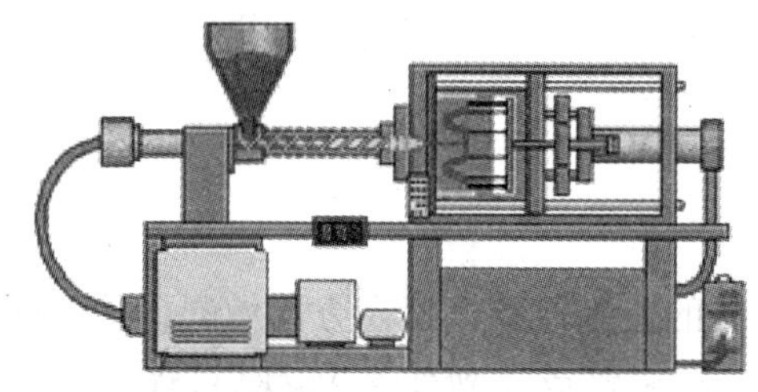
图 1—2—8　冷却定型

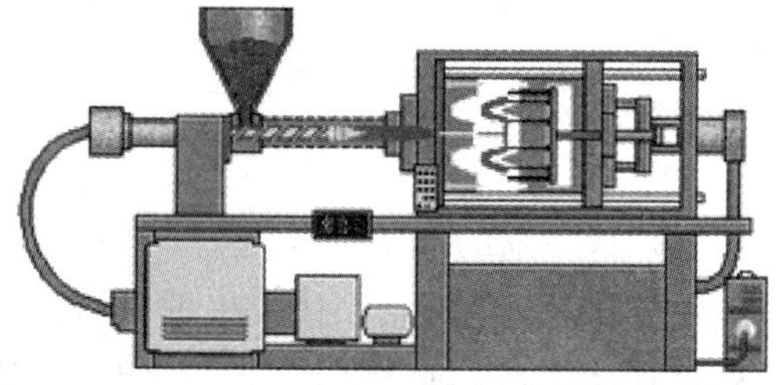
图 1—2—9　塑料制品脱模

（3）塑料制品的后处理

成型过程中，塑料熔体在温度和压力作用下的变形流动行为非常复杂，再加上流动前塑化不均匀及充模后冷却速度不同，塑料制品内经常出现不均匀的结晶（对于结晶型塑料）、取向和收缩，从而导致塑料制品内产生相应的结晶、取向和收缩应力，除引起脱模后时效变形外，还使塑料制品的力学性能、光学性能及表观质量变差，严重时还会开裂。因此，需对塑料制品进行适当的后处理。

根据塑料的特性和使用要求，塑料制品的后处理包括退火处理和调湿处理。当然，如果塑料制品要求不高，可以不进行后处理。

4. 成型工艺条件

在塑料制品的注射成型生产中，工艺条件的选择及控制是保证顺利成型和制品质量的关键。温度、压力和时间是注射工艺最主要的工艺条件，它们被称为注射成型工艺条件的三大要素。

（1）温度

注射成型过程中需要控制的温度包括料筒温度、喷嘴温度和模具温度，其中，料筒温度和喷嘴温度关系到塑料的塑化及塑料熔体的流动（充模），模具温度则关系到塑料熔体的流动和冷却定型。

1）料筒温度。料筒温度的选择应考虑塑料的品种和特性。不同的塑料具有特定的黏流温度或熔点，为了保证塑料熔体的正常流动，不使塑料发生过热分解，料筒最适合的温度范围应在黏流温度（或熔点温度）和热分解温度之间。

料筒温度的分布一般采用前高后低的原则，即料筒的加料口（后段）处温度较低，喷嘴处的温度较高。对于吸水性偏高的塑料，料筒温度应偏高一些；对于螺杆式注射机，由于螺杆的剪切摩擦热有助于塑化，料筒前段温度可略低于中段，以防止塑料的过热分解。

2）喷嘴温度。喷嘴温度的影响因素很多，在实际生产中可根据经验数据，结合实际条件，初步确定适当的温度，然后通过对塑料制品的直观分析或熔体“对空注射”进行检查及调整。

喷嘴温度一般略低于料筒的最高温度。喷嘴温度太高，熔体在喷嘴处产生流涎现象，塑料易发生热分解；但喷嘴温度也不能太低，否则易产生冷块或僵块，使熔体产生早凝，其结果不是凝料堵塞喷嘴，就是将冷料注入模具型腔，导致制品缺陷。

3）模具温度。模具温度取决于塑料的特性（有无结晶性）、塑料制品的结构和尺寸、塑料制品的性能要求及其成型工艺条件（如熔体温度、注射速度、注射压力和成型周期）等，例如，对于高黏度塑料，由于其流动性较差，充模能力较弱，为获得致密的组织结构，必须采用较高的模具温度。选择模具温度还要考虑塑料制品的壁厚，壁厚大的塑料制品模具温度一般应较高，以减小内应力和防止塑料制品出现凹陷等缺陷。

模具温度一般采用通入一定温度的冷却介质来控制，也可依靠熔料注入模具自然升温或自然散热达到平衡而保持一定的模具温度，在特殊情况下还可以采用电加热器加热模具来保持模具温度。

（2）压力

注射成型过程中需要控制的压力包括塑化压力、注射压力和保压压力，它们选择得合适与否，将直接影响塑料的塑化和塑料制品的质量。

1）塑化压力。塑化压力又称螺杆背压，它是指采用螺杆式注射机注射时，螺杆头部的熔体在螺杆转动时所受到的压力。

塑化压力的选择随所用塑料的品种而定。一般来说，在保证塑料制品质量的前提下可选用较低的塑化压力，并在实际操作中通过液压系统中的溢流阀进行调整。

2）注射压力。注射压力是指柱塞或螺杆轴向移动时其头部对塑料熔体所施加的压力。其大小由注射机上的压力表指示，并可通过控制系统调整。

注射压力的大小取决于注射机的类型、塑料的品种、模具浇注系统（如结构、尺寸与表面质量）、模具温度、塑料制品的壁厚和流程大小等。在其他条件相同的情况下，柱塞式注射机的注射压力应比螺杆式注射机的注射压力大，这是因为塑料在柱塞式注射机料筒内的压力损耗较大的缘故。

3）保压压力。型腔充满后，继续对模内熔体施加的压力称为保压压力。保压压力的作用是使熔体在压力下固化，并在收缩时进行补缩，从而确保获得完整的塑料制品。

保压压力通常不大于注射时的注射压力，过大的保压压力易产生溢料、溢边，并增大塑料制品的应力。

（3）时间

在注射成型生产中，完成一次注射成型过程所需要的时间称为成型周期。成型周期包括合模时间、注射时间、保压时间、模内冷却时间和其他时间，其中，注射时间和模内冷却时间最重要，对塑料制品的质量有着决定性影响。

在保证塑料制品质量的前提下，应尽量缩短成型周期中各个阶段的有关时间。

常用热塑性塑料注射成型工艺参数可查阅相关资料或参见教材附录三。

三、注射成型设备

1. 注射机的结构及作用

注射机是塑料注射成型加工的成型设备，是必备的物质条件。在实际生产中，注射机有多种类型，尽管它们外形不同，但基本上都由塑化注射系统、合模系统、液压传动系统和电气控制系统等部分组成，图 1—2—10 所示为卧式注射机的结构和实物图。

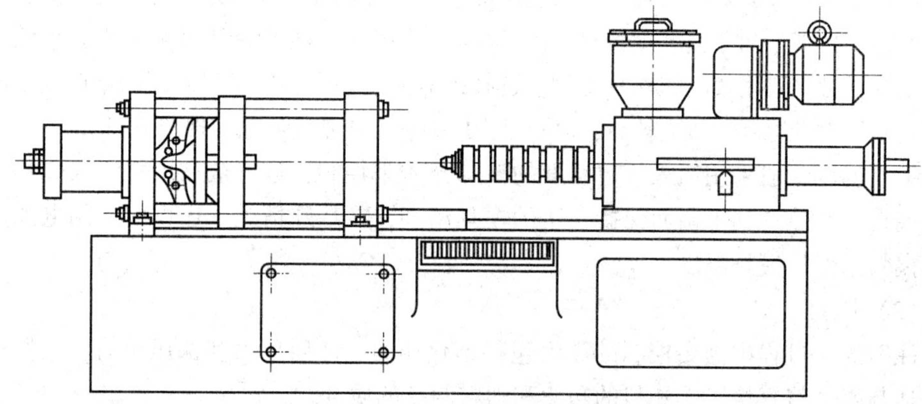

a）

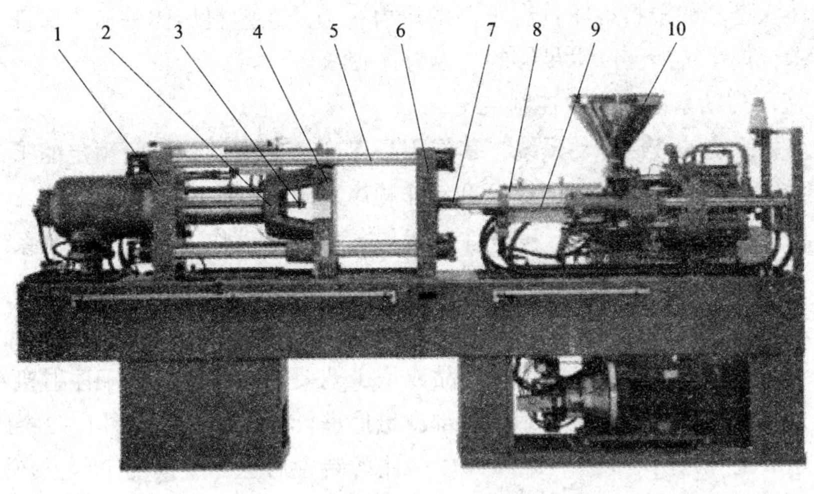

b）

图 1—2—10 卧式注射机（螺杆式）

a）结构 b）实物图

1—后模板 2—合模系统 3—顶杆 4—动模板 5—导柱 6—前模板 7—喷嘴 8—机筒 9—螺杆 10—料斗

（1）塑化注射系统

塑化注射系统的主要作用是使塑料物料均匀地塑化成熔融状态的熔体，并以一定的注射压力和注射速度把一定量的塑料熔体注入成型模具的型腔中。塑化注射系统的组成如图 1—2—11 所示，其中，塑化装置主要包括螺杆、机筒（料筒）和喷嘴。

在塑化装置中，螺杆是关键部件，负责塑化物料并将其注入型腔；机筒是重要部件，它与螺杆共同完成对物料的输送、塑化和注射工作；而喷嘴则是机筒与模具之间的连接桥梁，是注射时熔体高速注入模具的通道。

（2）合模系统

合模系统（又称锁模系统）的作用是保证成型模具灵活、准确、迅速、可靠和安全地启闭。合模系统的组成如图 1—2—12 所示，其中，模板主要用于安装成型模具、导柱、合模机构、顶出机构等；导柱用于连接前模板、后模板，并保证动模板平行移动。

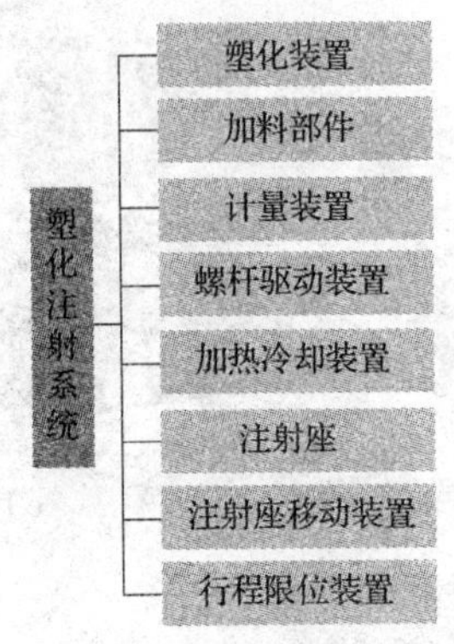

图 1—2—11 塑化注射系统的组成

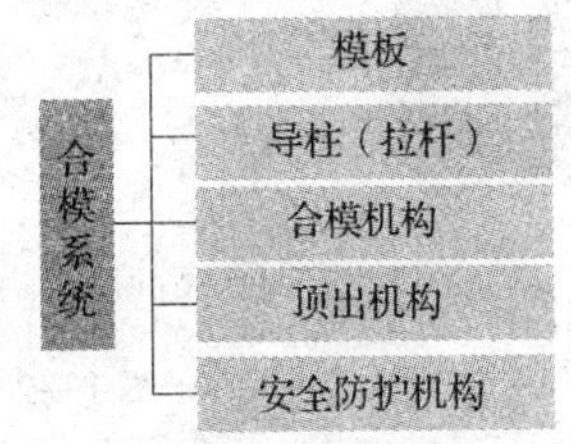

图 1—2—12 合模系统的组成

由于注入型腔的塑料熔体具有很高的压力，为防止塑料熔体外溢，保证型腔严密闭合，要求合模系统能够产生足够的合模力（锁模力）。

（3）液压传动系统和电气控制系统

作为动力系统的液压传动系统，其作用是保证注射机能够按照预定的工艺过程要求（如压力、速度、温度、时间等）和动作顺序准确、有效地工作。

与液压传动系统相互协调，完成注射机的各项预定动作，是电气控制系统的作用所在。

2. 注射机工作循环过程

注射机的工作是按照预定的塑料制品成型工艺要求，通过安装于注射机动模板和前模板（又称固定模板）间的注射模按部就班地进行的。通常遵循图1—2—13所示的加料→加热塑化→充模→保压补缩→卸压→注射装置后退→脱模的工作循环过程，如此往复，不断生产出所需要的塑料制品。

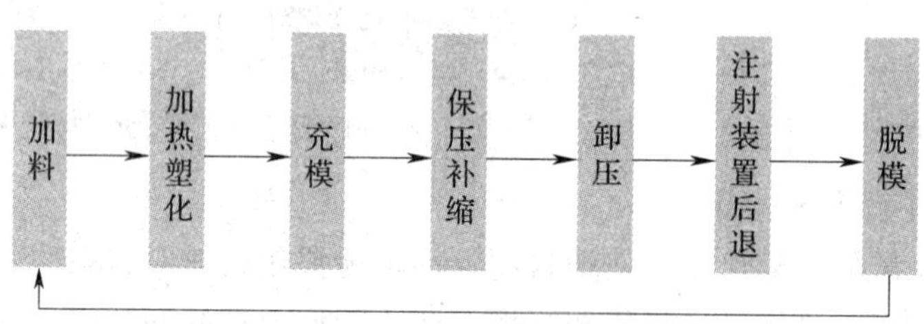

图1—2—13　注射机的工作循环过程

3. 注射机的分类

注射机有多种分类方法。按外形特征不同，可将注射机分为立式注射机、卧式注射机和角式注射机（见图1—2—14）；按塑料在料筒内的塑化方式不同，可将注射机分为柱塞式注射机和螺杆式注射机。当然，还可以根据其他需要进行分类。常用注射机的特点见表1—2—1。

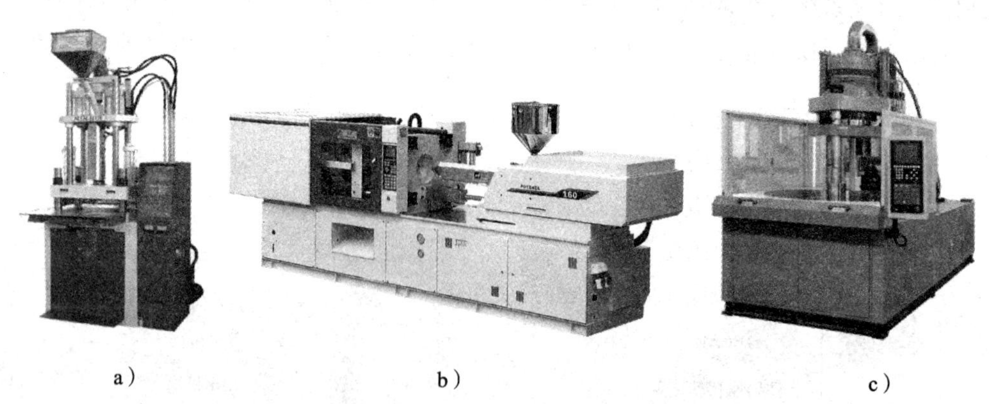

a）　b）　c）

图1—2—14　注射机按外形特征分类

a）立式注射机　b）卧式注射机　c）角式注射机

表 1—2—1 常用注射机的特点

注射机类型		特点说明
外形特征	立式	立式注射机的注射系统与合模系统的轴线一致并垂直于地面，注射系统多为柱塞式结构，注射量一般小于 60 cm^3。立式注射机的优点是占地面积较小，模具装卸方便，动模一侧安放嵌件便利；其缺点是机器重心高，不稳定，加料比较困难，推出的塑料制品需要用人工或其他方法取出，不易实现自动化生产
	卧式	卧式注射机是使用最广泛的注射机，注射系统与合模系统的轴线都呈水平布置，注射系统有柱塞式和螺杆式两种结构，注射量为 60 cm^3 及以上的均为螺杆式。卧式注射机的优点是机器重心低，比较稳定，操作、维修方便，塑料制品推出后可利用其自重自动落下，便于实现自动化生产，对大、中、小型模具都适用；其主要缺点是模具安装比较困难
	角式	角式注射机的注射系统与合模系统的轴线相互垂直，常见的角式注射机沿水平方向合模，沿垂直方向注射，其注射系统一般为柱塞式结构，采用齿轮、齿条传动或液压传动，注射量较小，一般小于 45 cm^3。角式注射机的优点介于卧式、立式注射机之间，结构比较简单，可利用开模时的丝杆转动使有螺纹的塑件实现自动脱卸；其缺点是机械传动无法准确、可靠地注射及保持压力和锁模力，模具受冲击和振动较大
塑化方式	柱塞式	柱塞直径为 20 ~ 100 mm 的金属圆杆，当其后退时，物料自料斗定量地落入机筒内，柱塞前进，原料通过机筒与分流梳的腔内，塑料被分成薄片均匀加热，并在剪切作用下进一步混合和塑化，完成注射。柱塞式注射机多为立式，注射量为 30 ~ 60 g，不易成型流动性差、热敏性强的塑料。柱塞式注射机由于自身结构特点，在注射成型中存在塑化不均匀、注射压力损失大等问题
	螺杆式	螺杆在机筒内旋转时，将料斗内的塑料卷入，逐渐压实、排气和塑化，将塑料熔体推向机筒的前端，积存在机筒顶部和喷嘴之间，螺杆本身受熔体的压力而缓慢后退。当积存的熔体达到预定的注射量时，螺杆停止转动，在液压缸的推动下将熔体注入模具。卧式压力机多为螺杆式

4. 注射机的型号及选用

（1）注射机型号及主要技术规范

注射机型号主要有注射量表示、合模力表示、注射量与合模力同时表示三种标准表示方法，它们是注射机工作能力的表示。

注射机型号中的字母 S 表示塑料机械，Z 表示注射机，X 表示成型，Y 表示螺杆式（无 Y 表示柱塞式）。

常用注射机技术规范及特性见表 1—2—2。

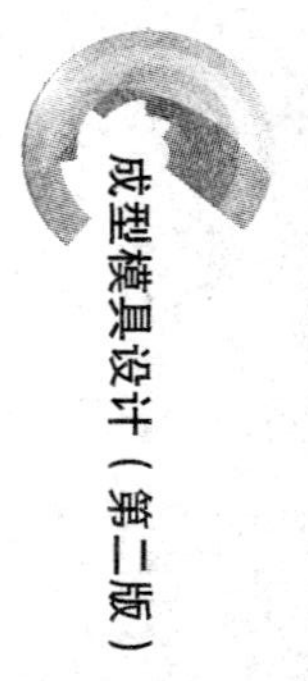

表 1—2—2　常用注射机技术规范及特性

项目 \ 型号	XS－ZS－22	XS－Z－30	XS－Z－60	XS－ZY－125	G54－S200/400	SZY－300	XS－ZY－500	XS－ZY－1000	SZY－2000	XS－ZY－4000
额定注射量（cm^3）	30、20	30	60	125	200～400	300	500	1 000	2 000	4 000
螺杆直径（mm）	25、20	28	38	42	55	60	65	85	110	130
注射压力（MPa）	75、115	119	122	120	109	77.5	145	121	90	106
注射行程（mm）	130	130	170	115	160	150	200	260	280	370
注射方式	双柱塞式	柱塞式			螺杆式					
锁模力（kN）	250	250	500	900	2 540	1 500	3 500	4 500	6 000	10 000
最大成型面积（cm^2）	90	90	130	320	645	—	1 000	1 800	2 600	3 800
最大开、合模行程（mm）	160	160	180	300	260	340	500	700	750	1 100
模具最大厚度（mm）	180	180	200	300	406	355	450	700	800	1 000
模具最小厚度（mm）	60	60	70	200	165	285	300	300	500	700
喷嘴圆弧半径（mm）	12	12	12	12	18	12	18	18	18	—
喷嘴孔直径（mm）	2	2	4	4	4	—	3、5、6、8	7.5	10	—
顶出形式	四侧设有顶杆，机械顶出		中心设有顶杆，机械顶出	两侧设有顶杆，机械顶出	动模板设有顶杆，机械顶出	中心及两侧设有顶杆，机械顶出	中心液压顶出，两侧顶杆机械顶出			
动模、定模固定板尺寸（mm×mm）	250×280		330×340	428×458	532×634	620×520	700×850	900×1 000	1 180×1 180	
拉杆空间（mm×mm）	235		190×300	260×290	290×368	400×300	540×440	650×550	760×700	1 050×950
合模方式	液压—机械							两次动作液压式	液压—机械	两次动作液压式

(2) 注射机的选用与参数校核

注射机的选用涉及两方面内容：第一，确定注射机型号，使注射机规格参数满足塑料、塑料制品、注射模具及注射工艺等要求；第二，调整注射机技术参数，直至满足所需要求。其具体过程分为以下三个阶段：

第一阶段，根据塑料的品种、塑料制品的结构、成型方法、生产批量、现有设备及注射工艺，选择注射机类型。

第二阶段，根据以往的经验和注射模具大小，初步选择注射机型号。

第三阶段，进行注射机参数校核，以满足生产的要求。注射机参数校核通常包括最大注射量校核、注射压力校核、锁模力校核、安装部分尺寸校核、开模行程和顶出机构校核五个方面，相关要求见表1—2—3。

表1—2—3　注射机参数的校核要求

校核参数	校核要求
最大注射量	塑料制品连同浇注系统凝料在内的质量一般应不大于注射机公称注射量的80%
注射压力	注射机的公称注射压力要大于塑料制品成型的压力
锁模力	高压塑料熔体充满型腔时产生的推力应小于注射机的公称锁模力，否则将产生溢料现象
安装部分尺寸	模具的设计应校对喷嘴尺寸、定位圈尺寸、最大模具厚度、最小模具厚度和模板上的螺孔尺寸
开模行程和顶出机构	塑料制品从注射模具中取出时所需的开模距离必须小于注射机的最大开模距离，否则塑料制品无法从模具中取出

例：某材料为ABS的底座零件如图1—2—15所示，拟采用注射工艺成型（一模两件），其注射机选用过程及相关内容说明见表1—2—4。

图1—2—15　底座零件

表 1—2—4　　注射机选用过程及相关内容说明

过程		相关内容说明
注射量估算		为确定注射机型号，需要计算塑料制品用料。经采用 UG 软件建模分析，并将浇注系统流道凝料的质量按塑料制品 0.6 倍估算，注射量大约为 90 cm^3
注射机初选		根据注射量大小，结合企业现有设备情况，初步选择 XS－ZY－125 型注射机 查得该型号注射机的主要参数如下： 公称注射量　125 cm^3 公称注射压力　120MPa 公称锁模力　900 kN 最大成型面积　320 cm^2 模具最大厚度　300 mm 模具最小厚度　200 mm 拉杆空间　260 mm×290 mm
参数校核	最大注射量	注射机的公称注射量为 125 cm^3，其 80% 为 100 cm^3，超过预估的注射量 90 cm^3，满足要求
	注射压力	一般来说，塑料熔体在型腔内的平均压力为 20～40 MPa，而所选注射机的公称注射压力为 120 MPa，远远超过塑料制品成型所需的实际注射压力
	锁模力	经采用 UG 软件建模分析，该塑料制品和浇注系统在分型面上的投影面积约为 4 800 mm^2，故高压塑料熔体充模时产生的最大推力为 4 800×40＝192 000 N＝192 kN，大大低于所选注射机的公称锁模力 900 kN

注：未进行安装部分尺寸、开模行程和顶出机构参数校核。

第三节　塑料制品工艺性分析

将塑料加工成满足人们需要的塑料制品，除了要选用合适的塑料原材料外，塑料制品的工艺性也不可忽视。良好的塑料制品工艺性是获得合格塑料制品的基础，也是成型工艺顺利进行的基本保证。

一、塑料制品工艺性及其分析内容

1. 塑料制品工艺性

塑料制品的形状、结构、尺寸大小、精度和表面质量要求等对所采用的成型工艺和模具结构的适应程度称为塑料制品的工艺性。它反映了塑料制品加工成型的难易程度，塑料制品的设计主要是根据其使用要求进行的，在满足使用要求的前提下，应确保成型工艺稳定，模具结构简单，生产成本降低。塑料成型模具的设计是在塑料制品工艺性分析的基础上进行的。

2. 工艺性分析内容

塑料制品工艺性分析涉及的内容主要包括：塑料制品原材料分析、塑料制品的尺寸和精度分析、塑料制品的表面质量分析、塑料制品的几何形状及结构分析、塑料制品的特殊结构（如文字、螺纹、齿轮、嵌件）分析等。

满足使用性能和成型工艺要求，力求做到结构合理、造型美观、便于模具制造，是对塑料制品工艺性的根本要求。

二、工艺性分析

1. 塑料制品原材料分析

塑料制品原材料分析是从使用性能和成型性能的角度对塑料制品所选塑料原材料进行分析。通过分析，判断塑料制品所选材料是否满足使用和成型需要。

例如，某仪表外壳件需大批量生产，材料为 ABS，拟采用注射成型，其原材料分析见表 1—3—1。

表 1—3—1　　塑料制品原材料分析

制品图样	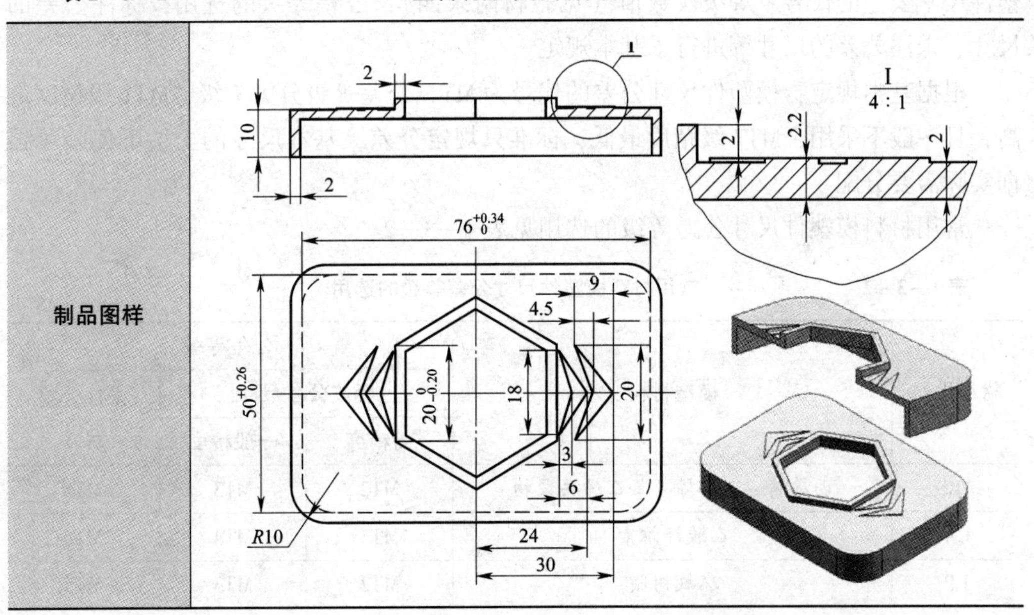

续表

使用性能分析	该材料刚度高，耐水、耐热性强，其介电性能与温度和频率无关，为理想的绝缘材料
成型性能分析	该材料吸水性小，熔体的流动性较好，成型容易，但收缩率大。另外，该材料成型时易产生缩孔、凹陷、变形等缺陷。成型温度低时，方向性明显，凝固速度较慢，易产生内应力
分析结论	在成型时应注意控制好成型温度，浇注系统应缓慢散热，冷却速度不宜过快

2. 塑料制品的尺寸和精度分析

（1）塑料制品尺寸

塑料制品的尺寸是指塑料制品的总体尺寸，而不是壁厚、孔径等结构尺寸。其尺寸大小由其结构及使用要求决定，并受成型加工时塑料的流动性和塑料成型设备的工作能力的影响。

一般来说，要求承载大的塑料制品，其尺寸也大。在同样承载的情况下，塑料制品的尺寸与塑料品种有关，塑料强度高，尺寸可相应小些。

总之，在满足塑件使用要求的前提下，应将塑料制品的尺寸设计得尽量小一些。

（2）塑料制品的尺寸精度

塑料制品的尺寸精度是指所获得的塑料制品的尺寸与产品图样中尺寸的符合程度。由于材料、成型工艺和模具状态等因素的影响，塑料制品在成型过程中不可避免地会产生尺寸误差。因此，国家标准《塑料模塑件尺寸公差》（GB/T 14486—2008）对模塑件尺寸公差的代号、等级及数值（见教材附录四），公差等级的选用，标注公差的尺寸、未注公差的尺寸等进行了基本规定。

根据基本规定，模塑件尺寸公差的代号为 MT，公差等级分为 7 级，MT1 级精度最高，且一般不采用，MT7 级精度最低；标准只规定公差，基本尺寸的上、下偏差可根据实际需要分配。

常用材料模塑件尺寸公差等级的选用见表 1—3—2。

表 1—3—2　　常用材料模塑件尺寸公差等级的选用

材料代号	模塑材料	公差等级		
		标注公差尺寸		未注公差尺寸
		高精度	一般精度	
ABS	丙烯腈－丁二烯－苯乙烯共聚物	MT2	MT3	MT5
CA	乙酸纤维素	MT3	MT4	MT6
EP	环氧树脂	MT2	MT3	MT5

续表

材料代号	模塑材料		公差等级		
			标注公差尺寸		未注公差尺寸
			高精度	一般精度	
PA	聚酰胺	无填料填充	MT3	MT4	MT6
		30%玻璃纤维填充	MT2	MT3	MT5
PBT	聚对苯二甲酸丁二酯	无填料填充	MT3	MT4	MT6
		30%玻璃纤维填充	MT2	MT3	MT5
PC	聚碳酸酯		MT2	MT3	MT5
PDAP	聚邻苯二甲酸二烯丙酯		MT2	MT3	MT5
PEEK	聚醚醚酮		MT2	MT3	MT5
PE—HD	高密度聚乙烯		MT4	MT5	MT7
PE—LD	低密度聚乙烯		MT5	MT6	MT7
PESU	聚醚砜		MT2	MT3	MT5
PET	聚对苯二甲酸乙二酯	无填料填充	MT3	MT4	MT6
		30%玻璃纤维填充	MT2	MT3	MT5
PF	苯酚－甲醛树脂	无机填料填充	MT2	MT3	MT5
		有机填料填充	MT3	MT4	MT6
PMMA	聚甲基丙烯酸甲酯		MT2	MT3	MT5
POM	聚甲醛	≤150 mm	MT3	MT4	MT6
		>150 mm	MT4	MT5	MT7
PP	聚丙烯	无填料填充	MT4	MT5	MT7
		30%无机填料填充	MT2	MT3	MT5
PPE	聚苯醚，聚亚苯醚		MT2	MT3	MT5
PPS	聚苯硫醚		MT2	MT3	MT5
PS	聚苯乙烯		MT2	MT3	MT5
PSU	聚砜		MT2	MT3	MT5
PUR—P	热塑性聚氨酯		MT4	MT5	MT7
PVC—P	软质聚氯乙烯		MT5	MT6	MT7
PVC—U	未增塑聚氯乙烯		MT2	MT3	MT5
SAN	丙烯腈－苯乙烯共聚物		MT2	MT3	MT5
UF	脲－甲醛树脂	无机填料填充	MT2	MT3	MT5
		有机填料填充	MT3	MT4	MT6
UP	不饱和聚酯	30%玻璃纤维填充	MT2	MT3	MT5

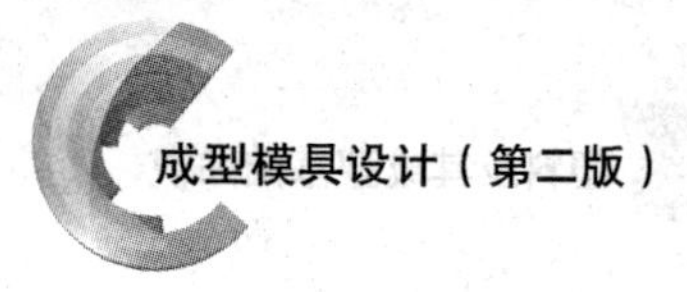

需要注意的是，该标准只适用于注射、压缩、压注和浇注成型的塑料模塑件。

3. 塑料制品的表面质量分析

塑料制品的表面质量要求涵盖塑料制品的表面结构、光亮程度、色彩均匀性、表面缺陷（如缩孔、凹陷等）、推杆痕迹、对拼缝、熔接痕、毛刺等。塑料制品外观要求越高，表面粗糙度值应越低。塑料制品表面粗糙度 *Ra* 值一般为 1. 6 ~0. 8 μm。

塑料制品表面质量主要取决于模具型腔表面质量。一般要求模具成型零件表面质量比塑料制品的要求高 1 ~2 级。成型工艺也影响塑料制品的表面质量。例如，成型温度过高，塑料制品成型后易起泡，甚至出现凹痕。另外，原料中杂质的存在也会使表面质量变差。不同成型方法和不同塑料所能达到的表面粗糙度值见表 1—3—3。

表 1—3—3　　不同成型方法和不同塑料所能达到的表面粗糙度值

成型方法	塑料		*Ra* 值参数（μm）										
			0. 025	0. 050	0. 100	0. 200	0. 40	0. 80	1. 60	3. 20	6. 30	12. 50	25
注射成型	热塑性塑料	PMMA	●	●	●	●	●	●	●				
		ABS	●	●	●	●	●	●	●				
		AS	●	●	●	●	●	●	●				
		聚碳酸酯		●	●	●	●	●	●				
		聚苯乙烯		●	●	●	●	●	●	●			
		聚丙烯			●	●	●	●	●				
		尼龙			●	●	●	●	●				
		聚乙烯			●	●	●	●	●	●	●		
		聚甲醛		●	●	●	●	●	●	●			
		聚砜				●	●	●	●	●			
		聚氯乙烯				●	●	●	●	●			
		氯苯甘醚				●	●	●	●	●			
		氯化聚醚				●	●	●	●	●			
		PBT				●	●	●	●	●			
	热固性塑料	氨基塑料				●	●	●	●	●			
		酚醛塑料				●	●	●	●	●			
		密胺塑料				●	●	●	●	●			
压塑和压注成型	氨基塑料					●	●	●	●	●			
	酚醛塑料					●	●	●	●	●			
	密胺塑料				●	●	●	●					
	硅酮塑料					●	●	●					

续表

成型方法	塑料	Ra 值参数（μm）										
		0. 025	0. 050	0. 100	0. 200	0. 40	0. 80	1. 60	3. 20	6. 30	12. 50	25
压塑和压注成型	DAP					●	●	●	●			
	不饱和聚酯					●	●	●	●			
	环氧塑料				●	●	●	●	●			

注：表格中的“●”表示可达到该表面粗糙度值。

4. 塑料制品的几何形状及结构分析

塑料制品的几何形状及结构与成型方法、模具分型面的选择、塑料制品是否能顺利成型和出模等有直接关系，所以，在设计塑料制品时应认真考虑。

（1）几何形状

在满足使用功能的前提下，塑料制品上应尽可能避免出现影响和阻碍脱模的表面，如侧孔或侧凹等。为便于塑料制品的成型和脱模，必要时可以考虑改变其几何形状，相关典型示例见表 1—3—4。

表 1—3—4　　改变塑料制品形状以利于成型的典型示例

原设计	更改后	原设计	更改后
将侧孔容器改为侧凹容器，则不需要采用侧抽芯或瓣合分型的模具		应避免塑料制品表面横向凹台，以便于脱模	
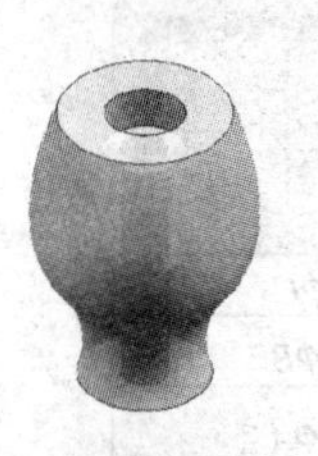	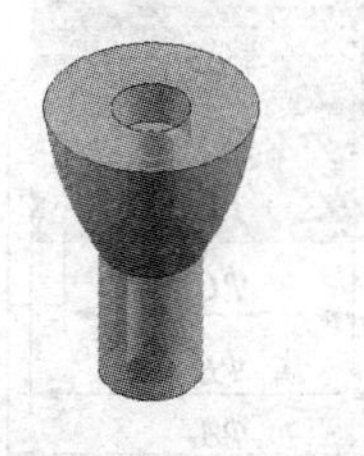		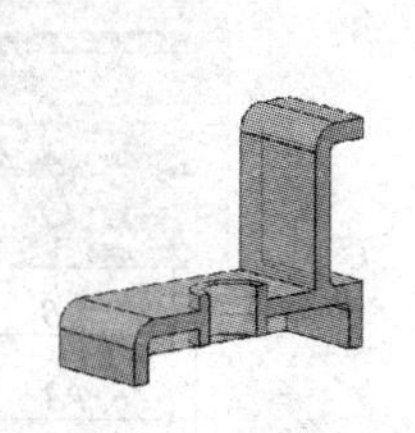
外侧凹的塑料制品必须采用瓣合凹模，使塑料模具结构复杂，塑料制品表面有接缝		塑料制品内侧凹，抽芯困难	

续表

原设计	更改后	原设计	更改后
改变塑料制品形状，避免采用侧向抽芯机构		将横向侧孔改成垂向孔，可免去侧向抽芯机构	
将滚花改成直纹，便于脱模			

对于具有较浅的内、外侧凹槽或凸台（并带有圆角）的塑料制品，可利用塑料在脱模温度下具有足够弹性的特性强行脱模，如图 1—3—1 所示，而不必采用组合型芯的方式。具体来说，对于聚乙烯、聚丙烯、聚甲醛等塑料制品，5% 的内凹或外凸均可采用强行脱模方式，其结构尺寸如图 1—3—2 所示。

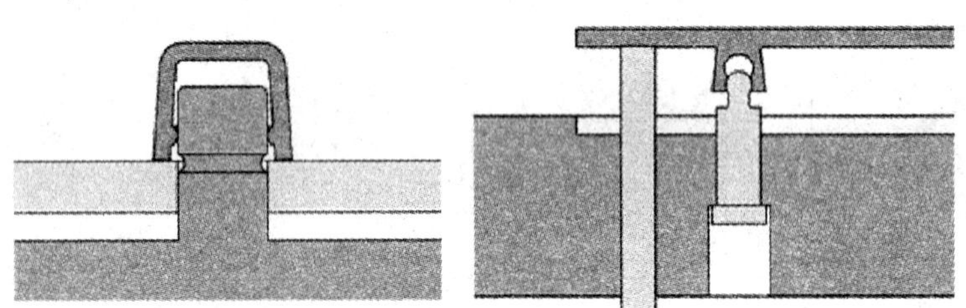

图 1—3—1　强行脱模

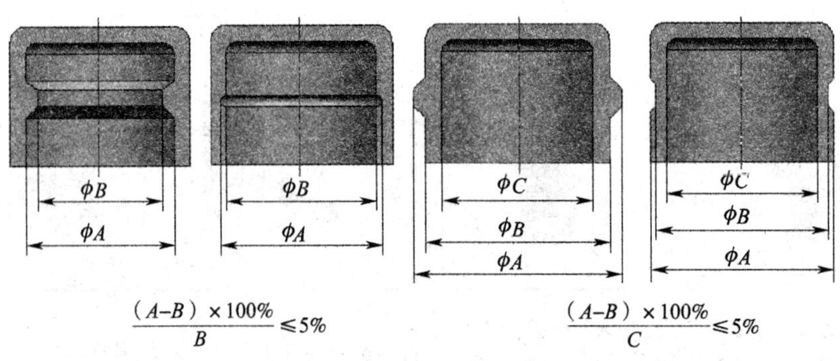

图 1—3—2　可强行脱模的结构尺寸

对于多数情况下的塑件侧向凹凸不能强行脱模，此时应采用带有侧向分型抽芯机构的模具，但这样会使模具结构复杂，制造成本提高。

（2）制品结构

塑料制品结构包括脱模斜度、壁厚、加强肋、支承面、圆角和孔，必须认真对待。

1）脱模斜度。脱模斜度是指使塑料制品顺利脱模、防止擦伤其表面而允许的斜度量。塑料制品上与脱模方向平行的表面一般应设计有合理的脱模斜度，如图1—3—3 所示的“α”。国家标准《塑料模塑件尺寸公差》GB/T 14486—2008 对脱模斜度规定如下：

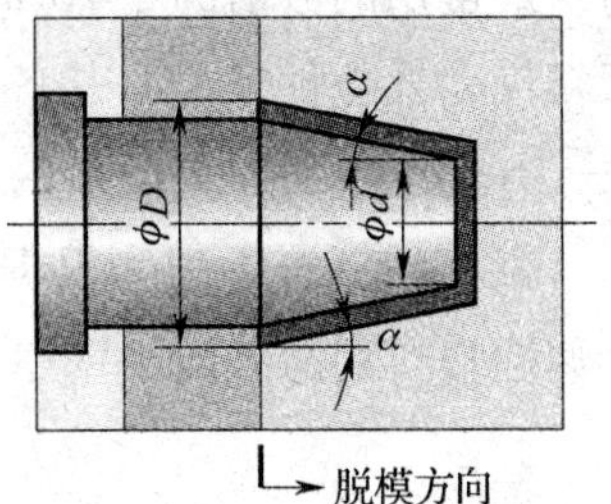

图 1—3—3 塑件的脱模斜度

脱模斜度一般不包括在模塑件公差范围内，脱模斜度的大小应在图样上单独标出，并且应标明基本尺寸所在位置。有脱模斜度的模塑件的基本尺寸的标注方法如图 1—3—4 所示。如果要求脱模斜度包括在该尺寸的公差范围内，应加以特别说明。

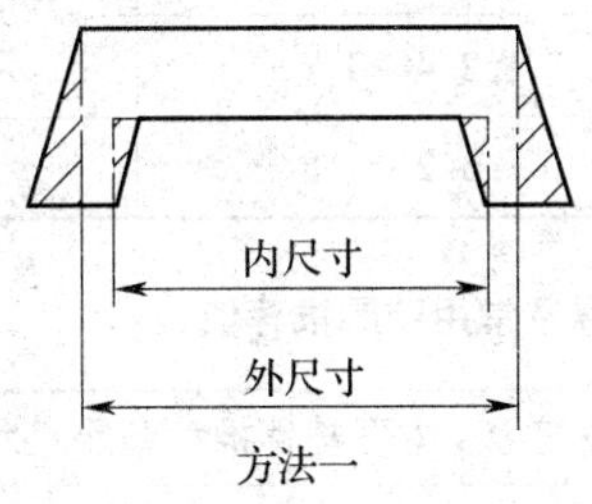

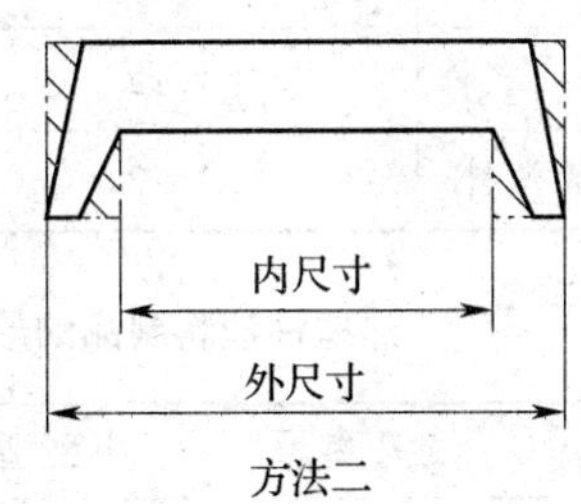

图 1—3—4 有脱模斜度的模塑件基本尺寸标注方法

脱模斜度的大小，取决于塑料的收缩率、塑料制品的形状、塑料制品脱模方向长度、塑料制品壁厚、塑料制品的部位等。由于目前尚无精确的计算公式，主要凭经验或查表，常用塑料的脱模斜度推荐值见表 1—3—5。

表 1—3—5 常用塑料脱模斜度推荐值

材料	脱模斜度
聚乙烯、聚丙烯、软聚氯乙烯	30′～1°
ABS、尼龙、聚甲醛、氯化聚醚、聚苯醚	40′～1°30′
硬聚氯乙烯、聚碳酸酯、聚砜、聚苯乙烯、有机玻璃	50′～2°
热固性塑料	20′～1°

注：本表所列脱模斜度适用于开模后塑料制品留在型芯上的情形。

2）壁厚。与金属制品一样，塑料制品也必须有一定的厚度（壁厚），塑料制品的壁厚不仅要满足塑料制品的使用要求，还要保证塑料制品的顺利成型，并考虑生产效率。

设计塑料制品时应尽量使各部分壁厚均匀，避免太薄；否则，会因收缩不均匀而使塑料制品变形或产生气泡、凹陷等成型质量问题。壁厚取值一般在 1 ~ 6 mm 范围内，最常用的数值为 2 ~ 3 mm，大型塑料制品的壁厚则可达 8 mm。对图 1—3—2 所示塑料仪表外壳件来说，其各部分壁厚基本为 2 mm，非常符合塑料制品壁厚的设计要求，有利于模塑成型质量的保证。

表 1—3—6 所列为根据塑料制品外形高度尺寸推荐的热固性塑料制品的壁厚值，热塑性塑料制品的最小壁厚及常用壁厚推荐值可参考表 1—3—7。

表 1—3—6　　热固性塑料制品的壁厚推荐值　　mm

材料	塑料制品外形高度尺寸		
	小于 50	50 ~ 100	大于 100
粉状填料的酚醛塑料	0.7 ~ 2	2 ~ 3	5 ~ 6.5
纤维状填料的酚醛塑料	1.5 ~ 2	2.5 ~ 3.5	6 ~ 8
氨基塑料	1	1.3 ~ 2	3 ~ 4
聚酯玻璃纤维填料的塑料	1 ~ 2	2.4 ~ 3.2	>4.8
聚酯无机物填料的塑料	1 ~ 2	3.2 ~ 4.8	>4.8

表 1—3—7　　热塑性塑料制品的最小壁厚及常用壁厚推荐值　　mm

材料	最小壁厚	小型塑件推荐壁厚	中型塑件推荐壁厚	大型塑件推荐壁厚
尼龙	0.45	0.76	1.5	2.4 ~ 3.2
聚乙烯	0.6	1.25	1.6	2.4 ~ 3.2
聚苯乙烯	0.75	1.25	1.6	3.2 ~ 5.4
改性聚苯乙烯	0.75	1.25	1.6	3.2 ~ 5.4
有机玻璃（372#）	0.8	1.5	2.2	4 ~ 6.5
硬聚氯乙烯	1.2	1.6	1.8	3.2 ~ 5.8
聚丙烯	0.85	1.45	1.75	2.4 ~ 3.2
氯化聚醚	0.9	1.35	1.8	2.5 ~ 3.4
聚碳酸酯	0.95	1.8	2.3	3 ~ 4.5
聚苯醚	1.2	1.75	2.5	3.5 ~ 6.4
乙酸纤维素	0.7	1.25	1.9	3.2 ~ 4.8
乙基纤维素	0.9	1.25	1.6	2.4 ~ 3.2
丙烯酸类	0.7	0.9	2.4	3 ~ 6
聚甲醛	0.8	1.4	1.6	3.2 ~ 5.4
聚砜	0.95	1.8	2.3	3 ~ 4.5

3）加强肋。加强肋是指在塑料制品某个需要提高强度或刚度的部位设置的工艺肋或肋板，如图1—3—5所示，加强肋的采用不但可以减少或避免塑料制品的变形，有时还可以改善成型时塑料熔体的流动状况，避免气泡、缩孔、凹痕、翘曲等缺陷的产生。

加强肋通常与塑件本体垂直相贯，其尺寸（见图1—3—6）不宜过大，以矮一些、多一些为佳。具体来讲，加强肋的厚度尺寸应不大于塑料制品壁厚的1/2，这是因为加强肋厚度与塑料制品壁厚相等时，加强肋的根圆面积将增加50%，从而导致底部产生凹陷现象，只有当加强肋厚度不大于塑件壁厚的1/2时，才不致产生凹陷；加强肋的高度不宜过高（常取小于壁厚的3倍），以免肋部受损。

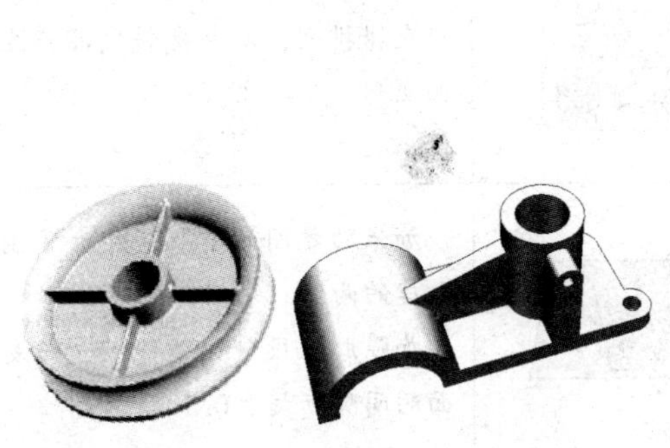

图1—3—5 带有加强肋的塑料制品

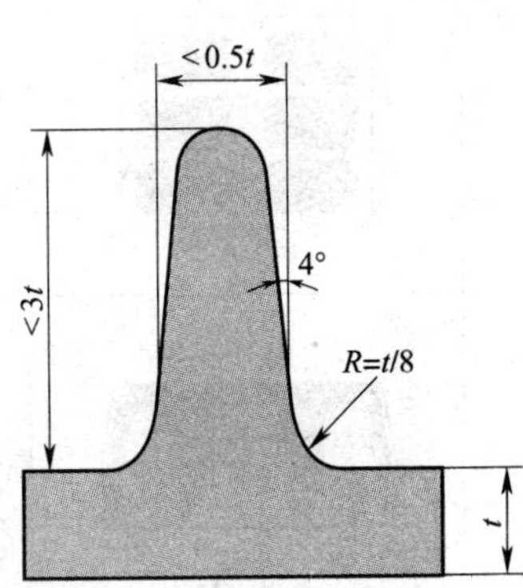

图1—3—6 加强肋推荐尺寸

加强肋设计的典型示例见表1—3—8，供进行工艺性分析时参考。当然，除了采用加强肋外，薄壳状塑料制品可制成球面或拱形曲面，以有效地提高刚度和减少变形。

表1—3—8 加强肋设计的典型示例

序号	不合理	合理	说明
1			过厚处应减薄并设置加强肋，以保持原有强度
2			过高的塑料制品应设置加强肋，以减薄塑料制品壁厚

续表

序号	不合理	合理	说明
3			对于平板状塑料制品，加强肋应与塑料流动方向平行，以免造成充模阻力过大及降低塑料制品韧性
4			对于非平板状塑料制品，加强肋应交错排列，以免塑料制品产生翘曲变形
5			加强肋之间的中心距应大于制品壁厚的两倍 加强肋应设计得矮一些，与支承面的间隙应大于0.5 mm

4）支承面。当塑料制品需要有一个表面作为支承面（基准面）时，以整个底平面作为支承面是不合理的，因为塑料制品的少许翘曲或变形就会造成底面不平。因此，通常采用凸起的边框或底脚（三点或四点）来代替整个支承面，如图1—3—7所示，凸起的边框或底脚高度一般取0.3～0.5 mm。

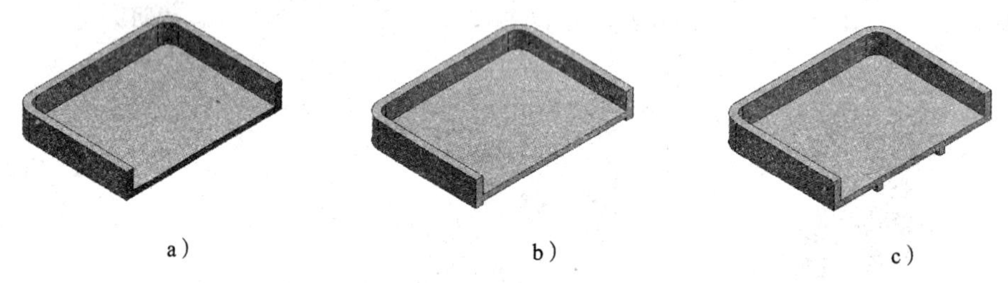

图1—3—7　塑料制品的支承面

a）平面支承　b）凸起的边框支承　c）底脚支承

5）圆角。设计塑料制品时，转角连接处应尽可能采用圆角过渡，这样可避免塑料制品应力集中引起的变形或裂纹，提高强度，改善熔体在型腔中的流动，有利于充模（尤其对增强塑料），有利于改善塑料制品外观和便于脱模。此外，有了圆角，模具在淬火或使用时不致因应力集中而开裂。

理想的圆角半径应为壁厚的1/3以上，通常圆角半径应不小于0.5 mm。

当然，对于塑料制品的某些部位，如分型面处、型芯与型腔配合处以及使用上有特殊要求的或不便于设计圆角的部位，必须以尖角过渡。

6）孔。塑料制品上孔的使用非常广泛，如紧固连接用孔、定位用孔、安装传动件用孔等，如图 1—3—8 所示。

原则上，这些孔都通过模具的型芯来成型，采用拼合的型芯，还可以成型塑料制品上的斜孔或复杂异型孔，如图 1—3—9 所示。但是，为避免增加模具的制造难度，孔的形状的设计应力求简单（如尽量采用圆柱孔），尺寸（如孔径和孔深）尽量合适，同时，孔的位置应尽可能开设在强度高或厚壁部位，孔与孔之间、孔与壁之间应有足够的距离。

图 1—3—8　带有孔的塑料制品示例

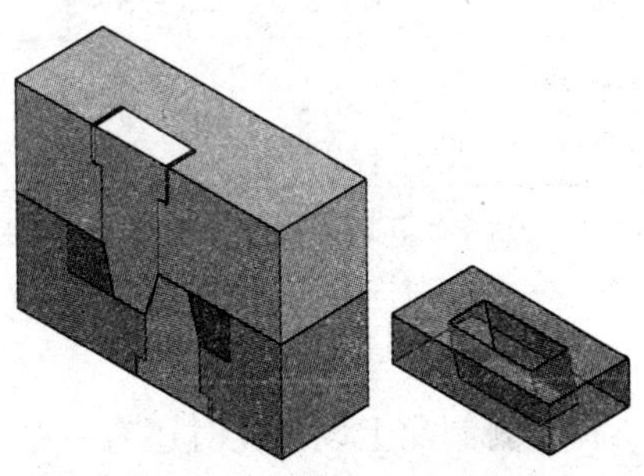

图 1—3—9　斜孔、异型孔成型

热塑性塑料制品孔径的极限尺寸见表 1—3—9，孔径与孔深的关系见表 1—3—10，孔间距、孔边距与孔径的关系见表 1—3—11。

表 1—3—9　热塑性塑料制品孔的极限尺寸　mm

材料	孔的最小直径 d	材料	孔的最小直径 d
聚酰胺	0.20	聚乙烯	0.20
软聚氯乙烯	0.20	聚甲基丙烯酸甲酯	0.25
聚甲醛	0.30	聚苯醚	0.30
硬聚氯乙烯	0.25	改性聚苯乙烯	0.30
聚碳酸酯	0.35	聚砜	0.35

表 1—3—10　孔径与孔深的关系

成型方式		孔深	
		通孔	盲孔
压缩	横孔	$2.5d$	$<1.5d$
	竖孔	$5d$	$<2.5d$
注射或挤塑		$10d$	$4\sim5d$

注：1. d 为孔径，单位为 mm。

2. 采用纤维状塑料时，取表中数值的 75%。

表 1—3—11　　孔间距、孔边距与孔径的关系　　mm

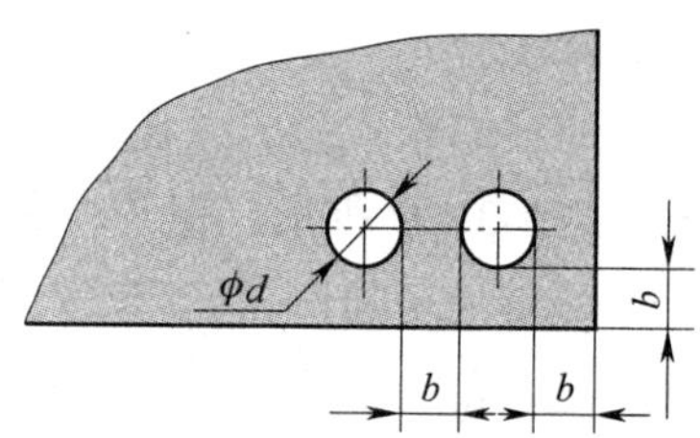

孔径 d	<1.5	1.5～3	3～6	6～10	10～18	18～30
孔间距或孔边距 b	1～1.5	1.5～2	2～3	3～4	4～5	5～7

注：1. 表中数值适用于热固性塑料，热塑性塑料按表中数值的 75% 确定。
2. 增强塑料宜取大值。
3. 两孔径不一致时，以大孔孔径查表。

在塑料制品上设计孔时还有一些注意事项，有关说明见表 1—3—12。

表 1—3—12　　在塑料制品上设计孔时的注意事项

合理	不合理	说明
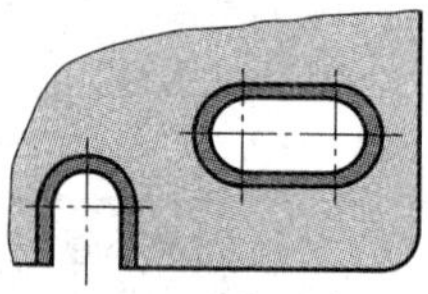	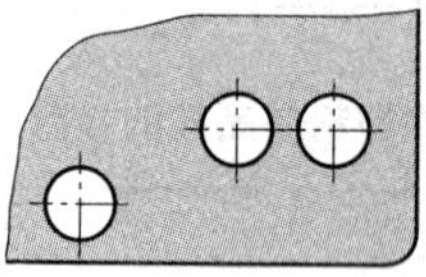	孔间距或孔边距小于规定值时的改进设计
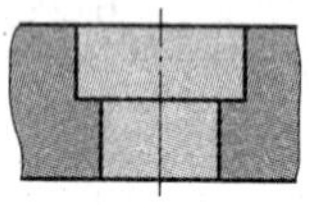	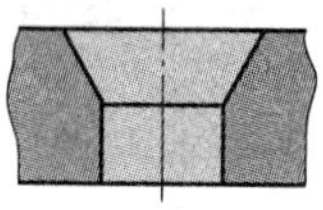	对于固定用螺钉孔，如果不需要露出螺钉头时，应使用圆柱头螺钉且孔做成沉头孔，而不用锥孔
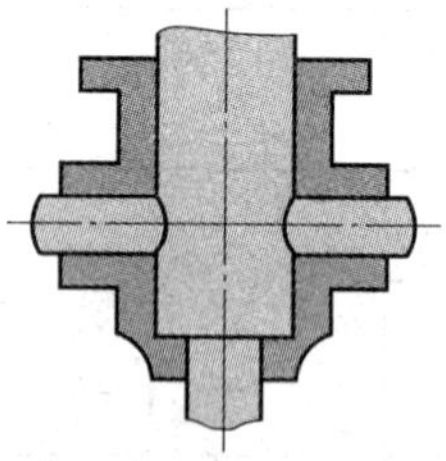	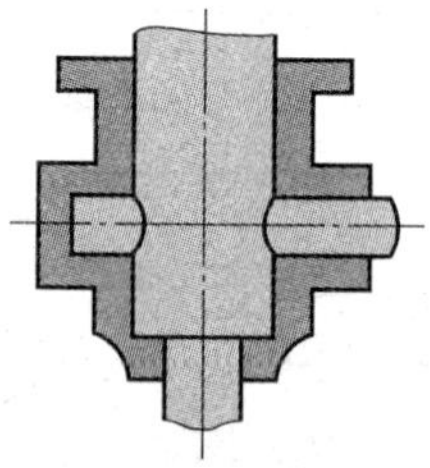	对穿孔应注意设计成能设置型芯的结构
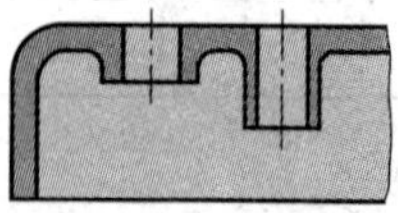	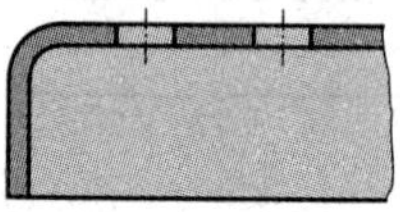	对于紧固用孔或其他受力的孔，应设计凸边或凸台予以加强

5. 塑料制品的特殊结构分析

（1）花纹、标记与文字

塑料制品上常有花纹、标记与文字等，如凸纹、凹纹、皮革纹、生产厂名、产品商标、图案、日期等。

塑料制品上所设计的花纹，无论是使用上的需要，还是为了装饰，应易于成型和脱模，便于模具的制造；而塑料制品上的标记和文字则可采用凸形、凹形、凹框凸形三种类型，它们各自的特点见表 1—3—13。

表 1—3—13　　不同类型标记和文字的特点

类型	图例	特点
凸形		模具制造方便，文字可用刻字机刻制，图案可用手工雕或电加工 使用过程中凸字容易损坏
凹形		模具用一般的机械加工难以满足要求，需要采用电火花、电铸或冷挤压成型 凹入的标记、文字等可涂印各种装饰颜色，以增添美观感
凹框凸形		在凹框内设置凸起的标记、文字等，可把凹框制成镶块嵌入模具内，这样既易于加工，在使用时标记、文字等又不易被磨损破坏，最为常用

（2）螺纹、嵌件与齿轮

如图 1—3—10 所示，有些塑料制品上需要有螺纹结构，有些塑料制品内需压入金属或非金属零件以形成不可拆卸的连接（此压入零件称为嵌件），甚至在机械、电子、仪表等工业部门还广泛应用着塑料齿轮。

图 1—3—10　螺纹、嵌件、齿轮的应用

当在塑料制品上直接成型螺纹时，需要利用型环或型芯，如图 1—3—11 所示，其优点是生产效率高，具有较好的质量，但螺纹精度一般不高（低于 IT8 级）；必要时，可考虑采用带螺纹的金属嵌件来替代，或采用机械加工方法来成型（如车削或攻螺纹）。

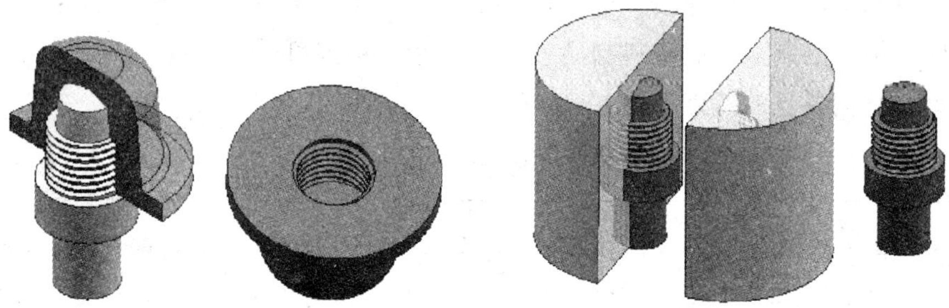

图 1—3—11　螺纹成型

塑料制品中的金属嵌件能起到提高塑料制品局部强度及耐磨性，保证电气性能、尺寸稳定性和制造精度的作用。不过，嵌件的采用一般会增加塑料制品的成本，使模具结构变得复杂，并降低塑料制品的生产效率。另外，设计带有金属嵌件的塑料制品时还有一些问题必须加以注意，具体事项见表 1—3—14。

表 1—3—14　　设计带有金属嵌件的塑料制品时的注意事项

<table>
<tr><th>注意事项</th><th>说明</th></tr>
<tr><td>包裹金属嵌件的外周塑料厚度必须保证一定的壁厚</td><td>金属嵌件外裹塑料参考厚度如下：
b　φD　h
mm
<table>
<tr><td>D</td><td><4</td><td>4 ~ 8</td><td>8 ~ 12</td><td>12 ~ 16</td><td>16 ~ 25</td></tr>
<tr><td>h</td><td>1</td><td>1.5</td><td>2.0</td><td>2.5</td><td>3</td></tr>
<tr><td>b</td><td>1.5</td><td>2.0</td><td>3.0</td><td>4.0</td><td>5.0</td></tr>
</table></td></tr>
<tr><td>嵌件的截面形状以圆形为宜，以便收缩均匀</td><td>如为非圆形，其相贯面上不得有锐角，宜用 $R \geqslant 0.5$ mm 的圆弧过渡</td></tr>
</table>

续表

<table>
<tr><th>注意事项</th><th>说明</th></tr>
<tr><td>对于圆柱形或套管形截面的金属嵌件，必须考虑防止脱出及旋转措施</td><td>推荐形状及尺寸如下： 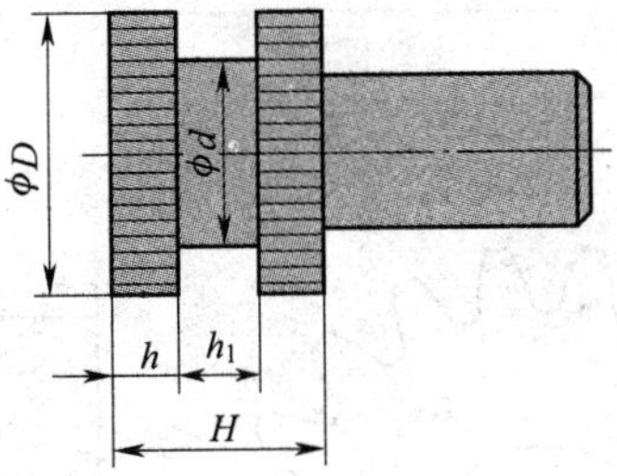
ϕD ϕd h h_1 H
$H=D$，$h=0.3H$，$h_1=0.3H$，$d=0.75D$，$H_{max}\leqslant 2D$</td></tr>
<tr><td>对于板状或片状嵌件、小圆柱体、圆线或扁线形嵌件的固定方法</td><td>片状嵌件，以孔、缺口或弯头嵌于塑件内 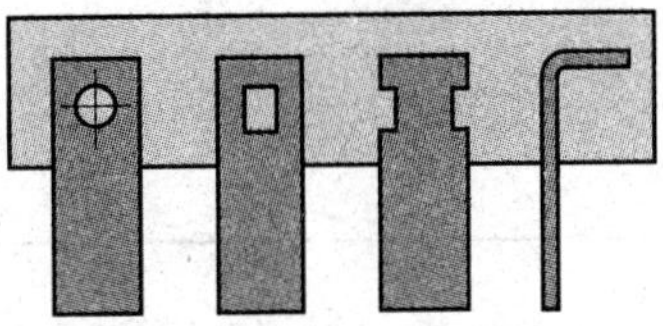
小直径圆柱体以外周滚花固定于塑件内，以防转及防脱出 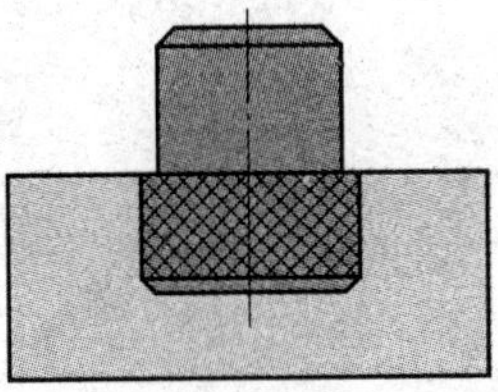
圆线或扁线以压扁部分嵌入塑件内，防止旋转或脱出 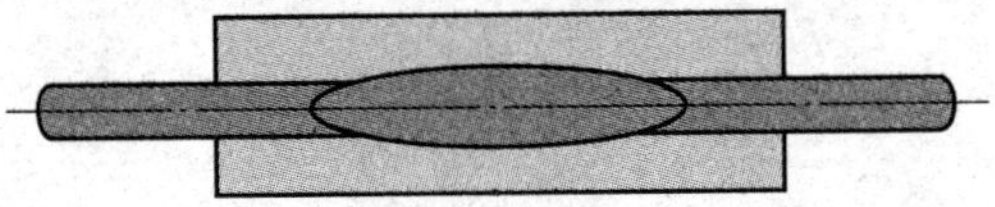
对于细长嵌件，在其中部应加支承（型芯），嵌件脱出后，该处留有孔 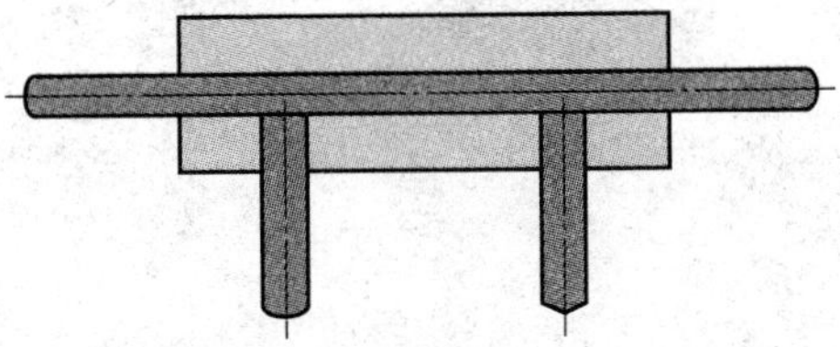</td></tr>
</table>

塑料齿轮的常用材料有聚酰胺、聚碳酸酯、聚甲醛、聚砜等。为了使塑料齿轮适应注射成型工艺，齿轮的轮缘、轮辐和轮毂应满足一定的尺寸要求，见表 1—3—15。除此以外，还有一些其他要求，设计时可查阅相关资料和手册。

表 1—3—15　　塑料齿轮各部分尺寸一般应满足的要求

齿轮图样	齿轮尺寸	满足要求
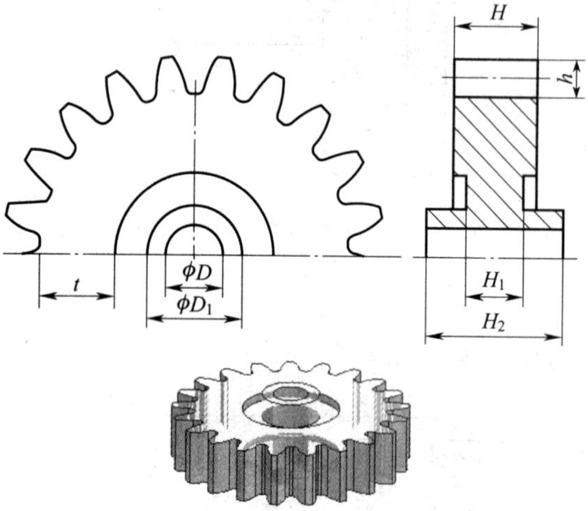	轮缘宽度 t	≥3 倍齿高 h
	轮辐厚度 H_1	≤轮缘厚度 H
	轮毂厚度 H_2	≥轮缘厚度 H 或 H_2 = 轴孔直径 D
	轮毂外径 D_1	1 ~3 倍轴孔直径 D

注射成型模具结构

作为完成注射成型工艺所使用的工艺装备，注射成型模具（见图 2—1）结构的选用对塑料制品的成型起着极其关键的作用，结构合理、成型可靠、制造方便、操作简便、经济实用是模具结构选择的基本要求。

图 2—1　注射成型模具

第一节　基本构成和典型结构

塑料注射成型模具的结构与成型塑料制品的形状、结构、精度要求、生产批量及注射工艺条件和注射机等因素密不可分，虽然其结构多样，但在工作原理和基本构成方面有着普遍规律和共同特点。

一、注射模具基本构成

1. 基本结构

通常情况下，注射模采用固定式结构。就基本结构而言，注射模由定模和动模两部分组成，如图 2—1—1 所示。

定模部分通过定位圈等定位于注射机的前模板（固定模板），并用垫板、螺钉压紧或用螺钉固定；动模部分则通过垫板、螺钉压紧或用螺钉固定在注射机的动模板上，如图 2—1—2 所示。注射成型时，通过动模部分的移动完成开模或合模动作。

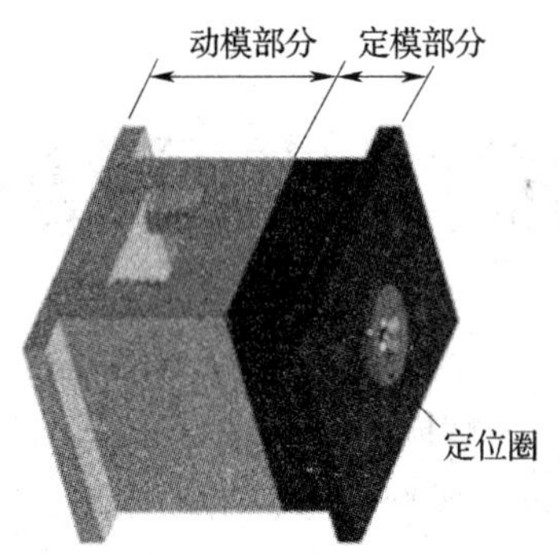

图 2—1—1　注射模基本结构

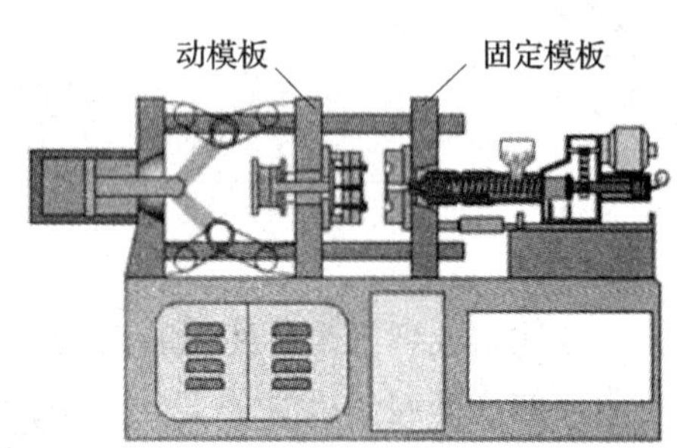

图 2—1—2　注射模安装

2. 零部件

每副注射模都由众多零部件构成（见图 2—1—3）。一般可将这些零部件分为成型零部件和结构零部件两大类。

图 2—1—3　注射模零部件

成型零部件构成模具型腔，成型时，形成塑料制品的形状和尺寸。结构零部件构成模具的完整结构并各司其职，它通常包括合模导向机构、支承零部件、浇注系统、推出（脱模）机构、侧向分型与抽芯机构、温度调节系统、排气系统、开模控制零件等组成部分。

在实际生产中，通常将合模导向机构与支承零部件合称为注射模架（也称模坯），它是注射模具的骨架。任何注射模具都是以注射模架为基础，通过添加成型零部件和其他结构零件而构成的。当然，侧向分型与抽芯机构是非必需的。

3. 注射模架

作为注射模具骨架的注射模架，主要由定模座板、定模板、动模板、支承板、垫块、推杆固定板、推板、动模座板、导柱和导套等零件组成，其典型结构如图2—1—4所示。

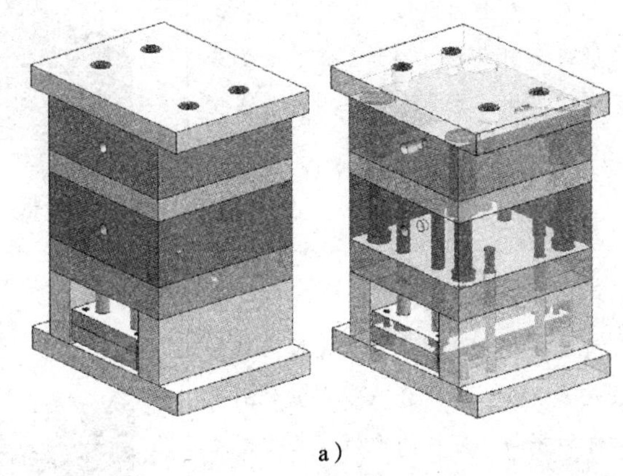

a）

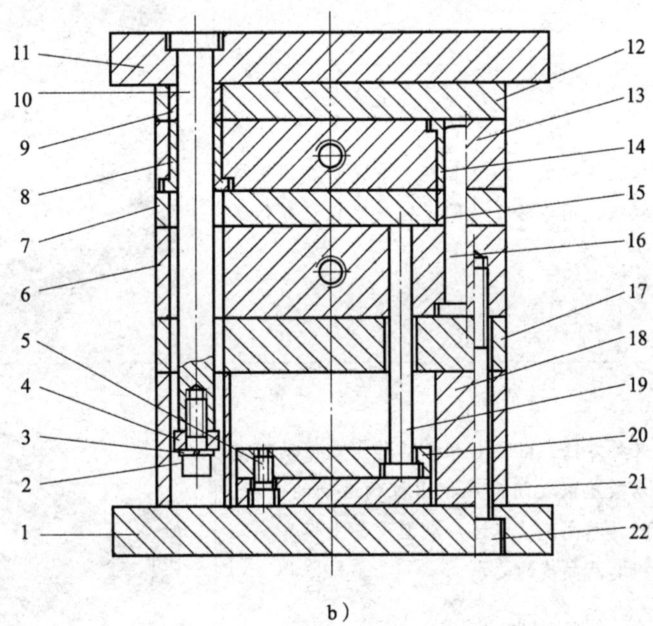

b）

图 2—1—4　典型点浇口注射模模架

a）3D 模型　b）结构图

1—动模座板　2、5、22—内六角螺钉　3—弹簧垫圈　4—挡环　6—动模板

7—推件板　8、14—带头导套　9、15—直导套　10—拉杆导柱　11—定模座板

12—推料板（水口推板）　13—定模板　16—带头导柱　17—支承板

18—垫块　19—复位杆　20—推杆固定板　21—推板

注射模架主要组成零件的相关说明见表 2—1—1。

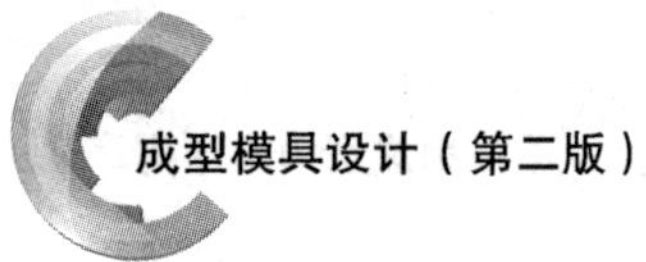

表 2—1—1　　注射模架主要组成零件的相关说明

模架零件	相关说明	图例
定模座板和动模座板	定模座板又称面板或上固定板，俗称 T 板；动模座板又称底板或下固定板，俗称 L 板。它们分别是动模和定模的基座，也是连接注射模与成型设备的模板	T 板　L 板
定模板和动模板	定模板又称前模板或上模板，俗称 A 板；动模板又称后模板或下模板，俗称 B 板。它们分别是固定成型零部件和导向零部件的模板，又称固定板	A 板　B 板
支承板	支承板又称承板，俗称 U 板，它是垫在固定板背后的模板，用以防止被固定连接脱出，并传递成型压力	U 板
垫块	垫块又称方铁，俗称 C 板，其作用是使动模支承板与动模座板之间形成推出机构运动的空间，或调节模具总高度，以适应成型设备上模具安装空间对模具总高度的要求	C 板
推板和推杆固定板	推板又称底针板，俗称 F 板；推杆固定板又称面针板，俗称 E 板。它们配合其他零部件构成推出机构	E 板　F 板

续表

模架零件	相关说明	图例
导柱和导套	保证动模、定模合模时正确定位和导向，并承受一定的侧向力，一般每副模具需要2～4个导柱和导套	

二、注射模具典型结构

注射模具的典型结构包括二板式结构、三板式结构、侧向分型与抽芯结构、带有活动镶件结构、带有脱螺纹结构等，它们结构不同，用途不一，应根据塑料制品的结构、形状和成型要求等进行选择。

1. 二板式注射模

(1) 结构特征

二板式注射模又称单分型面注射模，其模架的结构如图2—1—5所示。

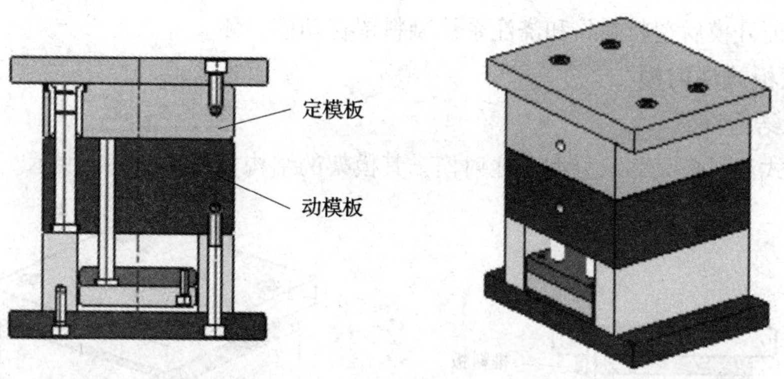

图2—1—5　二板式注射模模架的结构

二板是指定模板和动模板，其最大特征是模具上只有一个将动模、定模部分分开的分型面，型腔由开设或固定于动模板和定模板上的成型零件构成，当然，成型零件通常都采用镶件结构（俗称前、后模仁）形式。二板式注射模是注射模具中最简单、最基本的一种结构形式，由于其适应性较强，因而应用广泛。

在实际生产中，可以根据需要将二板式注射模设计成单腔或多腔结构。

(2) 工作原理

图2—1—6所示为单腔结构二板式注射模，即一模一件的二板式注射模，其模架

只有一次开模动作，工作原理如下：

开模时，动模后退，模具从分型面分开，包裹在成型零件（型芯）上的塑料制品（连同浇注系统凝料）随动模部分一起右移而脱离成型零件（型腔）。移动一定距离后，通过注射机的顶杆及模具推出机构的作用，使塑料制品脱离型芯。

闭模时，通过注射机合模机构带动，在导柱和导套的导向定位作用下，动模和定模闭合。

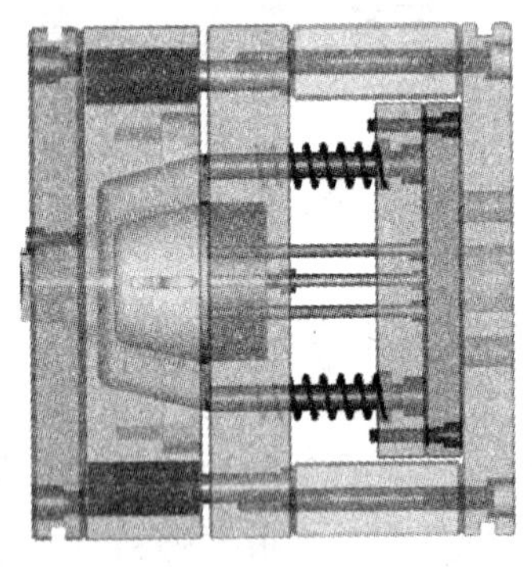

a）

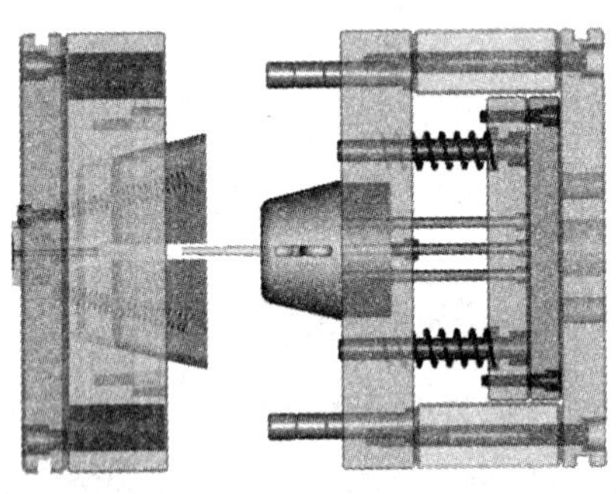

b）

图 2—1—6　二板式注射模

a）开模前　b）推出制品

需要说明的是，为了便于动模一侧的推出机构推出塑件和浇注系统凝料，设计上一般要保证开模后塑料制品和浇注系统凝料留在动模一侧。

2. 三板式注射模

（1）结构特征

三板式注射模又称双分型面注射模，其模架的结构如图 2—1—7 所示。

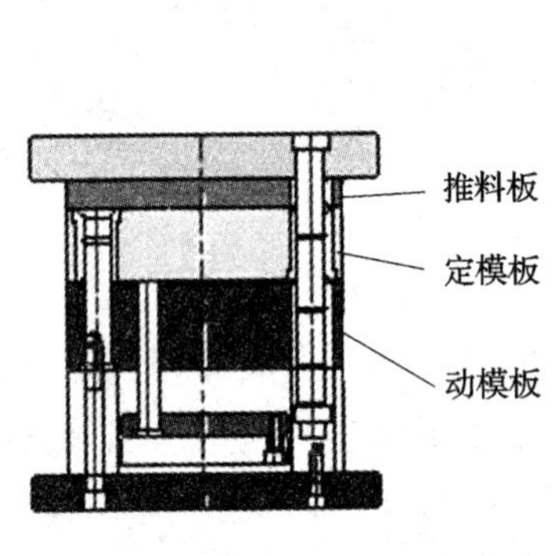

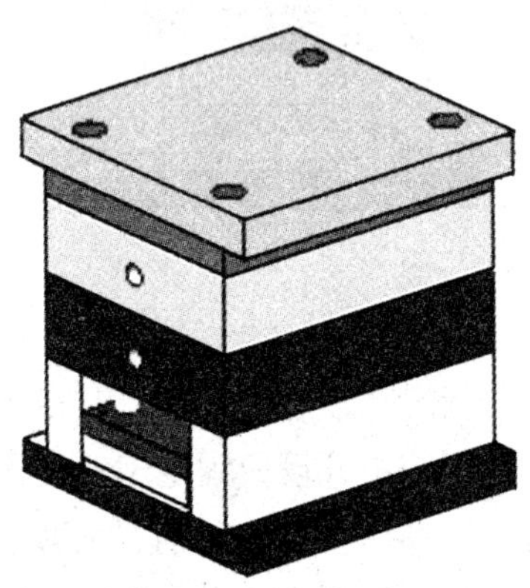

图 2—1—7　三板式注射模模架的结构

三板是指动模板、定模板和推料板（又称水口推板，俗称 F 板），与二板式注射模相比，推料板和定模板可局部移动，定模板的上、下表面为两个分型面。

（2）工作原理

对于三板式注射模来说，模具开启时三板依次分离，经历三次开模动作：第一次开模发生在定模板与推料板之间，第二次开模发生在定模座板与推料板之间，第三次开模发生在定模板和动模板之间。通过三次动作，浇注系统凝料（第二次开模）和塑料制品（第三次开模）分别在不同的分型面取出，如图 2—1—8 所示。

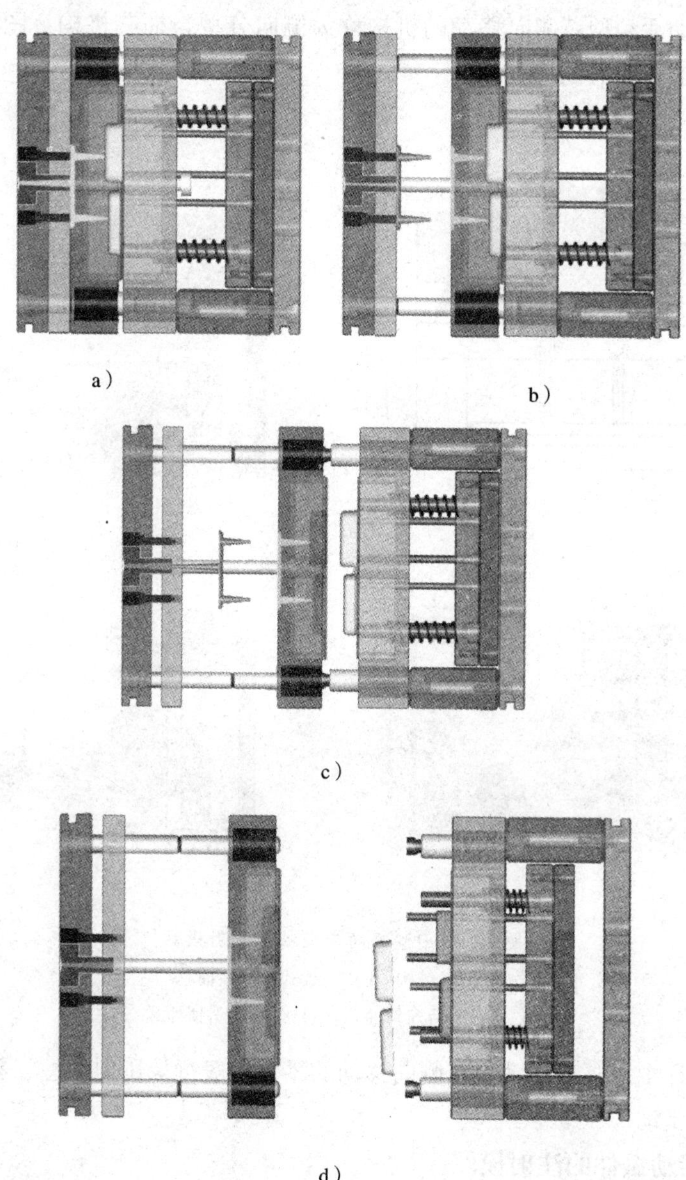

图 2—1—8　三板式注射模

a）开模前　b）第一次开模　c）第二次开模　d）第三次开模

在实际生产中，实现注射模多次分型的方法包括弹簧分型定距拉杆（螺钉）式、弹簧分型定距拉板式、导柱定距式、摆钩式等。

根据需要，同样可以将三板式注射模设计成单腔或多腔结构。

3. 侧向分型与抽芯注射模

成型带有侧孔或侧凹（俗称倒钩结构）的塑料制品时，为确保开模时顺利脱模，模具结构上必须采用可侧向移动的成型零件，即通常所说的活动型芯，并且在塑料制品脱模前先将活动型芯抽出。

通常把驱动活动型芯侧向移动的机构称为侧向分型与抽芯机构，图 2—1—9 所示为侧向分型与抽芯注射模具。

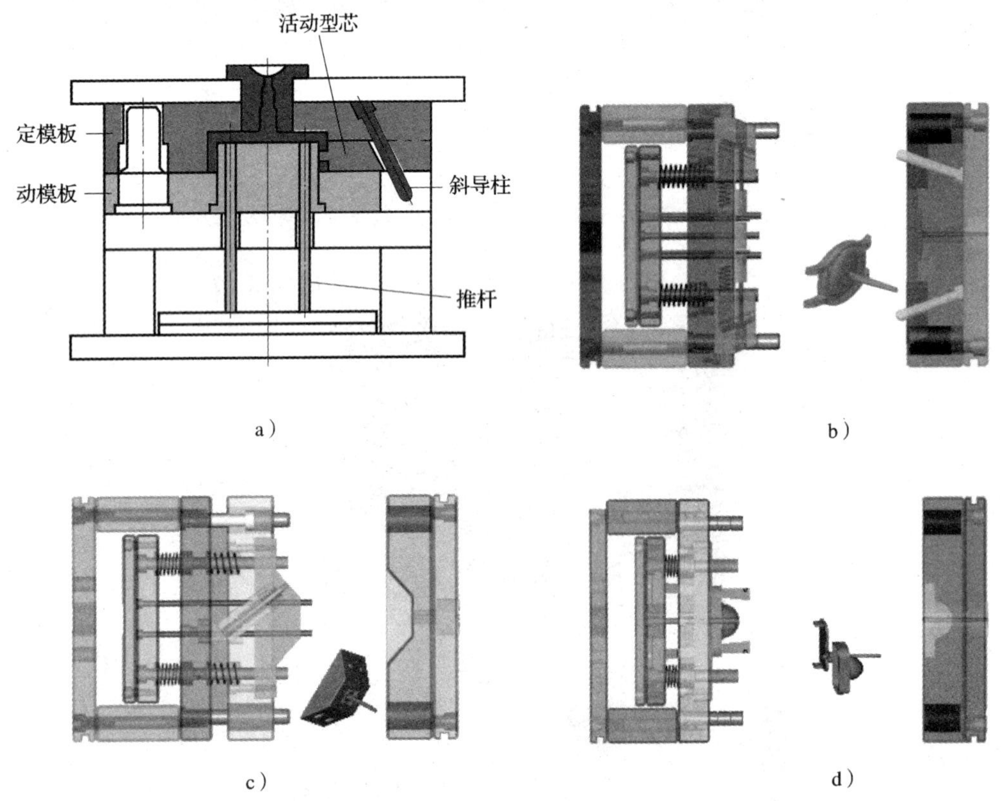

图 2—1—9　侧向分型抽芯注射模具

a）模具结构　b）二板式斜导柱抽芯

c）二板式后模斜抽芯　d）二板式斜顶抽芯

在模具设计中，驱动活动型芯侧向移动的零件一般可采用斜导柱、斜滑块、弯销、斜导槽等进行驱动。

4. 带有活动镶件的注射模

根据使用需要，有些塑料制品上带有内侧凸、凹槽或螺纹孔等结构类型，如塑料瓶盖等。对于这些注射模的成型零件（型芯）一般需要进行特殊处理，例如，设置活动的对拼组合式镶块，这样可以方便成型，并避免采用机动脱螺纹形式的模具结构。图 2—1—10 所示为带有活动镶件的注射模的结构。

需要指出的是，对于带活动镶件的注射模，开模以后，镶件将连同塑料制品一起从模具中被推出机构推出，在模外通过手工或专用工艺装备把镶件和塑件分开。在实际应用中，为了不耽误生产，通常会准备多套活动镶件，以便交替使用。

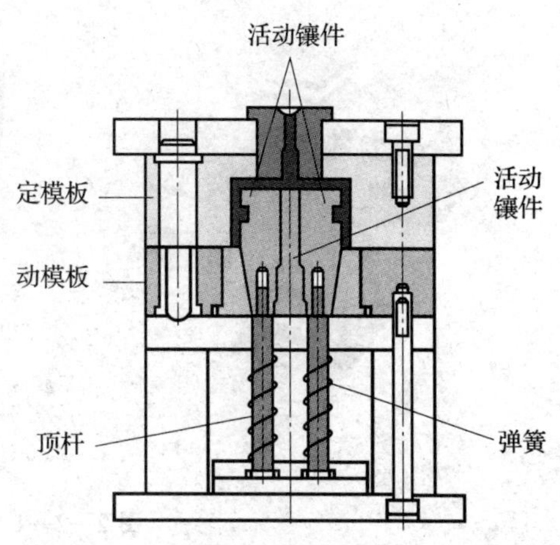

图 2—1—10　带有活动镶件的注射模的结构

5. 带有自动脱螺纹结构的注射模

在实际生产中，带有螺纹结构的塑料制品并不少见。对于大批量生产的精度要求不高的带螺纹塑件，为了提高生产效率，通常可以采用带有自动脱螺纹结构的注射模，如图 2—1—11 所示。

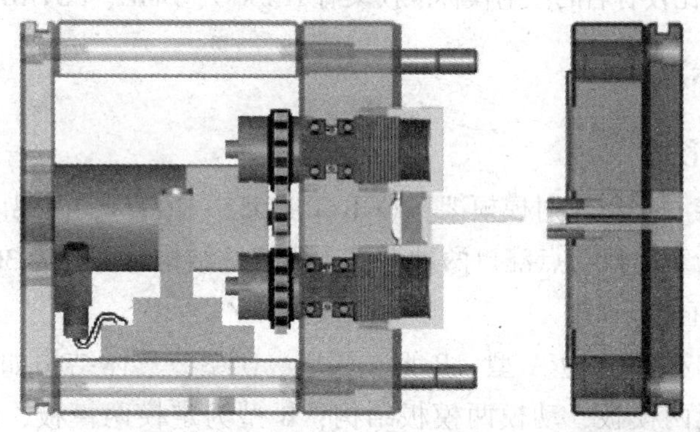

图 2—1—11　带有自动脱螺纹结构的注射模

这种类型的注射模，在模具结构内部设置可以转动的螺纹型芯（用于成型内螺纹）或型环（用于成型外螺纹）。开模时，利用注射机的往复运动或旋转运动，或者设置专门的原动传动装置（如电机液压马达等），带动螺纹型芯或型环转动，从而使塑料制品自动脱出。

第二节　模架标准及其选用

模架零件有着许多共同点，早已实现了标准化，我国现行注射模模架标准为《塑料注射模模架》（GB/T 12555—2006）。选择标准模架（见图 2—2—1），不仅可以简化注射模具的设计（一旦某一型号的模架确定下来，就可以得到已经设计好的零件的尺寸数据，如模板大小、螺钉大小及安装位置等），而且可以减轻注射模具的制造工作（这些零部件可以从市场上买到并可直接使用，或买来后只需要进行二次加工就可以使用）。

a）　　b）

图 2—2—1　标准模架及模板

a）标准模架　b）模板

目前，国际上比较有名的注射模标准模架有 HASCO、DME、FUTABA、KLA 等品牌。

一、模架标准

1. 模架组合形式

根据国家标准《塑料注射模模架》（GB/T 12555—2006），模架以其在模具中的应用方式不同，分为直浇口与点浇口两种形式，模架按结构特征分为 36 种主要结构。

（1）基本型直浇口模架

基本型直浇口模架分为 A 型、B 型、C 型、D 型，具体结构如图 2—2—2 所示。其中，A 型为定模两模板、动模两模板结构；B 型为定模两模板、动模两模板结构，并加装推件板；C 型为定模两模板、动模一模板结构；D 型为定模两模板、动模一模板结构，并加装推件板。

（2）基本型点浇口模架

点浇口模架由直浇口模架上加装推料板和拉杆导柱得到，基本型点浇口模架分为 DA 型、DB 型、DC 型、DD 型，具体结构如图 2—2—3 所示。

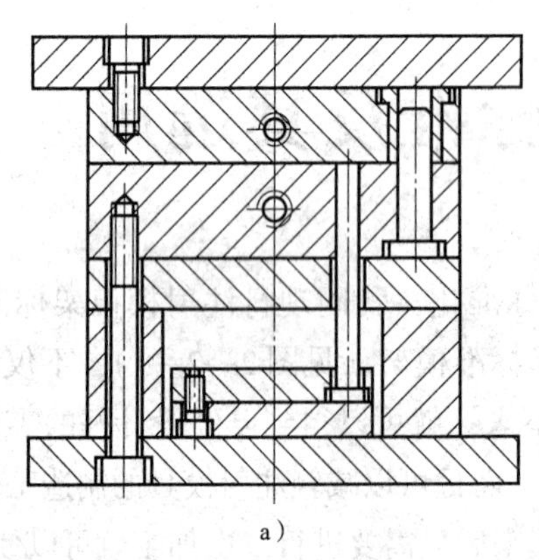

a）

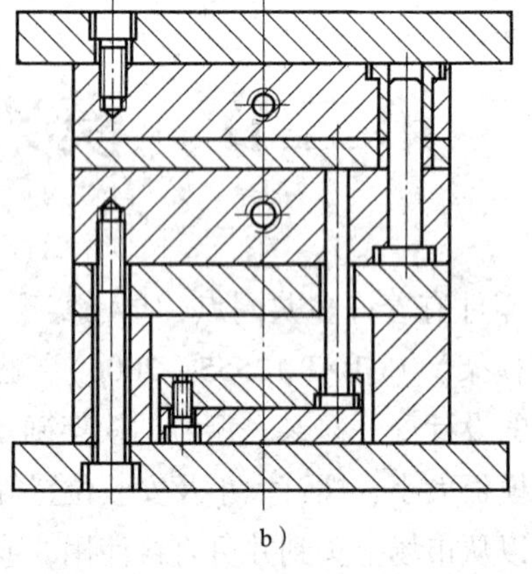

b）

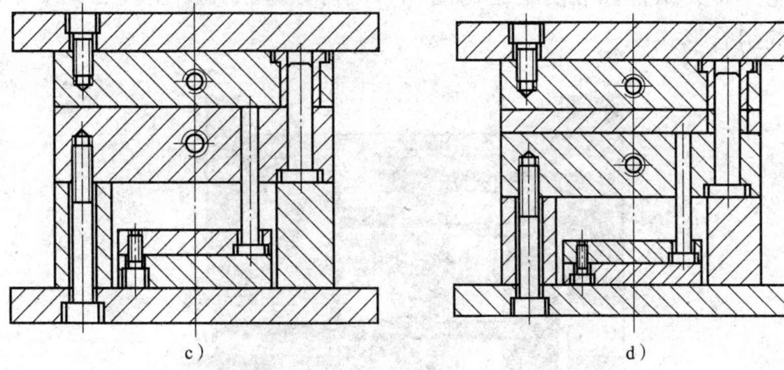

c）　　d）

图 2—2—2　基本型直浇口模架

a）A 型　b）B 型　c）C 型　d）D 型

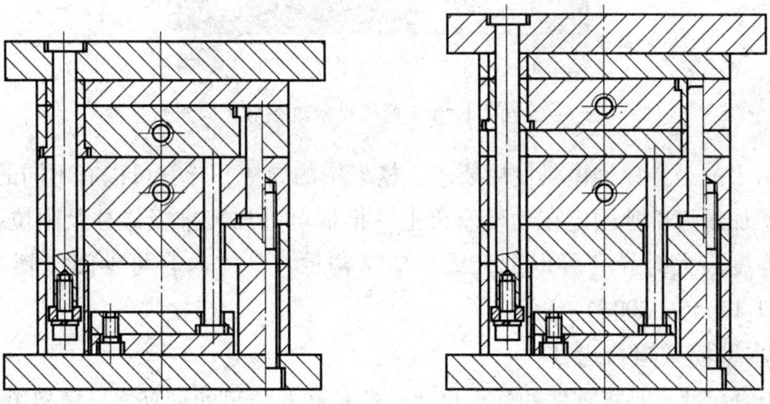

a）　　b）

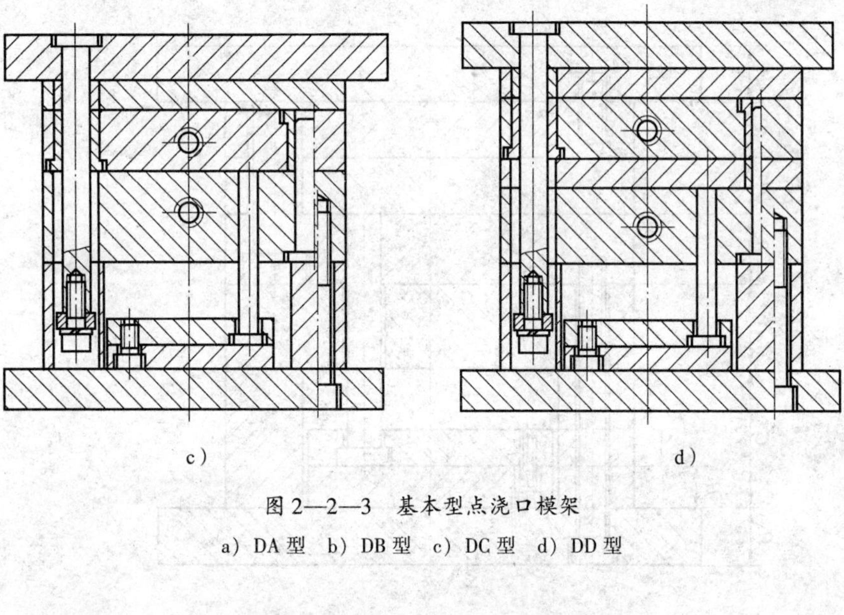

c）　　d）

图 2—2—3　基本型点浇口模架

a）DA 型　b）DB 型　c）DC 型　d）DD 型

在实际生产中，结合标准模架结构图例，便可以很快判断出图 2—2—4 所示标准注射模模架的组合形式。

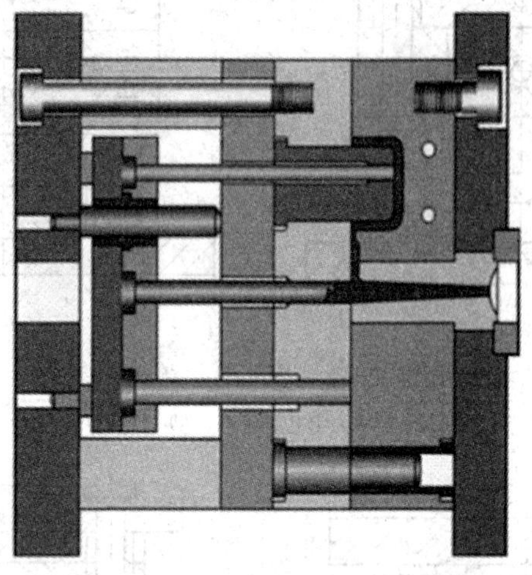

图 2—2—4　标准注射模模架组合形式的判断

需要指出的是，根据模具使用要求，模架中的导柱、导套可以有不同的安装形式，垫块可以增加螺钉单独固定在动模座板上，推板可以加装推板导柱及限位钉，模架中定模板的厚度较大时导套可以配装成相应结构等，具体内容可参阅《塑料注射模模架》（GB/T 12555—2006）。

2. 基本型模架组合尺寸

所谓组合尺寸，是指零件的外形尺寸、孔径和孔位尺寸，直浇口模架组合尺寸如图 2—2—5 所示，点浇口模架组合尺寸如图 2—2—6 所示。设计模具时，根据需要确定好相应尺寸，查阅国家标准《塑料注射模模架》（GB/T 12555—2006），从而确定模架的规格。

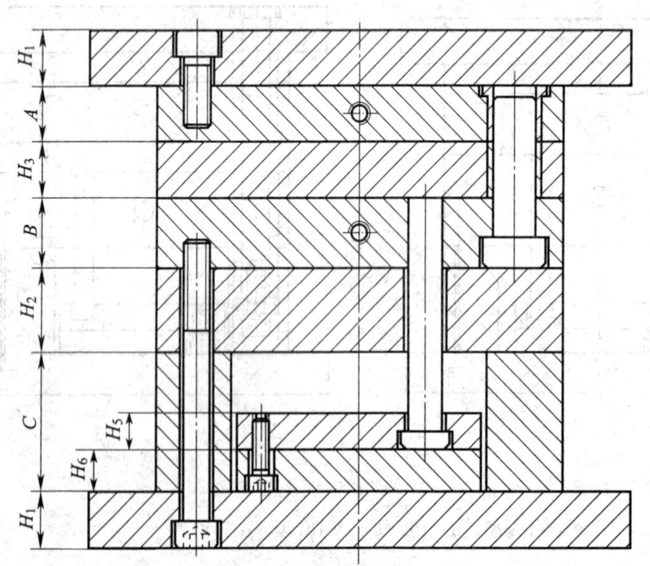

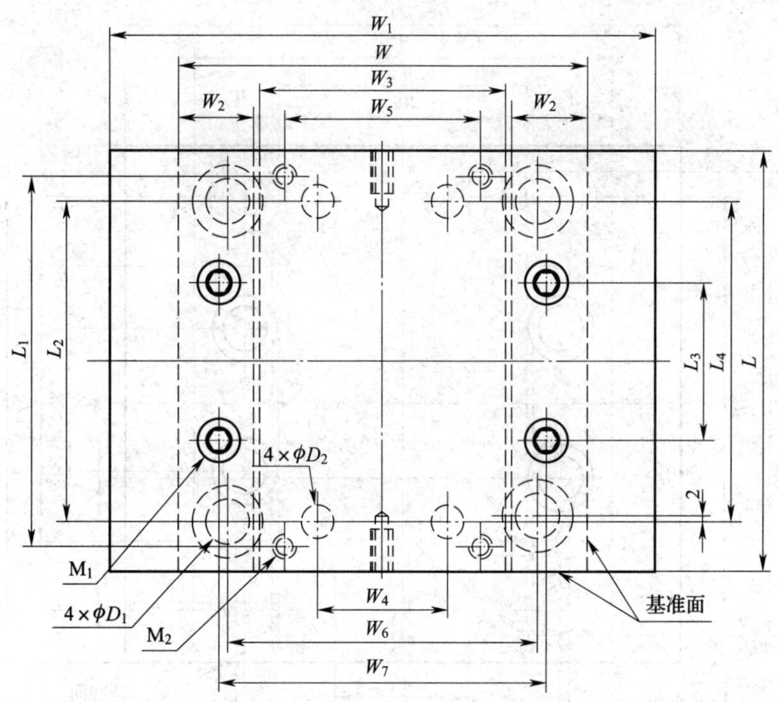

图 2—2—5 直浇口模架组合尺寸

需要说明的是，基准面（俗称基准角）位置的导柱、导套与另外三处的导柱、导套分布不对称。通常在定制模架时，可要求模架厂在所有模板的基准角上切出倒角（如 C10 mm）或做上相应的公司标记，以免弄错。例如，龙记模架标记为“L”。

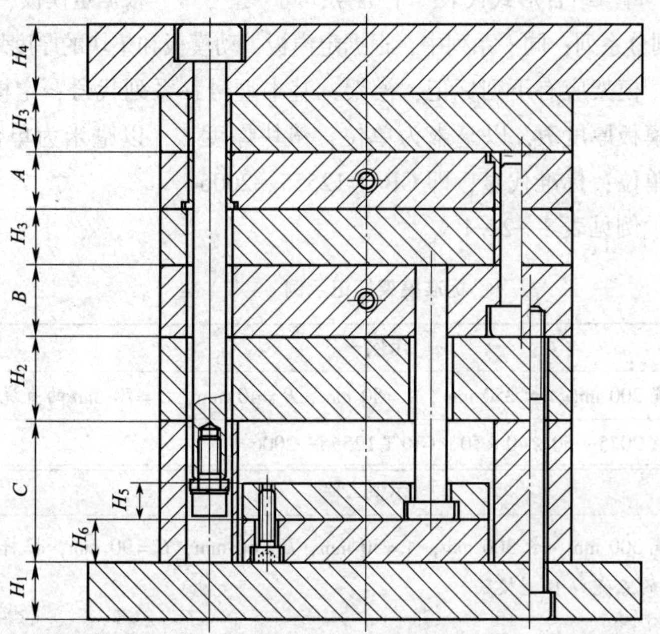

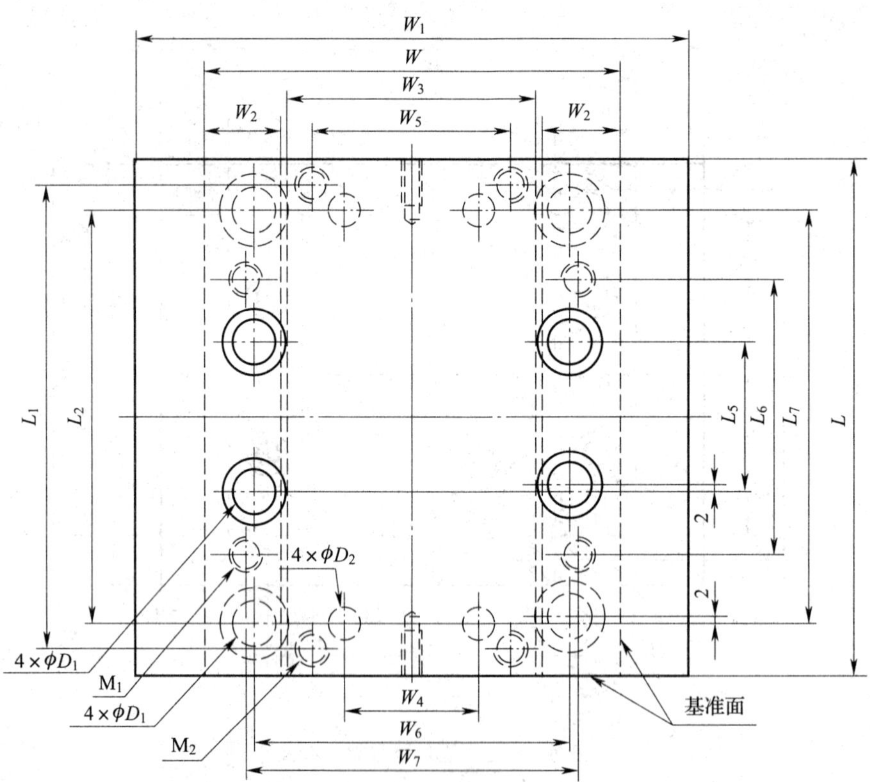

图 2—2—6　点浇口模架组合尺寸

3. 型号、系列、规格及标记

模架标准规定：每一组合形式代表一个型号；同一型号中，根据定模板、动模板的周界尺寸（宽×长）划分系列；同一系列中，根据定模板、动模板和垫块的厚度划分规格。

根据国家标准，模架应有下列标记：模架；基本型号；系列代号；定模板厚度 A，以毫米为单位；动模板厚度 B，以毫米为单位；垫块厚度 C，以毫米为单位；拉杆导柱长度，以毫米为单位；标准代号，即 GB/T 12555—2006。

标准模架标记示例见表 2—2—1。

表 2—2—1　　　　标准模架标记示例

示例一	
基本情况	模板宽 200 mm、长 250 mm，A = 50 mm，B = 40 mm，C = 70 mm 的直浇口 A 型模架
标记	模架 A 2025—50×40×70　GB/T 12555—2006
示例二	
基本情况	模板宽 300 mm、长 300 mm，A = 50 mm，B = 60 mm，C = 90 mm，拉杆导柱长度为 200 mm 的点浇口 B 型模架
标记	模架 DB 3030—50×60×90—200　GB/T 12555—2006

掌握了标准模架标记后，结合 GB/T 12555—2006，可以方便地根据所给基本型模架组合尺寸判断出如图 2—2—7 所示标准模架（设模板长度 L 为 200 mm）的系列代号，并进行标记。

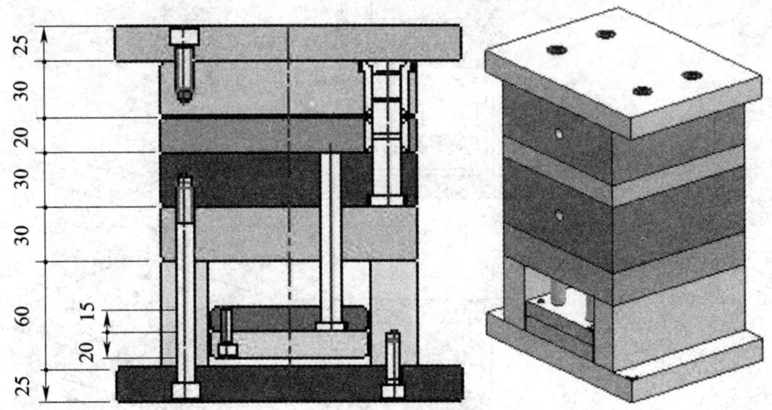

图 2—2—7 基本型模架组合尺寸

知识链接

1990 年版模架标准

1990 年颁布的塑料注射模具模架的国家标准《塑料注射模中小型模架》(GB/T 12556.1—1990) 和《塑料注射模大型模架》(GB/T 12555.1—1990) 分别适用于模板尺寸 $B \times L$（宽×长）不大于 500 mm×900 mm 的中小型标准模架和模板尺寸 $B \times L$ 为 630 mm×630 mm～1 250 mm×2 000 mm 的大型标准模架。

1. 中小型标准模架

中小型标准模架按结构特征可分为基本型和派生型两类。

(1) 基本型

基本型模架分为 A_1～A_4 共 4 个品种，其组成、功能和用途见表 2—2—2。

表 2—2—2 中小型基本型模架的组成、功能和用途

品种	A_1	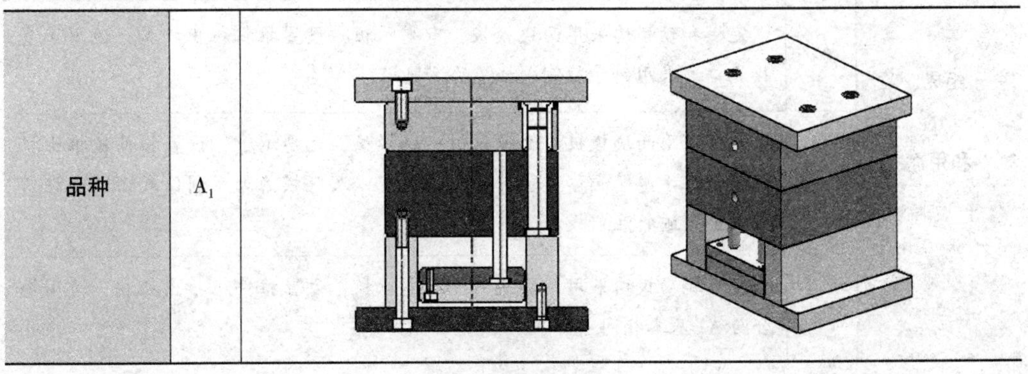

续表

品种	A_2	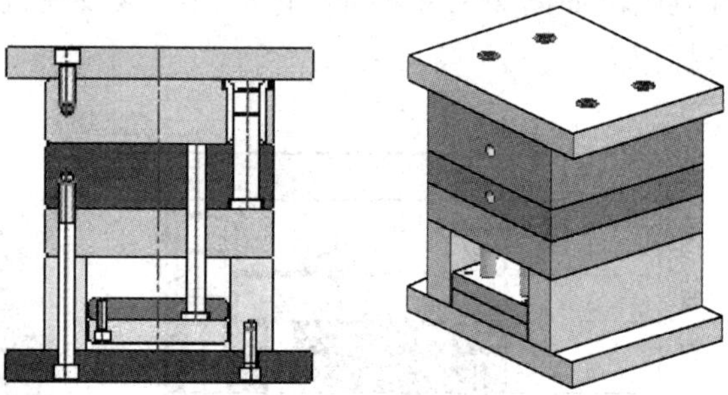
	A_3	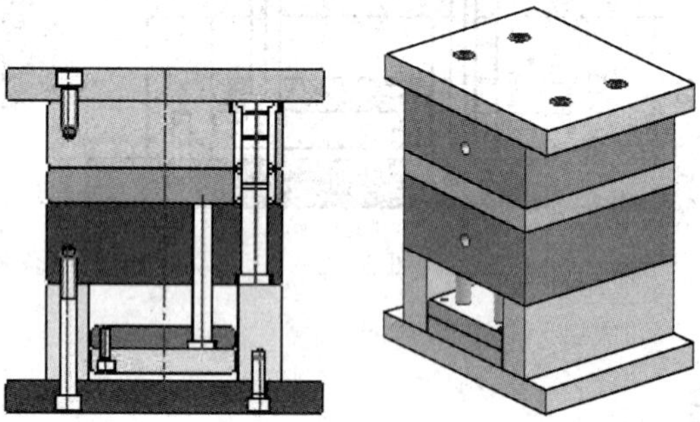
	A_4	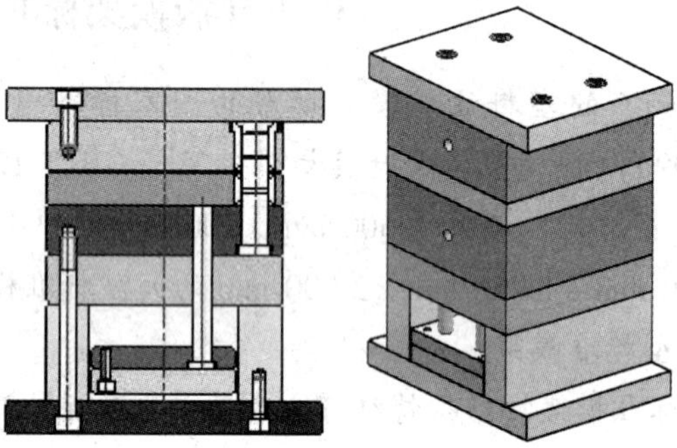
组成、功能和用途	A_1	定模采用两块模板，动模采用一块模板，无支承板，设置推杆推出机构，适用于单分型面注射模
	A_2	定模和动模均采用两块模板，有支承板，设置推杆推出机构，适用于直接浇口、采用斜导柱侧向抽芯的注射模
	A_3	定模采用两块模板，动模采用一块模板，无支承板，设置推件板推出机构，适用于薄壁壳体类塑料制品的成型以及脱模力大、制件表面不允许留有推出痕迹的注射模
	A_4	定模和动模均采用两块模板，有支承板，设置推件板推出机构，适用场合与 A_3 基本相同

（2）派生型

派生型模架分为 $P_1 \sim P_9$ 共 9 个品种，如图 2—2—8 所示，其组成、功能和用途见表 2—2—3。

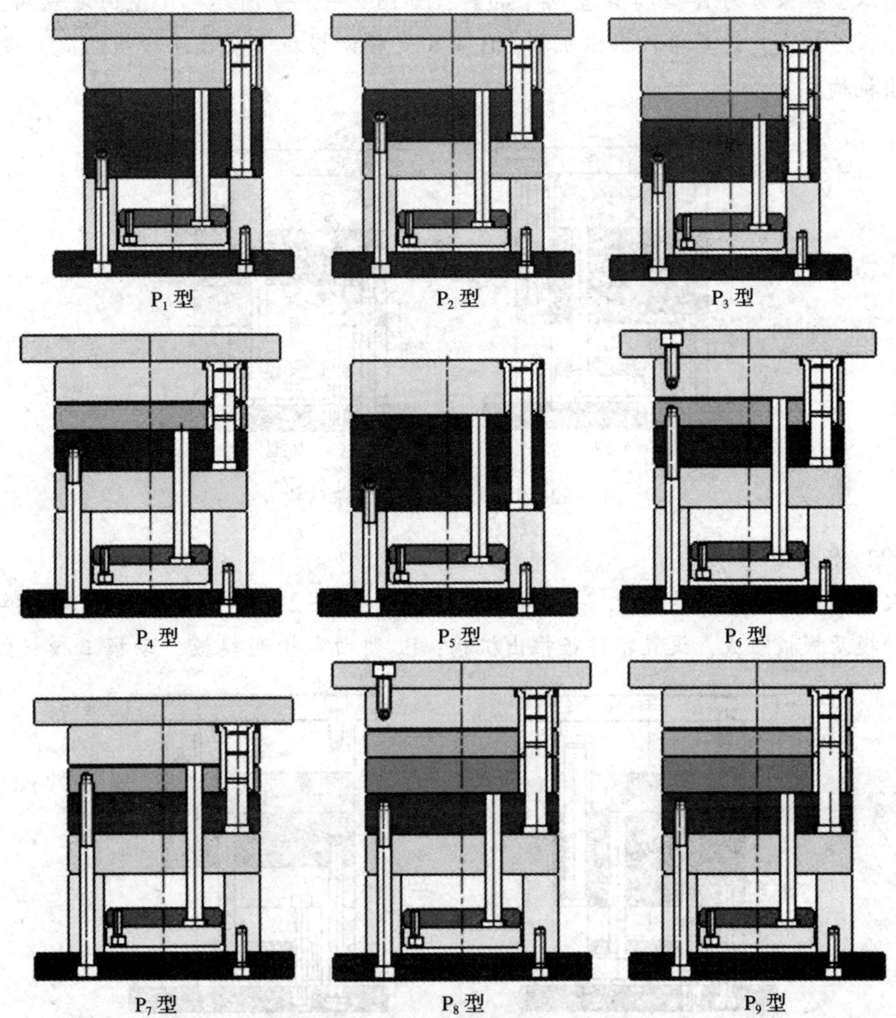

图 2—2—8　中小型派生型模架的结构

表 2—2—3　　中小型派生型模架的组成、功能和用途

品种	组成、功能和用途
$P_1 \sim P_4$	由基本型模架 $A_1 \sim A_4$ 型对应派生而成。结构形式的差别在于去除了 $A_1 \sim A_4$ 型定模座板上的固定螺钉，使定模一侧增加了一个分型面，成为双分型面模具，多用于点浇口。其他特点和用途同 $A_1 \sim A_4$
P_5	动模、定模各由一块模板组成，主要适用于直接浇口、简单整体型腔结构的注射模
$P_6 \sim P_9$	P_6 与 P_7、P_8 与 P_9 是相互对应的结构。P_7 和 P_9 相对于 P_6 和 P_8 去除了定模座板上的固定螺钉。它们均适用于复杂结构的注射模，如定距分型自动脱落浇口注射模等

2. 大型标准模架

大型标准模架按结构特征不同，也分为基本型和派生型两类。

(1) 基本型

基本型模架分为A型和B型两个品种，如图2—2—9所示。A型由定模两模板、动模一模板组成，设置推杆推出机构；B型由定模两模板、动模两模板组成，设置推杆推出机构。

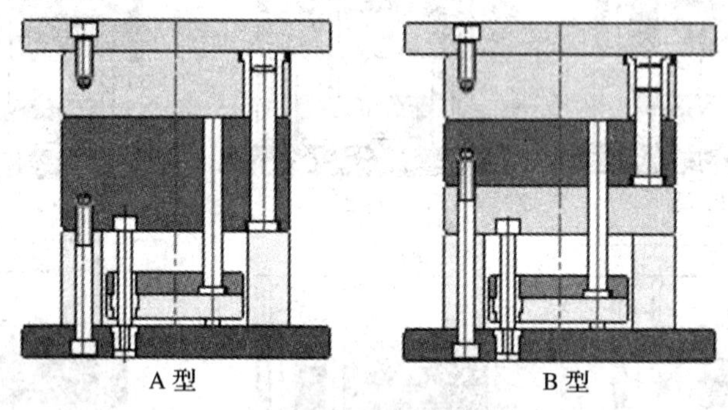

图2—2—9 大型基本型模架结构

(2) 派生型

大型模架的派生结构有P_1 ~ P_4四个品种，如图2—2—10所示。P_1型由定模两模板、动模两模板组成，设置推件板推出机构；P_2型由定模两模板、动模三模板组成，

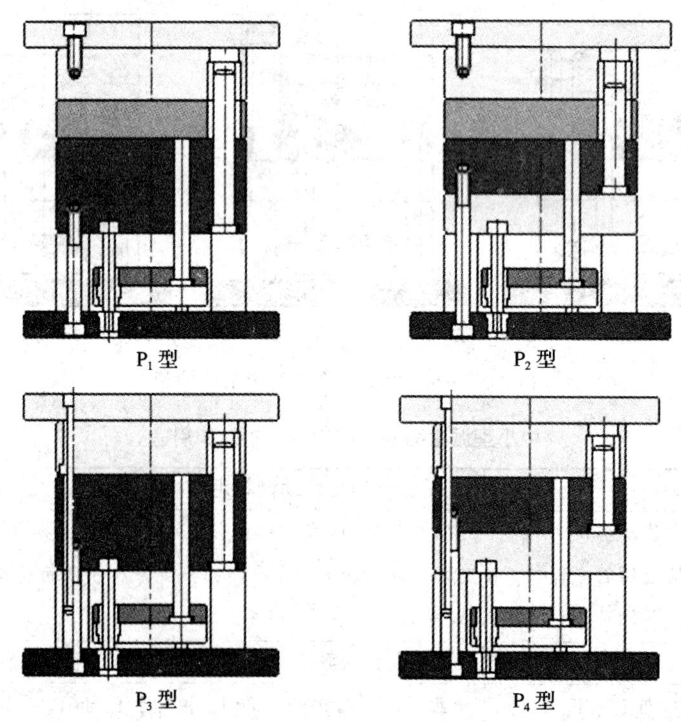

图2—2—10 大型派生型模架结构

设置推件板推出机构；P_3 由定模两模板、动模一模板组成，用于点浇口的双分型面结构；P_4 型由定模两模板、动模两模板组成，用于点浇口的双分型面结构。

3. 模架规格的标记

(1) 中小型模架规格的标记

中小型模架规格标记由四部分内容构成，即品种（基本型型号）、系列（模板周界尺寸）、规格（基本型组合的编号数）和导柱安装形式。其标记示例及说明见表2—2—4。

表2—2—4　中小型模架规格标记示例及说明

标记示例及说明

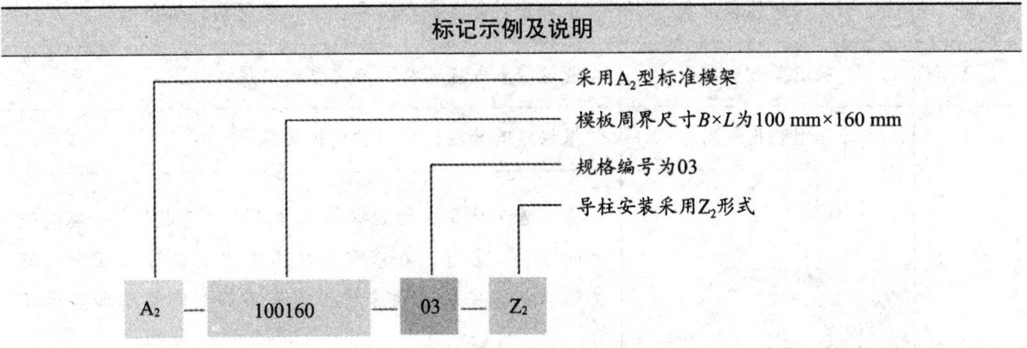

注：1. 规格编号应查有关技术资料，例如，规格编号03即模板A厚度为12.5 mm，模板B厚度为20 mm。
2. 导柱安装形式用代号Z和F来表示，Z表示正装形式，即导柱安装在动模中，导套安装在定模中；F表示反装形式，即导柱安装在定模中，导套安装在动模中。代号后的序号1、2、3分别表示所用导柱的形式，1表示直导柱，2表示带肩导柱，3表示带肩定位导柱，其结构形式如图2—2—11所示。

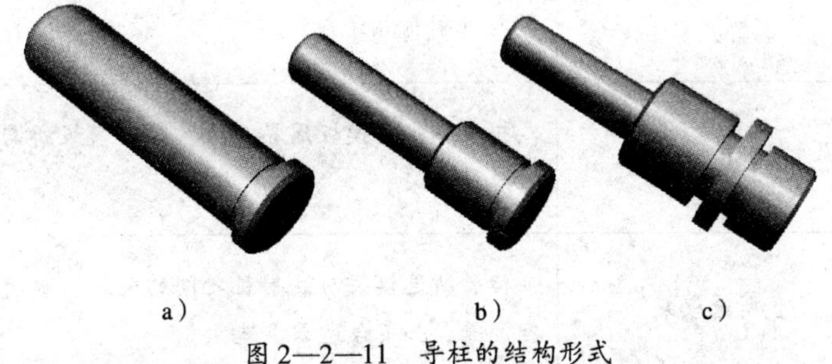

图2—2—11　导柱的结构形式
a) 直导柱　b) 带肩导柱　c) 带肩定位导柱

(2) 大型模架规格的标记

大型模架规格标记方法与中小型模架规格标记方法类似，只是表示模板尺寸 $B\times L$ 时少写一个“0”，也可以理解为其长度单位不是毫米而是厘米，并且不表示导柱安装方式。例如，A—80125—26表示基本型A型结构，模板周界尺寸 $B\times L$ 为800 mm×1 250 mm，规格编号为26，即模板A厚度为160 mm，模板B厚度为100 mm（规格编号查阅有关技术手册得出）。

二、标准模架选用步骤

标准模架的选用取决于众多因素，其中包括塑料制品的大小和形状、每模塑料制

品数（型腔数）、浇注系统形式、模具的分型面数、塑料制品脱模方式、推板行程、定模和动模的组合形式、注射机规格乃至模具设计者的设计理念等。

确定型腔模板的周界尺寸（长×宽）和厚度是选择模架的关键，标准模架的选用步骤说明见表2—2—5。

表2—2—5　　标准模架的选用步骤说明

步骤	内容	说明
1	确定模架组合形式	根据塑料制品成型需要确定模架结构的组合形式
2	确定型腔壁厚	通过查表或经验公式确定型腔壁厚
3	计算型腔模板周界	根据经验数据计算型腔模板周界
4	模板周界尺寸	将步骤3计算出的数据向标准尺寸“靠拢”，一般向较大的修整。另外，在修整时还需考虑在壁厚位置上应有足够的空间安装其他零件，如果不够，需要增加壁厚尺寸
5	确定模板厚度	根据型腔深度得到模板厚度，并按标准尺寸进行修整。如果型腔底部有支承板，型腔底部就不必太厚。另外，确定模板厚度还要考虑整副模架的闭合高度、开模空间等与注射机相适应
6	选择模架尺寸	根据确定的模板周界尺寸，配合模板所需的厚度，查标准选择模架
7	检验所选模架	检验所选模架与注射机之间的关系，如闭合高度、开模空间等，如不合适需重选

第三节　模具零件及标准零件

众所周知，塑料注射成型模具是以模架为基础，添加成型零部件和其他必要的结构零件所构成的。本节将结合图2—3—1所示一模四件单分型面注射模，从零部件的角度认识注射成型模具，并了解注射模标准零件。

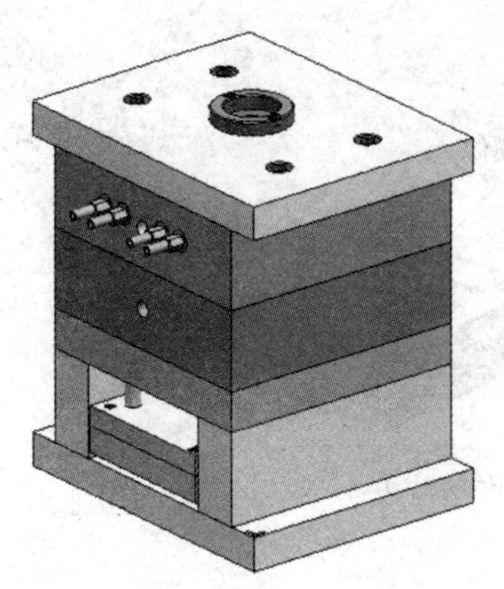

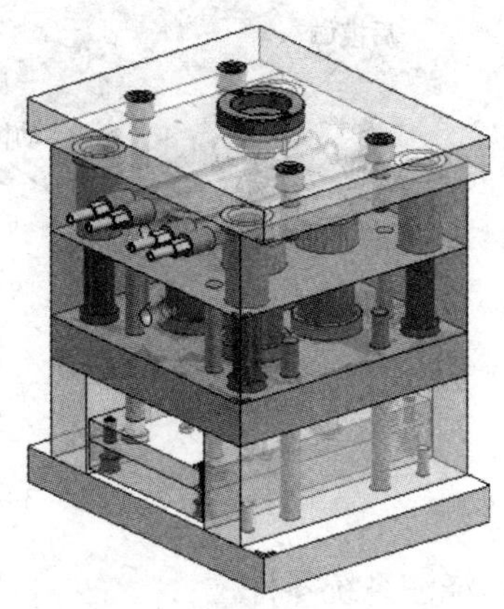

图 2—3—1 一模四件单分型面注射模的结构

一、模具零件

1. 模具零件及其作用

在塑料制品成型过程中，模具零件各司其职，相互协调，共同作用，通过注射机和注射成型工艺的配合，完成所需塑料制品的成型加工。

（1）成型零件

塑料注射模具中的成型零件构成了成型塑料制品所需的腔体，在塑料制品成型过程中，成型零件与塑料熔体相接触，直接成型并确定塑料制品的内、外表面和形状。成型零件通常由型芯（成型制品内表面）、型腔（成型制品外表面）、镶件等组成，图 2—3—2 中开设有型腔的定模板、型芯就是成型零件。需要指出的是，对于那些结构简单、要求不高的塑料制品，设计模具时可以考虑直接将型芯和型腔开设在动模板和定模板上，图 2—3—2 便是如此。

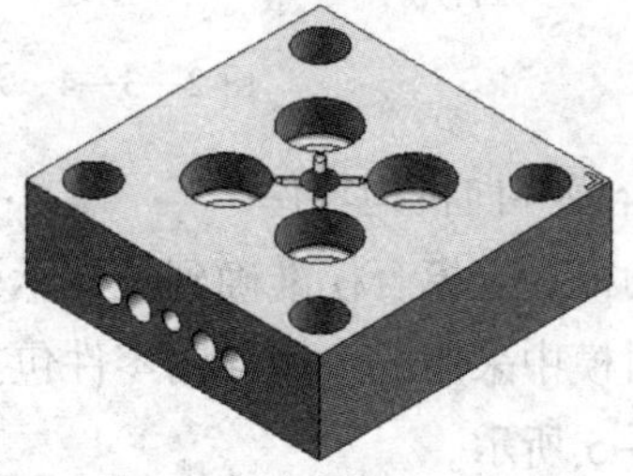

图 2—3—2 成型零件示例

当然，随着模具的要求越来越高，一般模具的成型零件均设计成独立部分，以模仁（包括前模仁和后模仁）形式，并根据需要采用整体结构或镶拼组合式结构，分别固定在成型模具的定模板和动模板上，如图 2—3—3 所示，以便采用比模板更好的材料来制造，同时可以节省贵重的模具钢，降低模具制造成本。

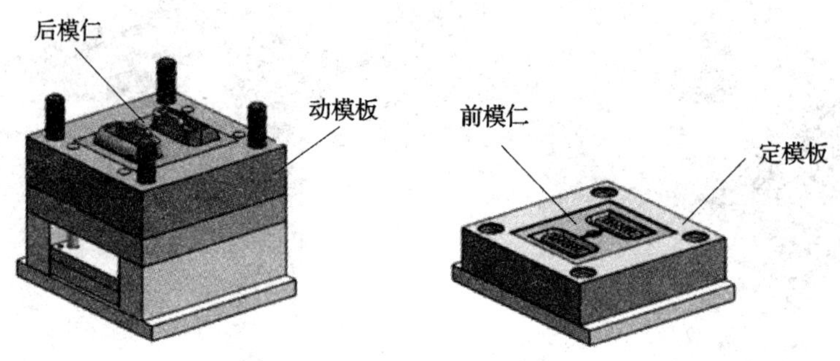

图 2—3—3　前、后模仁的结构

（2）浇注系统零件

浇注系统零件的作用是在注射模上形成塑料熔体由注射机喷嘴进入型腔的流经通道。根据模具结构设计需要，注射模中构成模具浇注系统的零件不完全相同，完整的通道包含主流道、分流道、浇口、冷料阱（冷料穴）。

在图 2—3—1 所示的注射模中，由浇口套、定模板、拉料杆等零件构成浇注系统通道，如图 2—3—4 所示。

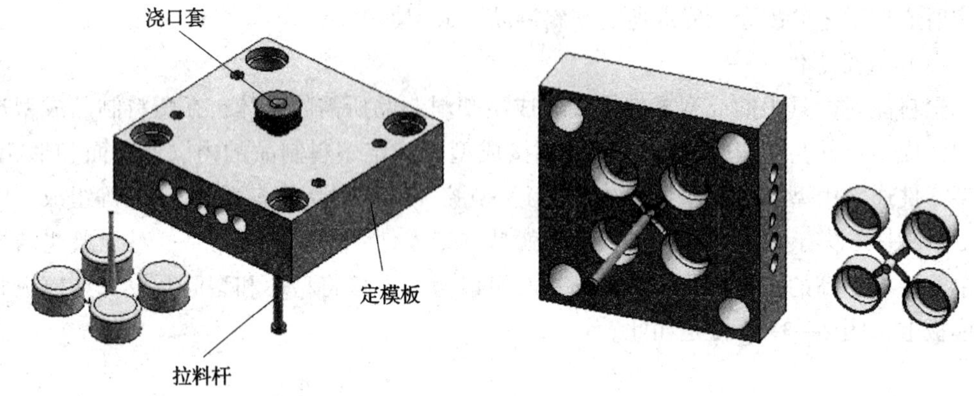

图 2—3—4　浇注系统通道及其凝料

（3）合模导向机构零件

保证动模和定模合模准确到位并承受一定的侧向压力是合模导向机构零件的作用所在。注射模中采用的合模导向零件包括导柱和导套以及与其配套使用的精定位零件，如图 2—3—5 所示。

1）导柱和导套。导柱和导套是注射模中通常采用的合模导向零件。模具闭合时，它们首先接触，引导动模、定模准确闭合，避免因型腔未准确对准型芯而损坏成型零件；塑料熔体充模时，它们将承受一定的侧向压力，并能减少成型设备精度对成型加工的影响。

导向零件通常均布在模具的周边部位，其中心至模具边缘留有一定的距离，如图 2—3—6 所示，以保证模具的强度要求，防止压入导柱和导套时发生变形。

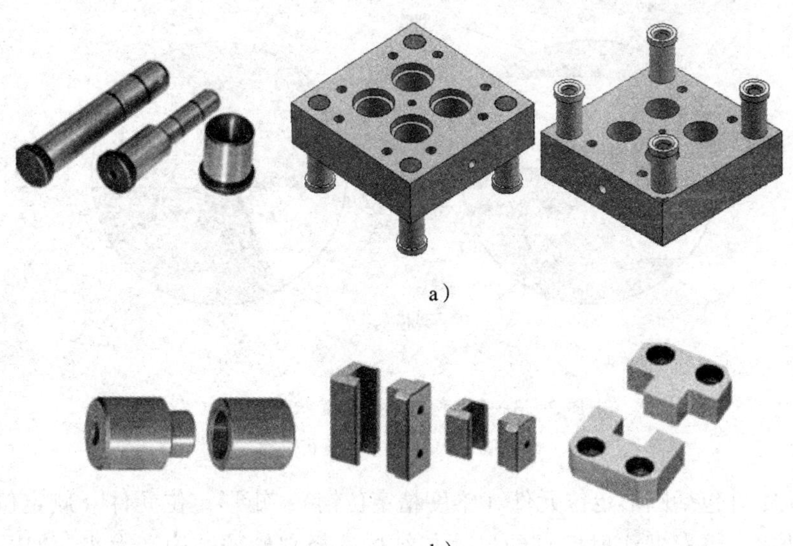

a）

b）

图 2—3—5 合模导向机构零件

a）导柱和导套 b）精定位零件

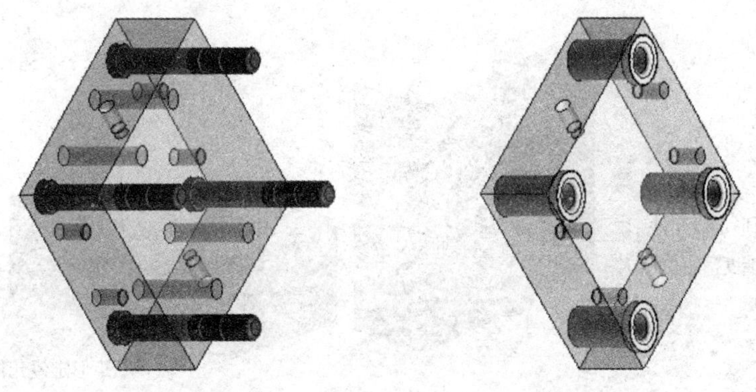

图 2—3—6 导向零件的布置部位

根据模具的形状和大小，一副模具一般需要 2 ~ 4 个导柱和导套。对于模板最长边小于 500 mm 的小型模具，通常采用两个直径相同且对称分布的导柱；如果模具的型芯和型腔合模时有方位要求，则采用两个直径不同的导柱，或考虑采用不对称布置的导柱，以免出现安装错误。对于大、中型模具，通常采用 3 个或 4 个直径相同的导柱，但分布位置不对称，或导柱位置对称，但中心距不同的布置形式。

另外，有些注射模为避免顶出塑料制品的过程中推板歪斜，还设有导向零件，如图 2—3—1 所示的推板导柱和推板导套，以确保推板平稳运动。

2）精定位零件。由于导柱与导套之间存在配合间隙，其导向精度必然受到限制。当要求合模精度很高或侧压力很大时，必须配套使用精定位零件（组件），以免发生不良现象，如成型零件的错位、异常磨损、碰撞甚至损坏等（见图 2—3—7），以及塑料制品尺寸差异及毛刺的产生。

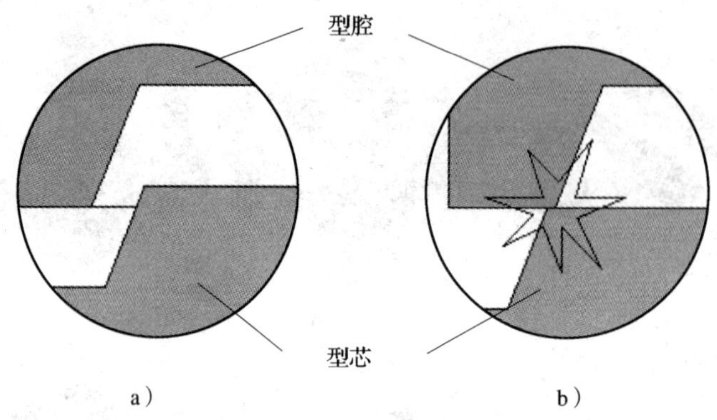

图 2—3—7 成型零件位置状态对比

a）位置吻合状态 b）位置错位状态

精定位零件包括圆形定位元件（锥度精定位销）、矩形定位元件（侧定位块）、锥度精定位块等，可根据注射模具的尺寸与结构选择它们的结构和大小，如图 2—3—8 所示。一般来说，模具温度较高时需使用精定位块组件，通过它吸收模板的热膨胀，从而确保正确的定位功能。

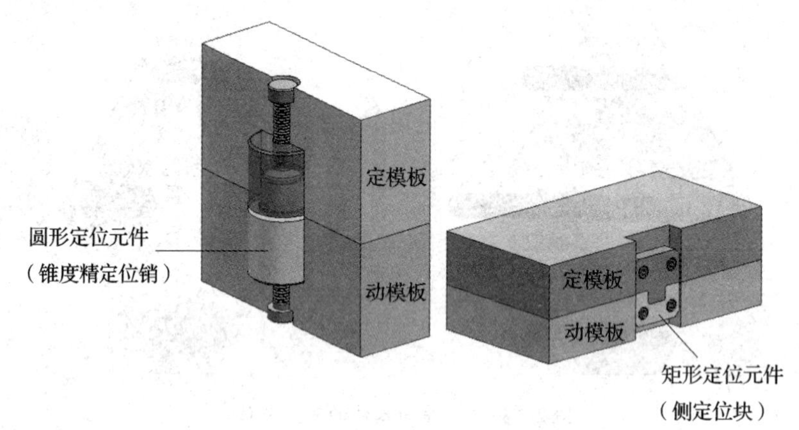

图 2—3—8 精定位零件的使用

（4）推出机构零件

推出机构零件的作用是将塑料制品及浇注系统凝料从分型后的注射模中推出。根据需要，一般情况下推出机构可由推杆、复位杆、推杆固定板、推板、拉料杆等零件构成，如图 2—3—9 所示，必要时，还可设置推板导柱、推板导套，以提高推出机构的刚度。

（5）侧向分型与抽芯机构零件

注射成型时，若成型制品带有侧凹（俗称倒钩）或侧孔，开模时固化后的塑料制品就会因型芯的干涉而无法正常脱模，这时就要借助于侧向分型与抽芯机构，如斜导柱侧向分型与抽芯机构、斜顶侧向分型与抽芯机构等，通过该机构，在塑料制品脱模前，将成型侧凹或侧孔的型芯先从侧凹或侧孔中抽出。

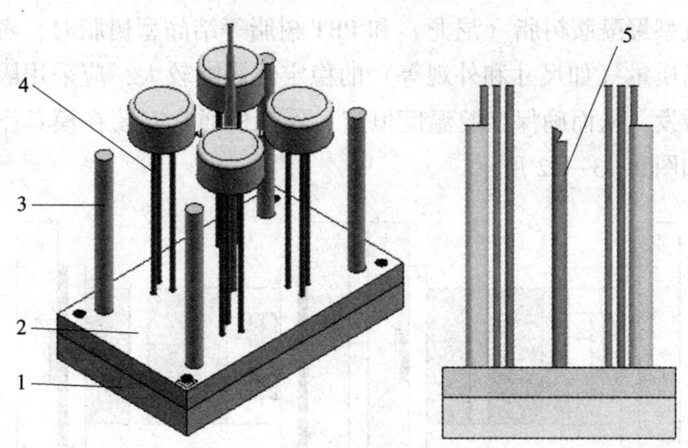

图 2—3—9 推出机构

1—推板 2—推杆固定板 3—复位杆 4—推杆 5—拉料杆

如图 2—3—10 所示为由斜顶杆、斜顶座和耐磨块等零件构成的用于内侧倒钩的斜顶侧向分型与抽芯机构。

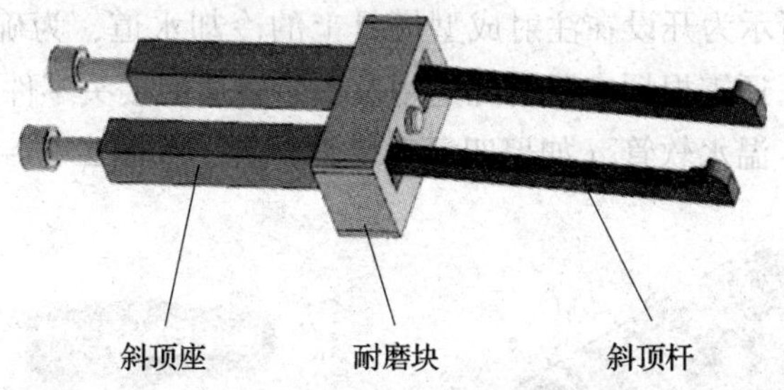

图 2—3—10 侧向分型与抽芯机构

（6）温度调节系统

满足注射工艺对模具温度的要求，实现对模具温度的控制，是温度调节系统的作用所在。当模具型腔表面温度要求控制为 20～90℃时，一般采用水作为冷却介质，通过其在模具内部的循环来控制模具温度；当模具型腔表面温度要求控制在 90～200℃时，一般通过筒式加热器（见图 2—3—11）或热油进行温度控制，且前者结构比较简单，并能在短时间内升温，故应用广泛。

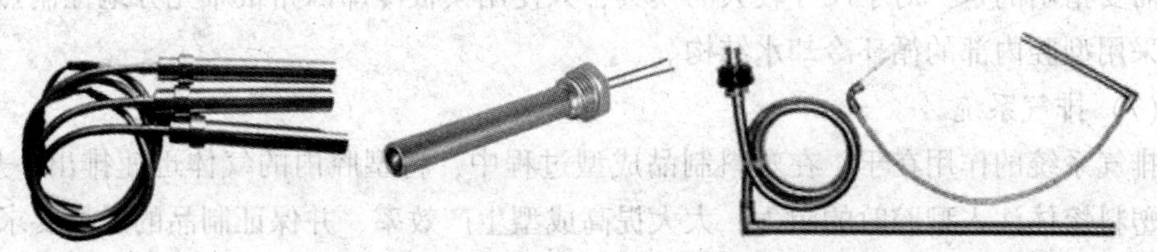

图 2—3—11 筒式加热器

另外，当成型聚酰胺树脂（尼龙）和 PBT 树脂等结晶型树脂时，考虑到型腔表面温度变化对制品质量（如尺寸和外观等）的稳定性影响较大，应采用隔热板，以防止模具热量过度散发，从而确保型腔温度恒定。隔热板通常安装在模具座板和注射机安装模板之间，如图 2—3—12 所示。

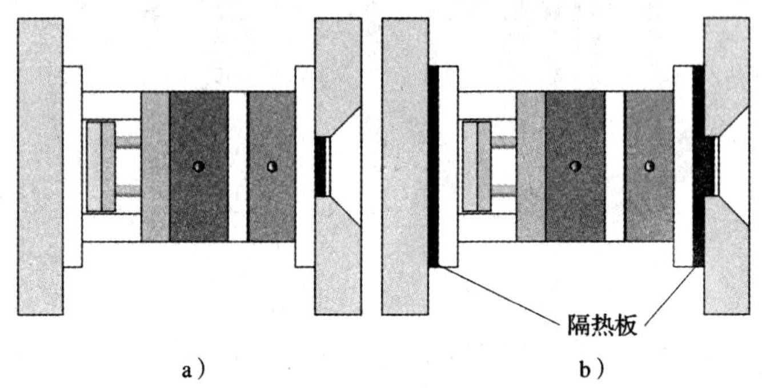

图 2—3—12　隔热板

a）未使用　b）已使用

图 2—3—13a 所示为开设在注射成型模具上的冷却水道，为确保将冷却水从循环装置导入模具内部，还需根据实际情况选用及安装合适的接头零件和水管，如内接头、外接头、中转接头、温水软管（如聚四氟乙烯管）等，如图 2—3—13b 所示。

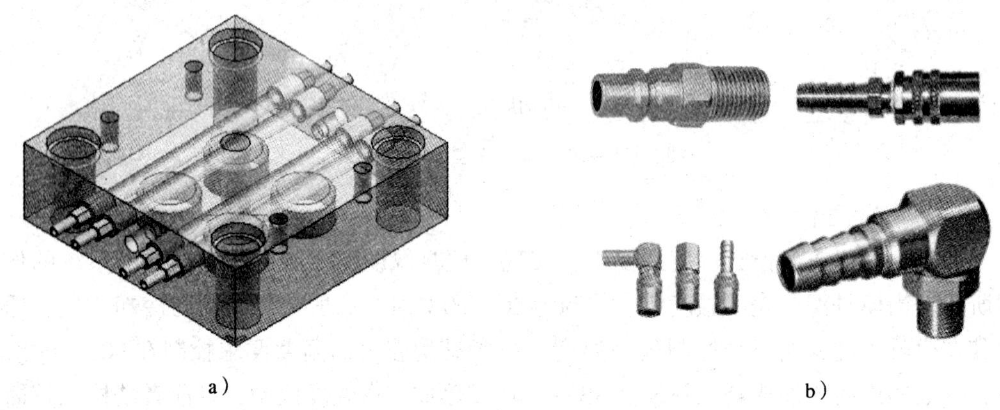

图 2—3—13　冷却水道及接头零件

a）冷却水道　b）接头零件

需要指出的是，对于尺寸较大的模具，只使用模板冷却回路很难充分地控制热量，还需采用型腔内部的循环冷却水结构。

（7）排气系统

排气系统的作用在于，在塑料制品成型过程中，将型腔内的气体迅速排出，从而减少塑料熔体注入型腔时的阻力，大大提高成型生产效率，并保证制品的质量要求。

注射成型模具采用的排气系统包括：模具零件间的配合间隙、排气槽、排气元件。排气槽一般开设在分型面上，图 2—3—14a 所示为开设在动模板上的排气槽；

排气元件则是将具有通气微孔的特殊材料装入衬套（通常为不锈钢材料）中而制成的零件，如图 2—3—14b 所示，使用该零件可以使型腔内的气体通过微孔快速排出。当然，为防止通气微孔堵塞，塑料制品成型生产时需对排气元件进行定期的维护保养。

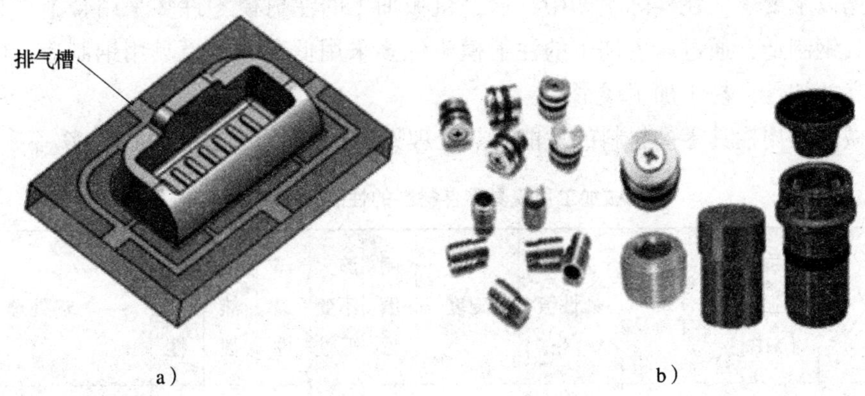

图 2—3—14 排气系统

（8）开模控制零件

开模控制零件主要是指在三板式注射模中，以机械方式控制各模板之间开合行程的相关零件，包括止动螺栓、螺栓拉杆、螺栓拉杆用垫圈、锁模板、钩式锁模板、顶出杆、尼龙锁模器用衬套、锁模器组件、定距拉板及专用螺栓和挡圈等，如图 2—3—15 所示。

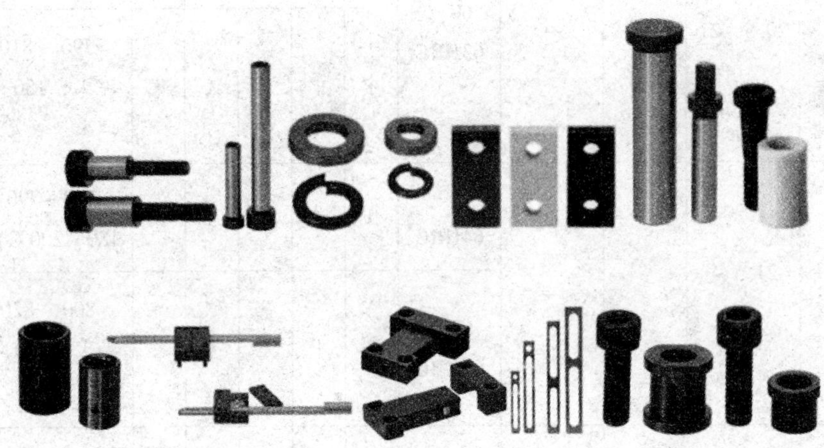

图 2—3—15 开模控制零件

2. 零件材料及热处理要求

（1）对材料的要求

注射成型时，注射模不但要承受一定的压力和工作温度，而且成型零件和浇注系统零件会受到塑料熔体的冲刷和摩擦作用，且有些塑料材料还具有腐蚀性。为适应如此的工作条件，并满足注射模零件的加工需要，必须对零件材料提出相应的要求：足够的表面硬度、良好的芯部强韧性、较好的耐疲劳性、一定的耐热性和耐蚀性、良好的切削加工性、较小的热处理变形、良好的抛光性和表面装饰纹的可加工性等。

（2）材料性能及热处理

根据以上要求，在实际生产中，通过机械加工的注射模零件多采用合金工具钢和碳素工具钢制造；通过压力加工的注射模零件多采用低含碳量模具用钢制造，以保证材料较高的塑性，易于加工成形。

机械加工用模具零件材料的性能及热处理见表2—3—1，供设计时参考。

表2—3—1　　机械加工用模具零件材料的性能及热处理

<table>
<tr><th>牌号</th><th>抗弯强度（MPa）</th><th>伸长率（%）</th><th>冲击韧性值（MJ/m²）</th><th>硬度</th><th>耐磨性</th><th>淬火不变形性</th><th>淬透性</th><th>耐热性</th><th>切削加工性</th><th>热处理</th></tr>
<tr><td>45</td><td>7.5~15</td><td>3~15</td><td>30~80</td><td>25~52HRC</td><td>中</td><td>差</td><td>差</td><td>差</td><td>优</td><td>800~830℃水淬，200~560℃回火</td></tr>
<tr><td>55</td><td>8.1~15</td><td>3~15</td><td>30~100</td><td>23~55HRC</td><td>中</td><td>差</td><td>中</td><td>差</td><td>良</td><td>820~840℃水淬，200~600℃回火</td></tr>
<tr><td rowspan="2">T8</td><td rowspan="2">20.5~21</td><td rowspan="2">—</td><td rowspan="2">—</td><td rowspan="2">60~63HRC</td><td>中</td><td>差</td><td>差</td><td>差</td><td>优</td><td>760~780℃水淬，180~200℃回火</td></tr>
<tr><td>中</td><td>中</td><td>差</td><td>差</td><td>优</td><td>790~810℃碱浴淬火，180~200℃回火</td></tr>
<tr><td rowspan="2">T10</td><td rowspan="2">21.5~22.5</td><td rowspan="2">—</td><td rowspan="2">—</td><td>62~64HRC</td><td>良</td><td>差</td><td>差</td><td>差</td><td>良</td><td>770~790℃水淬，180~200℃回火</td></tr>
<tr><td>62~66HRC</td><td>良</td><td>中</td><td>差</td><td>差</td><td>良</td><td>800~820℃碱浴淬火，180~200℃回火</td></tr>
<tr><td rowspan="2">40CrMnMo</td><td>12.5~16.5</td><td>10~12</td><td>70~90</td><td>35~40HRC</td><td>中</td><td>良</td><td>良</td><td>中</td><td>良</td><td>850~870℃油淬，560~600℃回火，880~900℃渗碳</td></tr>
<tr><td>14~16</td><td>—</td><td>—</td><td>61~63HRC</td><td>良</td><td>良</td><td>良</td><td>中</td><td>良</td><td>850~870℃油淬，180~200℃回火</td></tr>
</table>

续表

牌号	抗弯强度(MPa)	伸长率(%)	冲击韧性值(MJ/m^2)	硬度	耐磨性	淬火不变形性	淬透性	耐热性	切削加工性	热处理
5CrMnMo	10.5~18.2	8~18	—	30~56HRC	中	良	良	良	中	840~860℃油淬，200~600℃回火
	—	—	—	62~58HRC	良	良	良	良	中	880~900℃渗碳，840~860℃油淬，180~200℃回火
5CrW2Si	12.5~18.5	8~13	—	35~55HRC	中	良	良	良	中	870~900℃油淬，240~600℃回火
	—	—	—	58~62HRC	良	良	良	良	中	880~900℃渗碳，870~900℃油淬，180~200℃回火
9Mn2V	20~25	—	—	>60HRC	良	良	良	差	中	780~800℃油淬，160~180℃回火
9CrWMn CrWMn	22~26	—	50~60	60~63HRC	良	良	良	中	中	810~830℃油淬，180~200℃回火
MnCrWV	—	—	—	>62HRC	良	良	良	中	良	800~840℃油淬，180~200℃回火
CrMn2SiWMoV	28~34	—	50~60	61~64HRC	优	优	优	中	中	820~840℃空气或油淬，180~200℃回火
Cr4W2MoV	25	—	30	62~64HRC	优	优	优	中	中	970~990℃油淬，180~200℃回火
		—	—	61~62HRC	优	优	优	良	中	1 020~1 050℃油淬，500~550℃回火

续表

牌号	抗弯强度（MPa）	伸长率（%）	冲击韧性值（MJ/m^2）	硬度	耐磨性	淬火不变形性	淬透性	耐热性	切削加工性	热处理
Cr16WV	30～35	—	—	>60HRC	优	优	优	中	中	980～1 000℃油淬，180～200℃回火
					优	优	优	良	中	1 080～1 100℃油淬，490～510℃回火
20CrMnTi	11～12.5	10～15	80～130	58～62HRC	良	良	中	中	良	900～920℃渗碳，870～890℃、800～820℃两次淬火，180～200℃回火
20CrMnMo	12～14.5	8～12	50～80	58～62HRC	良	良	良	中	良	880～900℃渗碳，840～860℃、780～800℃两次淬火，180～200℃回火
38CrMoAl	8.5～10.5	12～18	70～130	230～305HB	差	中	中	中	良	930～950℃油淬，550～650℃回火
				950～1 100HV	优	中	中	中	良	调质后氮化
2Cr13	7.5～9	>14	750	323～375HB	差	良	良	中	良	1 010～1 030℃油淬，650～700℃回火
				800～1 100HV	优	良	良	中	良	调质后氮化

（3）材料的选用

选择注射模材料时，应考虑塑料制品材料的种类、塑料制品的生产批量、表面质量要求、零部件的类型及加工方法等因素，具体选择方法见表2—3—2。当然，也可选用国家标准推荐材料。

表 2—3—2　　注射模零件材料选用

零件类型		选用材料
成型零件	批量不大的热塑性塑料注射模或形状简单、要求不高的型腔	45
	有镜面要求的热塑性塑料注射模	Y55CrNiMnMoV（SM1）
	热固性塑料模、小型芯、嵌件	T10A、9Mn2V、CrWMn、Cr12、7CrSiMnMoV（CH—1）
	成型形状复杂、要求热处理变形小的型腔、型芯或嵌件和增强塑料成型	CrWMn、9Mn2V、Cr12、Cr4W2MoV、20CrMnMo、20CrMnTi
	高耐磨、高强度和高韧性的大型型芯、型腔	5CrMnMo、40CrMnMo、3Cr2W8V、38CrMoAlA
	形状复杂、精度要求较高、批量大的热塑性塑料模	8Cr2MnWMoVS、5CrNiMnMoVSCa（5NiSCa）、Y20CrNi3AlMnMo（SM2）
浇注系统零件	浇口套、拉料杆、分流锥	T8A、T10A、9Mn2V、7CrSiMnMoV（CH—1）
合模导向机构零件	导柱、导套	20、T8A、T10A、7CrSiMnMoV（CH—1）
	限位导柱、推板导柱、导套、导钉	T8A、T10A
推出机构零件	推杆、推管	T8A、T10A、7CrSiMnMoV（CH—1）
	复位杆	45
	推杆固定板	45、Q235
	推板	45
侧向分型与抽芯机构零件	斜导柱、导套、滑块	20、T8A、T10A、7CrSiMnMoV（CH—1）
	楔紧块	45、T8A、T10A
模板类零件	动模板、定模板、动模座板、定模座板	45
	垫块	45、Q235
	支承板	T7、T8、45
	推件板	T8A、T10A、45
其他零件	定位圈、定距螺钉、吊钩等	45
	水嘴	45、黄铜

二、标准零件

1. 塑料注射模零件标准

《塑料注射模零件》（GB/T 4169. 1—2006 ~ GB/T 4169. 23—2006）涵盖除成型零件外的模具固定、导向等方面的标准组件，包括推杆（顶杆）、导柱导套、复位杆、推管、定位圈、浇口套等23种零件。

标准化零件（见图2—3—16）的采用为注射模设计和制造提供了便利条件。标准化零件的使用可以大幅度减少设计人员的绘图工作量，从而使其可以将时间和精力集中于成型零件等非标准零件的设计，部分标准件的功能说明见表2—3—3。

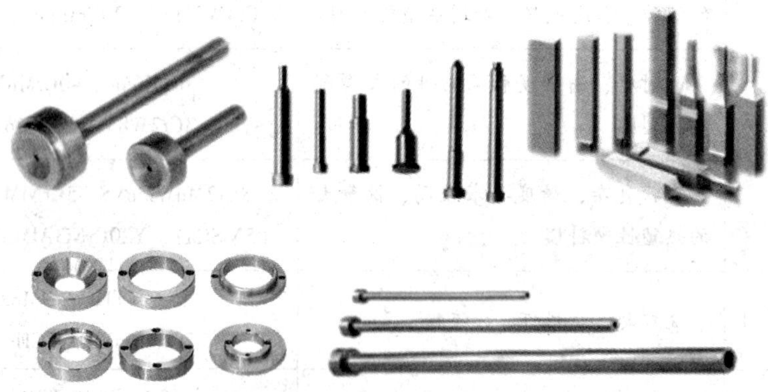

图2—3—16　部分塑料模标准零件

表2—3—3　部分标准件的功能说明

标准件	功用说明
推杆	可改制成拉杆（如Z形拉料杆）或直接用作回程杆，也可作为推管的芯杆使用
推板	用于支承推出复位零件，或用作推杆固定板等
垫块	调节推（顶）件的距离和模具高度。选用时，其长度方向一般应与模板长度方向一致
垫板	垫板高度主要取决于注射机行程和所需的推（顶）出距离
模板	主要用于各种板类零件（不包括推板及垫块），甚至可改制成大的型芯、镶块使用
支承柱	在支承板较薄的情况下，有增强支承板的功能。在支承板与动模固定板之间合理布置支承柱，可改善支承板的受力状况。支承柱一般采用螺钉紧固于动模座板
限位钉	用于支承推出机构和调节推出距离，并防止推出机构复位时受异物阻碍

2. 塑料注射模零件技术条件

国家标准《塑料注射模零件技术条件》（GB/T 4170—2006）对所列塑料注射模零件（GB/T 4169. 1—2006 ~ GB/T 4169. 23—2006）的要求、检验、标志、包装、运输和储存等，做了具体规定。其中，要求部分的规定如下：

（1）图样中线性尺寸的一般公差应符合 GB/T 1804—2000 中 m 的规定。

（2）图样中未注形状和位置公差应符合 GB/T 1184—1996 中 H 的规定。

（3）零件均应去毛刺。

（4）图样中螺纹的基本尺寸应符合 GB/T 196 的规定，其偏差应符合 GB/T 197 中 6 级的规定。

（5）图样中砂轮越程槽的尺寸应符合 GB/T 6403. 5 的规定。

（6）模具零件所选用材料应符合相应牌号的技术标准。

（7）零件经热处理后硬度应均匀，不允许有裂纹、脱碳、氧化斑点等缺陷。

（8）质量超过 25 kg 的板类零件应设置吊装用螺孔。

（9）图样上未注公差角度的极限偏差应符合 GB/T 1804—2000 中 c 的规定。

（10）图样中未注尺寸的中心孔应符合 GB/T 145 的规定。

（11）模板的侧向基准面上应做明显的基准标记。

对于零件检验，除规定要按零件标准和要求检验外，还规定检验合格后应做出检验合格标志，且标志上应包含检验部门、检验员、检验日期等信息。

对于零件的标志、包装、运输和储存，规定如下：一、在零件的非工作表面应做出零件的规格和材质标志；二、检验合格的零件应清理干净，经防锈处理后入库储存；三、零件应根据运输要求进行包装，应防潮、防止磕碰，保证在正常运输中完好无损。

第三章 注射成型模具设计

就基本构成而言，组成一副塑料注射模的零件包括成型零件和结构零件两大类。其中成型零件是注射模具中的关键零件，在模具设计中工作量较大；结构零件大多已标准化，设计工作主要是根据具体情况进行选用，只有少量的结构零件需要设计。

第一节　成型零件设计

在注射模具中，成型零件决定着塑料制品的几何形状和尺寸，它们是模具的核心，是模具设计的重要部分。成型零件主要包括型腔（也称凹模）和型芯（也称凸模），如图3—1—1所示，它们分别位于注射模的定模、动模部分，分别成型塑料制品的外表面和内表面。此外，成型零件还包括成型塑料制品上内、外螺纹的螺纹型芯和螺纹型环，成型塑料制品上小孔或小槽的小型芯等。

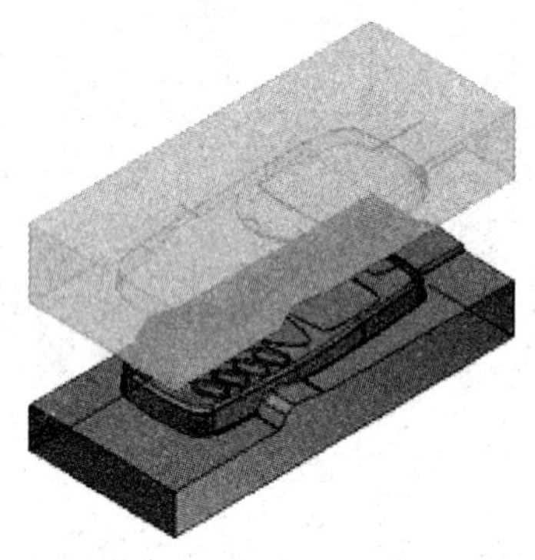

图3—1—1　成型零件

一、成型零件的结构

1. 型腔和型芯结构

根据需要，型腔和型芯可采用整体式和组合式两种结构形式。

（1）整体式

整体式型腔和型芯由整块模板加工形成，如图3—1—2所示。它们具有牢固可靠、不易变形，成型的塑料制品不会产生拼接痕迹，外观质量较好等优点；但当塑料制品形状复杂时，它们存在加工工艺性相对较差，热处理不方便，消耗模具钢多等缺点。通常，只有在成型形状简单的中、小型塑料制品时，才采用整体式结构。型腔通常加工在定模板上，型芯通常加工在动模板上。

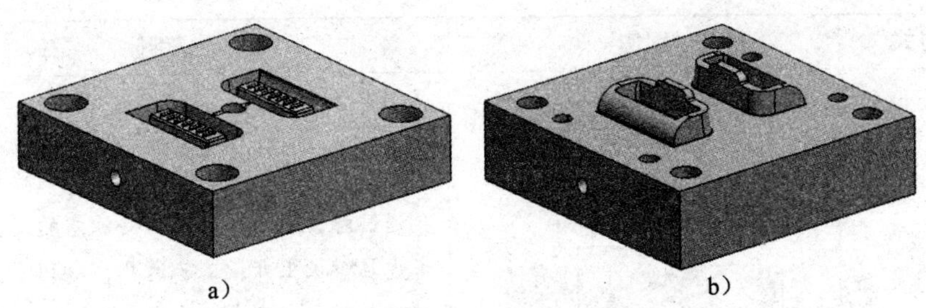

图 3—1—2　整体式型腔和型芯结构形式

a）整体式型腔　b）整体式型芯

（2）组合式

组合式型腔和型芯，是指由两个或两个以上的零件组合而成的型腔和型芯结构。按组合方式，组合式型腔和型芯可分为整体嵌入式、局部镶嵌式和四壁拼合式等形式。在实际生产中更多采用组合式。

1）整体嵌入式。整体嵌入式是将型腔和型芯部分采用模仁（前模仁和后模仁）形式，通过 H7/m6 过渡配合，分别安装于前（定）、后（动）模板上的结构形式，它不仅可以改善加工工艺性、减少热处理变形、节省贵重模具材料，而且容易保证形状和尺寸精度、装拆便捷。因此，成型形状复杂的塑料制品或一模多件的模具通常考虑采用这种结构。有关具体嵌入方式见表 3—1—1，共设计选用参考。

表 3—1—1　　**整体嵌入式型腔、型芯结构**

嵌入方式	图例	说明
通孔台肩式	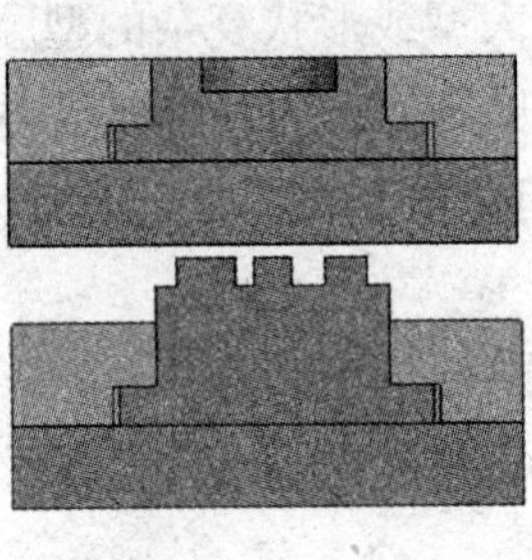	型腔和型芯从底面嵌入带有挂台孔的模板，并安排支承板
通孔无台肩式	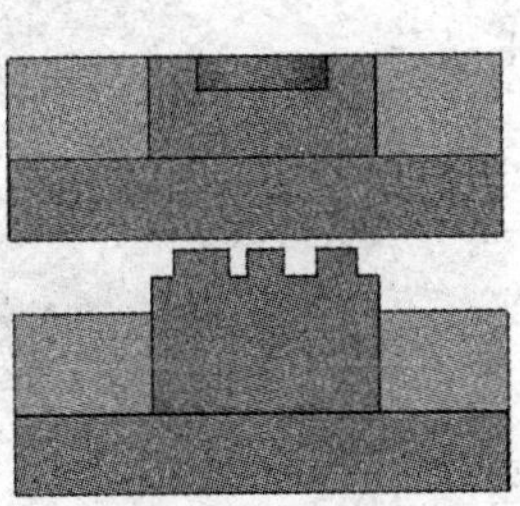	型腔和型芯嵌入开设直通孔的模板，并安排支承板，通过螺钉加以固定（图例中略，下图同）

续表

嵌入方式	图例	说明
盲孔式		型腔和型芯从顶面嵌入开盲孔的模板，并直接通过螺钉加以固定。需要注意的是，此时应考虑在模板上开设工艺通孔，以利于型腔和型芯的装拆。该形式可省去支承板

注：采用回转体外形模仁成型非回转体塑料制品时，需要考虑止转措施，如采用销钉、键等零件。

2）局部镶嵌式。出于加工方便或型腔易磨损部位经常更换的需要，成型零件可以设计成局部镶嵌式结构。另外，在塑料制品上成型文字或标识时也采用该结构形式。其结构示例如图 3—1—3 所示。

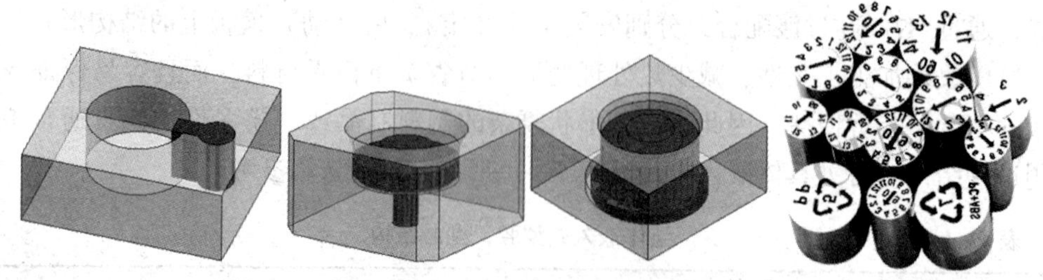

图 3—1—3　局部镶嵌组合式结构

3）四壁拼合式。四壁拼合式结构适用于大型或形状复杂的型腔。设计时将型腔分割为便于加工和拼合的四壁和底部结构，如图 3—1—4 所示。考虑到装配的准确性，侧壁间应采用锁扣连接，并在连接处外壁留有适当的间隙，使型腔内侧接缝紧密，减少成型时塑料的挤入。

随着数控设备在塑料模具成型零件加工中的广泛应用，降低了模具制造对钳工的过于依赖，结构复杂的整体式型腔和型芯加工已非难事。所以，成型零件的结构选择必须慎重权衡，只有这样才能简化复杂型面的加工工艺并保证强度，达到采用组合结构的初衷。

（3）小型芯结构

小型芯通常用来成型塑料制品上的小孔或槽。为方便起见，小型芯通常采用单独制造，再嵌入模板或（大）型芯的设计思路，如图 3—1—5 所示。

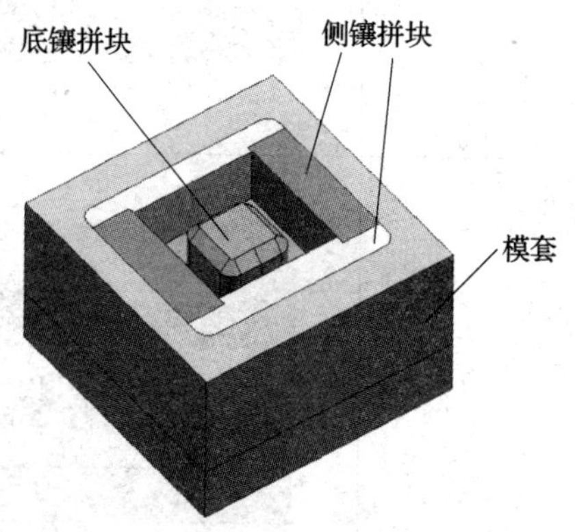

图 3—1—4　四壁拼合式结构

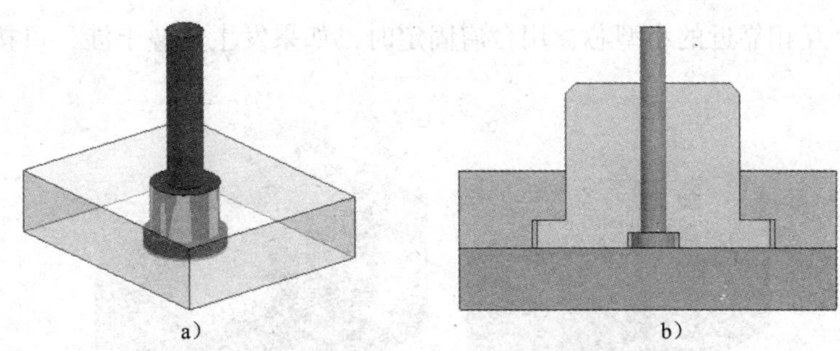

a） b）

图 3—1—5 小型芯的设计思路

a）小型芯嵌入模板 b）小型芯嵌入大型芯

根据成型孔的形状不同，小型芯有圆形截面和异形截面之分。对于圆形截面小型芯，有多种固定方式供选择（见表 3—1—2），且小型芯与模板一般采用 H7/m6 配合；对于异形截面小型芯，为制造方便，常将型芯设计成两段，其中，型芯的连接固定段截面设计成圆形，并用台肩和模板连接，当然有时也可以考虑用螺母紧固，如图 3—1—6 所示。

表 3—1—2 圆形截面小型芯的固定方式

固定方式	台肩固定	台阶式台肩固定	圆柱支承固定	螺塞固定	铆接固定
图例	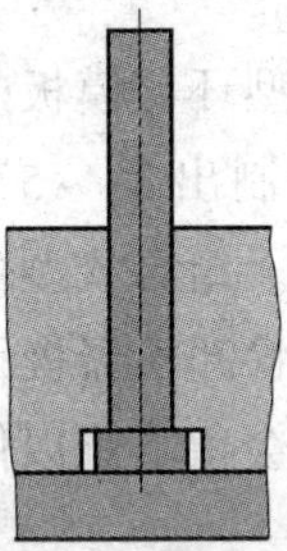	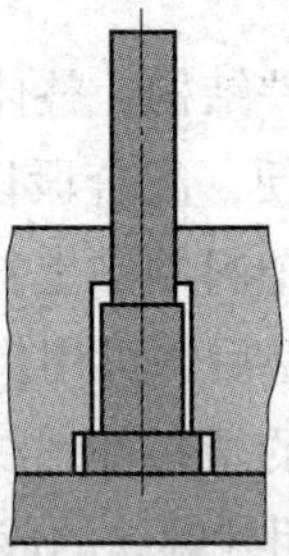	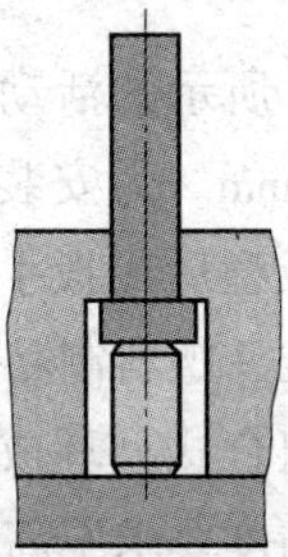	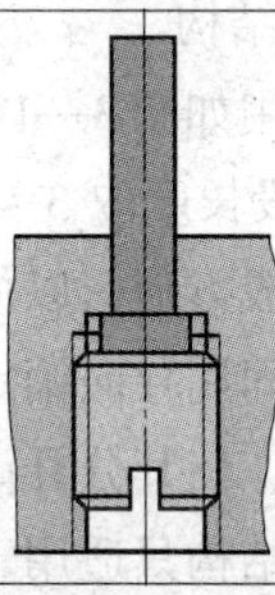	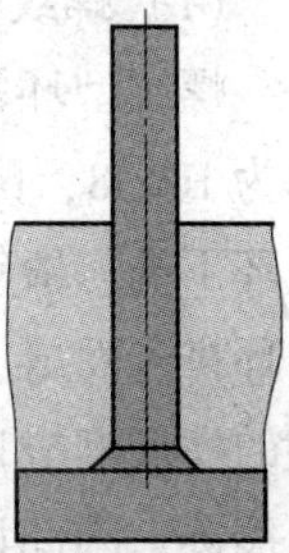
说明	采用支承板（垫板）压紧	型芯细小、固定板太厚时采用，可在固定板上减少配合长度	型芯细小、固定板太厚时采用，在下端用圆柱体支承	固定板厚且无支承板（垫板）时采用	小型芯嵌入后在另一端进行铆接

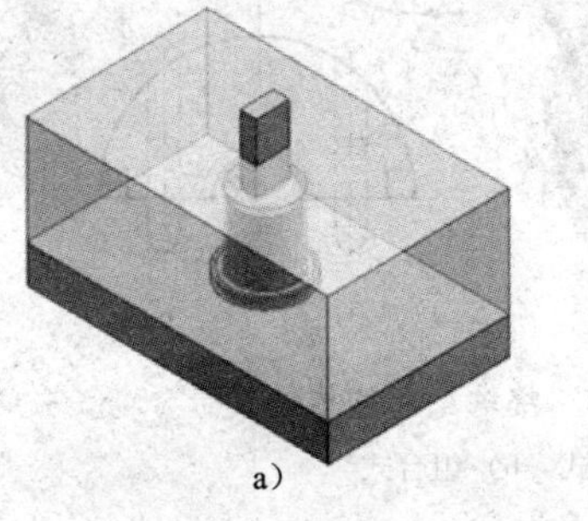

a）

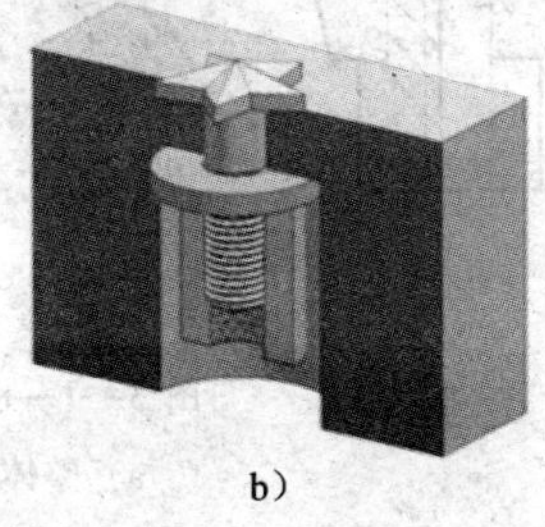

b）

图 3—1—6 异形小型芯的固定方式

a）圆形连接固定段的型芯 b）用螺母紧固的型芯

对于多个互相靠近的小型芯，用台肩固定时，如果发生重叠干涉，可按图3—1—7所示进行设计。

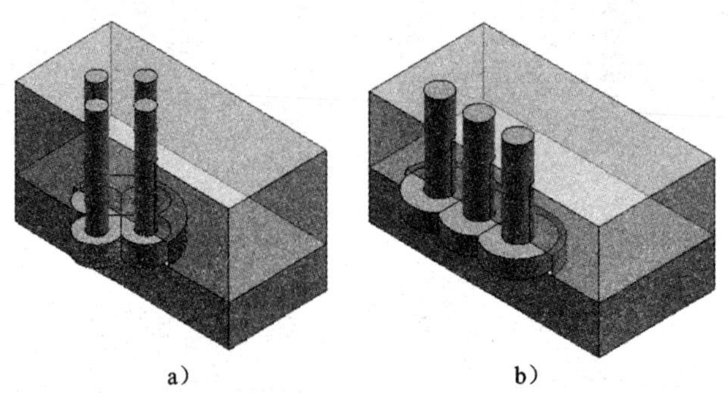

图 3—1—7　多个互相靠近小型芯的固定

a）菱形拼接　b）平面拼接

2. 螺纹型环和螺纹型芯结构

对于塑料制品上外螺纹和内螺纹的成型，通常需要借助活动镶件——螺纹型环和螺纹型芯。在进行模具设计时，还应考虑成型后螺纹型环和螺纹型芯的脱卸方法：模内自动脱卸或模外手动脱卸。

（1）螺纹型环结构

螺纹型环常采用如图 3—1—8 所示的活动镶件结构。整体式型环与模板的配合通常为 H8/f8，配合段长度取 3 ~ 5 mm。为安装方便，配合段以外制出 3° ~ 5°的斜度，型环下端一般铣削成方形，以便成型后用扳手从塑料制品上拧下。组合式型环由两个半环拼合而成，中间用导向销定位，塑料制品成型后，可用尖劈状卸模器楔入型环两边的楔形槽撬口内，使其分开。组合式型环成型的塑料外螺纹上会留下难以修整的拼合痕迹，因此该种结构只适用于精度要求不高的粗牙螺纹的成型。

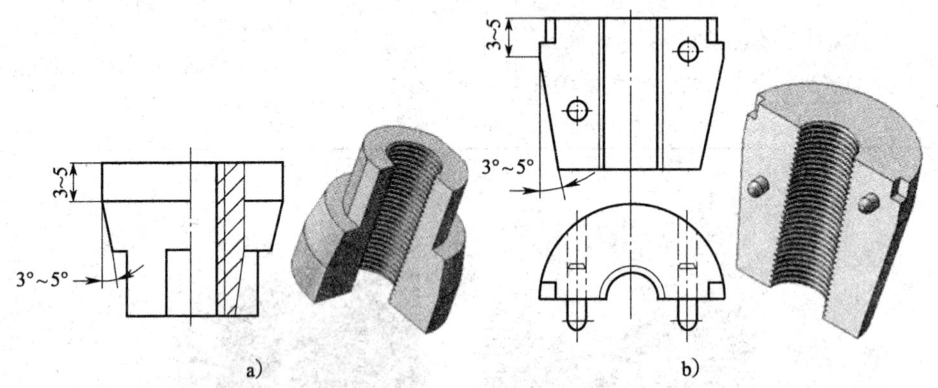

图 3—1—8　螺纹型环结构

a）整体式　b）组合式

（2）螺纹型芯结构

螺纹型芯通常采用活动镶件的结构形式安装在模具上，其安装的形式见表 3—1—3。

表 3—1—3　　　　　　　　　　　　螺纹型芯在模具上的安装形式

形式	锥面定位	大圆柱面定位	圆柱面定位	固定螺母嵌件接触面支承	固定螺母嵌件下端锥面支承	光杆型芯定位
图例						

说明：1. 螺纹型芯与模板安装孔的配合一般采用 H8/f8。

2. 成型塑料制品螺纹孔的螺纹型芯在设计时要考虑塑料收缩率；固定螺母嵌件的螺纹型芯在设计时不必考虑收缩率，按普通螺纹制造即可，甚至可采用光杆型芯。

3. 对于批量大的螺纹塑料制品，则应考虑采用蜗轮蜗杆、锥齿轮等机构进行模内自动脱模。

需要提醒的是，设计时应满足两个要求：一是成型时螺纹型芯定位可靠，不会因合模振动或塑料熔体冲击而移位；二是开模时应能与塑料制品一起取出且便于安装。

二、成型零件的工作尺寸

成型零件的工作尺寸是成型零件上直接用来构成塑料制品型面的尺寸，例如型腔和型芯的径向尺寸、型腔的深度尺寸、型芯的高度尺寸、中心距尺寸，以及型腔和型芯的脱模斜度，工作尺寸与塑料制品尺寸的对位关系如图 3—1—9 所示。

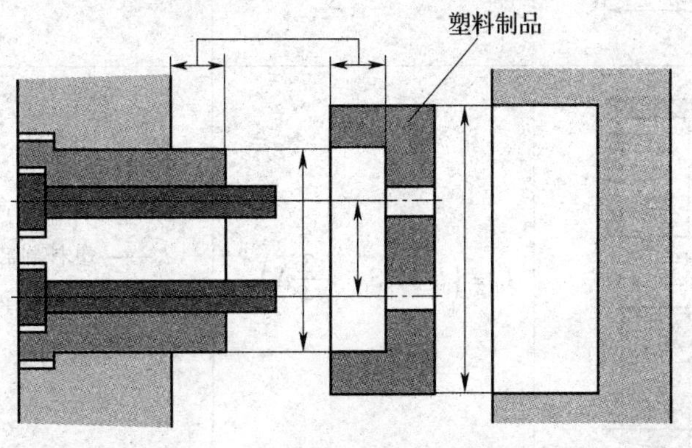

图 3—1—9　成型零件工作尺寸与塑料制品尺寸的对位关系

注射模设计时，应根据塑料制品的尺寸和公差要求来确定成型零件的工作尺寸及其公差。

1. 尺寸分类

塑料制品型面上的尺寸可以分为两类：标注有公差的尺寸和没有标注公差的尺寸。

对于标注有公差的尺寸，它们是塑料制品上精度相对较高、有配合要求的尺寸。在进行这一类尺寸的成型零件工作尺寸计算时，既要考虑塑料的收缩率，又要考虑模具的磨损，以有效保证整个模具寿命周期内所成型制品的尺寸精度。

对于没有标注公差的尺寸，它们是塑料制品上次要的、要求比较低的尺寸。为简化计算，在进行这一类尺寸的成型零件工作尺寸计算时，往往只考虑塑料的收缩率。

2. 尺寸计算

对于标注公差的塑料制品尺寸，其成型零件工作尺寸的计算公式及其说明见表3—1—4。

表 3—1—4　　成型零件工作尺寸计算公式及说明

工作尺寸	图例	计算公式	公式说明
型腔径向尺寸	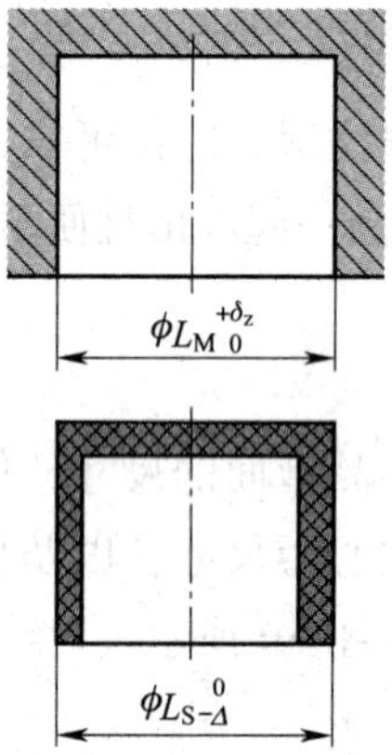 $\phi L_{M\,0}^{\,+\delta_z}$ $\phi L_{S\,-\Delta}^{\,0}$	$L_M=\left(L_S+L_S S_{CP}-\frac{3}{4}\Delta\right)_{0}^{+\delta_z}$	L_M——型腔径向尺寸，mm L_S——塑料制品径向尺寸，mm S_{CP}——塑料平均收缩率，% Δ——塑料制品公差值，mm δ_Z——型腔制造公差，取$\Delta/3$
型芯径向尺寸	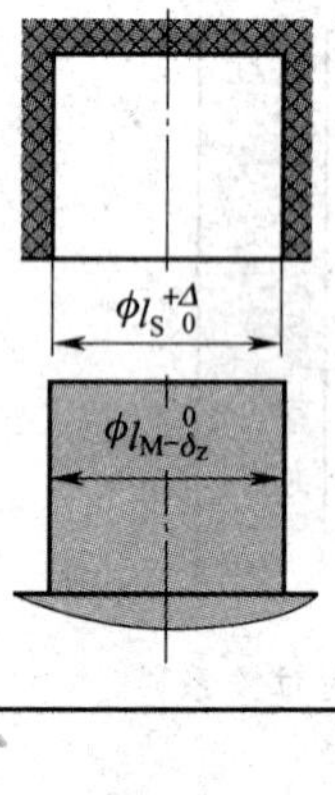 $\phi l_{S\,0}^{\,+\Delta}$ $\phi l_{M\,-\delta_z}^{\,0}$	$l_M=\left(l_S+l_S S_{CP}+\frac{3}{4}\Delta\right)_{-\delta_z}^{0}$	l_M——型芯径向尺寸，mm l_S——塑料制品径向尺寸，mm δ_Z——型芯制造公差，取$\Delta/3$ 其余符号同上

续表

工作尺寸	图例	计算公式	公式说明
型腔深度尺寸	$H_{M}{}_{0}^{+\delta_z}$ $H_{S}{}_{-\Delta}^{0}$	$H_M=\left(H_S+H_S S_{CP}-\frac{2}{3}\Delta\right)_{0}^{+\delta_z}$	H_M——型腔深度尺寸，mm H_S——塑料制品高度尺寸，mm 其余符号同上
型芯高度尺寸	$h_{S}{}_{0}^{+\Delta}$ $h_{M}{}_{-\delta_z}^{0}$	$h_M=\left(h_S+h_S S_{CP}+\frac{2}{3}\Delta\right)_{-\delta_z}^{0}$	h_M——型芯高度尺寸，mm h_S——塑料制品高度尺寸，mm 其余符号同上
中心距尺寸	$C_S\pm\Delta/2$ $C_M\pm\delta_z/2$	$C_M=(C_S+C_S S_{CP})\ \pm\delta_Z/2$	C_M——模具中心距尺寸，mm C_S——塑料制品中心距尺寸，mm 其余符号同上

注：1. 成型零件工作尺寸计算公式的导出过程中，所涉及的尺寸无论是塑料制品尺寸还是成型模具尺寸均应按规定的标注方法标注。如果塑料制品尺寸未按规定的标注方法标注，则需进行转换：轴类尺寸采用基轴制；孔类尺寸采用基孔制。

2. 为了便于脱模，型腔和型芯都设计有脱模斜度。计算型腔尺寸时，应以大端尺寸为基准，另一端按脱模斜度相应减小；计算型芯尺寸时，应以小端尺寸为基准，另一端按脱模斜度相应增大，这样便于修模时留有余量。

图3—1—10所示为ABS塑料制品及其成型零件，一模四腔布局，型腔、型芯均采用整体式结构。分析图样（并参考表1—3—2和表3—1—4）可知，对于ABS材料塑料制品，标注公差的尺寸均为MT3级精度，未注公差按MT5级精度公差值选取

（见附录四），尺寸 $SR25$ 的公差值为 0.50，尺寸 45 的公差值为 0.64，尺寸 $SR23$ 的公差值为 0.44，尺寸 43 的公差值为 0.64，取 ABS 的平均收缩率为 0.6%，其成型零件工作尺寸计算见表 3—1—5。

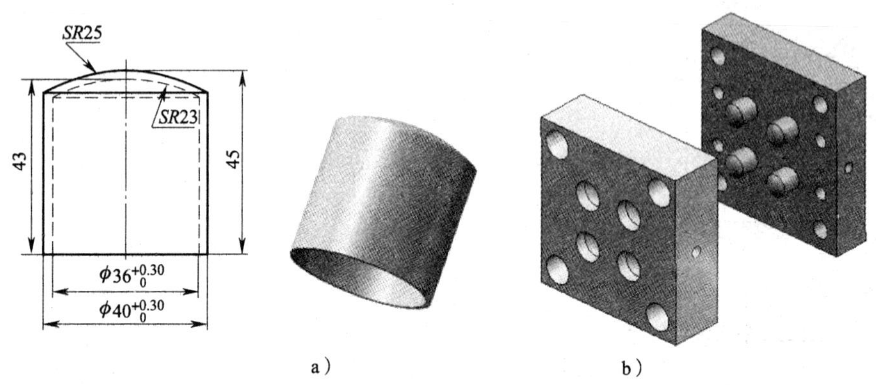

a）　　b）

图 3—1—10　塑料制品及其成型零件

a）零件图样　b）成型零件

表 3—1—5　　成型零件工作尺寸计算

类型		计算过程
有公差要求尺寸	型芯尺寸	$\phi 36^{+0.30}_{0}$ mm→（$36+36\times 0.6\%+0.75\times 0.30$）$^{0}_{-0.10}=36.44^{0}_{-0.10}$ mm
	型腔尺寸	$\phi 40^{+0.30}_{0}$ mm→$\phi 40.30^{0}_{-0.30}$ mm→（$40.30+40.30\times 0.6\%-0.75\times 0.30$）$^{+0.10}_{0}$ $=40.32^{+0.10}_{0}$ mm
无公差要求尺寸	型芯尺寸	43 mm→（$43+43\times 0.6\%$）$^{0}_{-0.21}=43.26^{0}_{-0.21}$ mm $SR23$ mm→（$23+23\times 0.6\%$）$^{0}_{-0.15}=23.14^{0}_{-0.15}$ mm
	型腔尺寸	45 mm→（$45+45\times 0.6\%$）$^{+0.21}_{0}=45.27^{+0.21}_{0}$ mm $SR25$ mm→（$25+25\times 0.6\%$）$^{+0.17}_{0}=25.15^{+0.17}_{0}$ mm

在实际生产中，由于塑料制品相对复杂或尺寸数目太多，大部分采用模具 CAD 软件进行成型零件设计。通常的做法是把塑料制品的所有尺寸采用同一收缩率进行整体缩放，然后对关键尺寸进行修正。

三、成型零件的相关设计

1. 成型零件外形尺寸的确定

成型零件外形尺寸，尤其是型腔壁厚及底部厚度的确定是注射模具设计中经常遇到的重要问题，大型模具则更为突出。由于成型过程中成型零件受力十分复杂，包括熔体压力、合模压力、开模拉力等，如果外形尺寸确定不当，轻则产生过大的弹性变形，从而出现溢料和影响制品尺寸及成型精度，还可能造成脱模困难，重则导致成型零件被损坏。因此，必须从防止溢料、保证制品精度、有利于脱模等方面对强度和刚度加以综合考虑。通常，对于大尺寸成型零件，侧重考虑刚度；对于小尺寸成型零件，侧重考虑强度。

（1）型腔壁厚和型腔间距的确定

强度、刚度的确定方法有计算法、查表法和经验法。在实际生产中，通常根据经验值来确定型腔壁厚和型腔间距尺寸，具体内容见表3—1—6。

表3—1—6　　型腔壁厚和型腔间距尺寸经验值

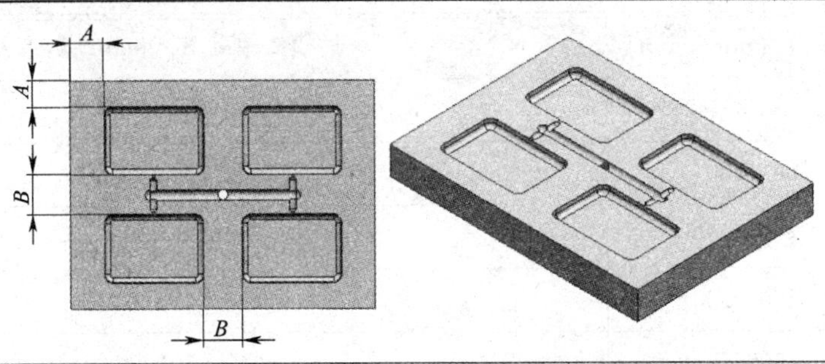

型腔深度（mm）	型腔壁厚 *A*（mm）
≤20	20~30
20~30	35
30~40	40
≥40	50~80
制品尺寸（mm）	**型腔间距 *B*（mm）**
≤200×200	20~40
>200×200	35~60

（2）前模仁、后模仁厚度的确定

在实际生产中，前模仁、后模仁厚度尺寸同样也可根据经验值来确定，具体内容见表3—1—7。

表3—1—7　　前模仁、后模仁厚度尺寸经验值

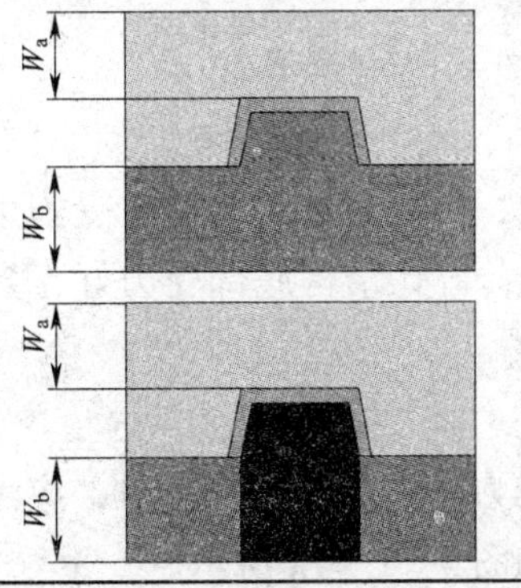

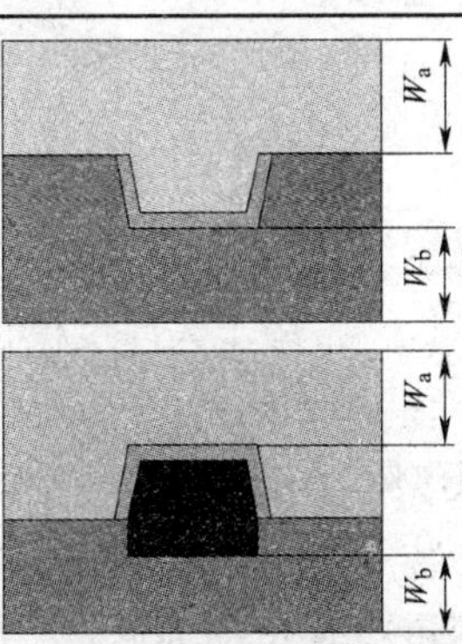

续表

前模仁长度×宽度（mm×mm）	前模仁厚度 W_a（mm）
150×150～200×200	20～25
200×200～250×250	25～30
250×250～300×300	30～35

注：型腔特别深或模仁面积较大时应考虑适当加厚尺寸。

后模仁长度×宽度（mm×mm）	后模仁厚度 W_b（mm）
≤50×50	20～25
50×50～100×100	25～30
100×100～150×150	30～35
150×150～200×200	35～45
>200×200	40～50

2. 成型零件的安装设计

出于安装需要，采用模仁结构的成型零件，必须进行安装模板的开孔设计及避空设计。

（1）模板开孔形式

根据需要，可以采用的安装孔形式有通孔（俗称开通框）、盲孔（俗称密底框）和台肩式通孔（俗称挂台孔），如图3—1—11所示。

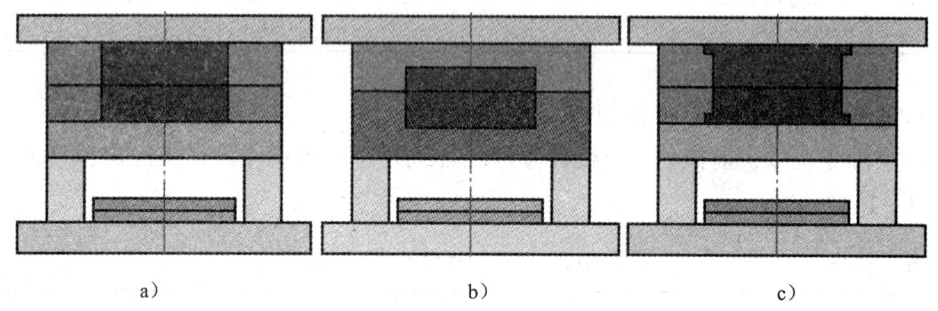

图3—1—11　模板开孔形式

a）通孔　b）盲孔　c）台肩式通孔

通孔结构可采用线切割加工，速度快，但模板底部掏空，受力大大削弱，模具结构中必须增加支承板，常用于大厚度模仁；盲孔结构底部受力好，多用于模仁厚度不大的场合。

（2）避空角类型

为方便模仁安装并考虑加工及模具受力，模仁安装设计时，应考虑避空问题。避空角分为尖角、圆角和R角三种形式，如图3—1—12所示。

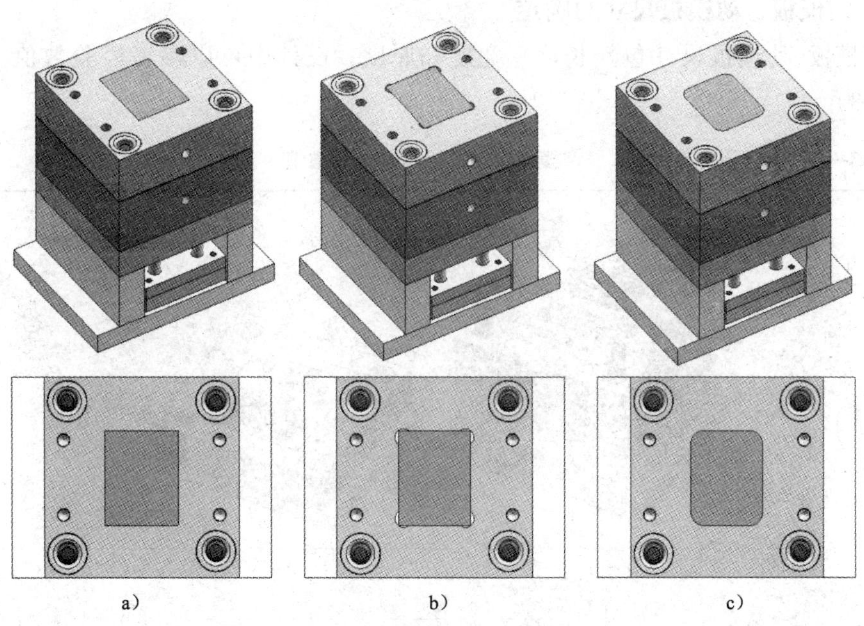

图 3—1—12　避空角的形式

a）尖角　b）圆角　c）R 角

尖角形避空角容易开裂，只用于开通孔的小模具；圆角形避空角用于开通孔或盲孔的小模具；R 角形避空角受力情况良好，能用于各类模具，但要求模仁 R 角比模板大 2 mm。

对于尺寸大于 300 mm 的模仁，通常采用拼镶式（压块压紧式）结构安装于模板上，如图 3—1—13 所示。

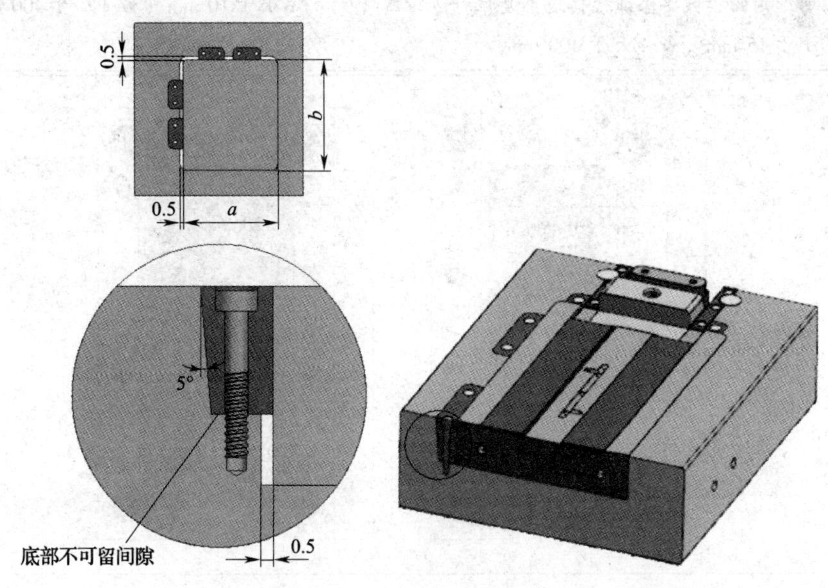

图 3—1—13　拼镶式安装模仁

3. 定模板、动模板尺寸的确定

定模板、动模板尺寸包括长度、宽度和厚度，设计中可以参考经验数值（见表3—1—8）。

表 3—1—8　　定模板、动模板尺寸经验数值

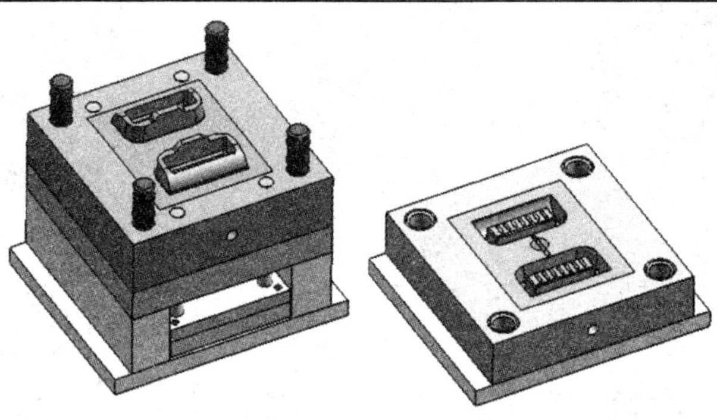

<table>
<tr><td rowspan="2">长度方向尺寸</td><td>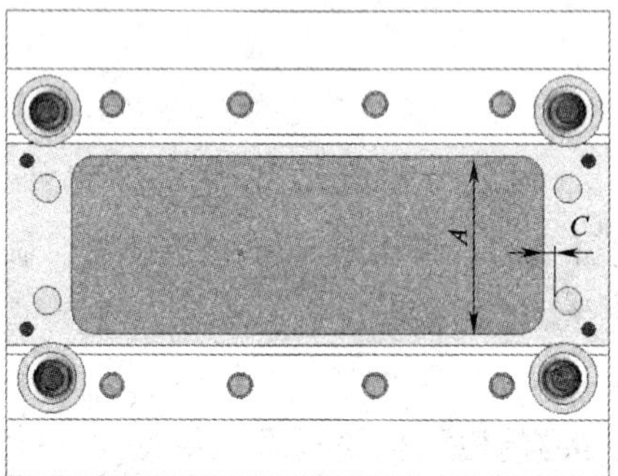
</td></tr>
<tr><td>所选用的模板要保证模仁边至复位杆边距离（C）：不小于 10 mm（当 A 小于 400 mm）或不小于 15 mm（当 A 大于 400 mm）</td></tr>
<tr><td rowspan="2">宽度方向尺寸</td><td>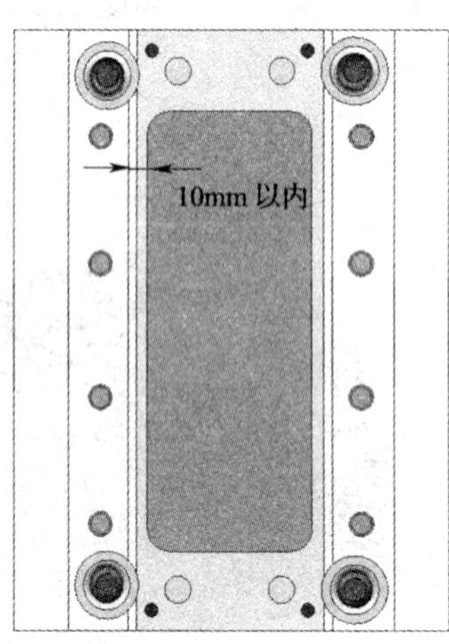

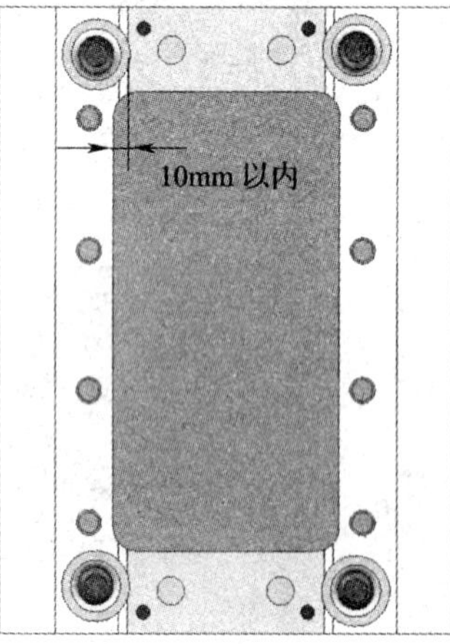
</td></tr>
<tr><td>所选用的模板要保证推板或推杆固定板边与模仁边相距不超过 10 mm</td></tr>
</table>

续表

厚度方向尺寸	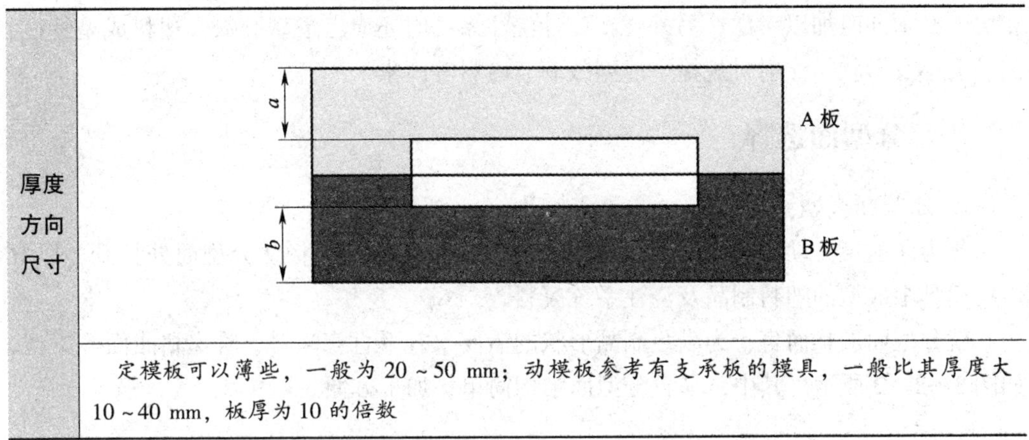
	定模板可以薄些，一般为 20 ~ 50 mm；动模板参考有支承板的模具，一般比其厚度大 10 ~ 40 mm，板厚为 10 的倍数

在定模板、动模板尺寸确定的基础上，可以考虑其他模板尺寸的确定，进行标准模架的选择。

第二节　浇注系统及排气系统设计

注射模具（见图 3—2—1）设计，除了要考虑模具结构、模架、成型零件，还要考虑另外四大系统：浇注系统、排气系统、冷却系统和推出系统。浇注系统的功用是将塑料熔体平稳地引入模具型腔，并在填充和固化定型过程中，配合排气系统顺利排出型腔内的气体，并将压力传递到型腔各个部位，从而获得组织致密、外形清晰、表面光滑、尺寸稳定的塑料制品。

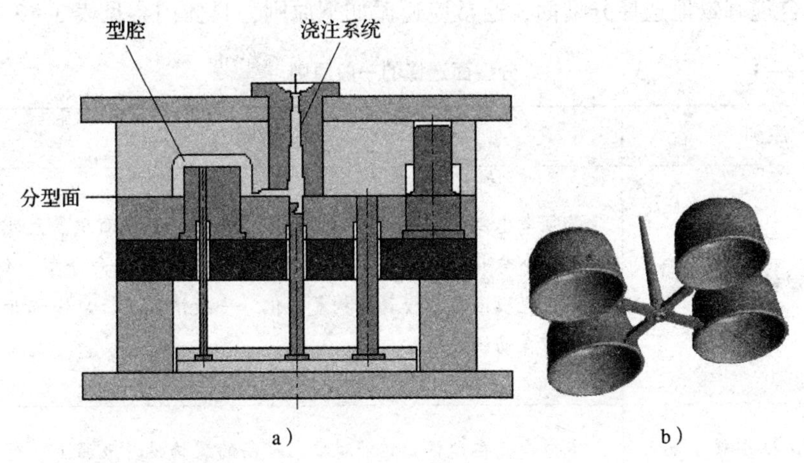

图 3—2—1　注射模具

a）结构　b）浇注系统凝料及塑料制品

浇注系统是注射模设计要点之一。浇注系统的开设位置与模具分型面的选择密切相关，必须同时加以考虑。另外，在设计浇注系统时还应考虑型腔数、塑料成型特性、制品大小及形状、注射机规格、成型效率、冷料等因素。

一、分型面选择

1. 分型面类型

作为注射模具动模和定模的接触面，注射成型后的型腔将从分型面处打开，以取出在模具中成型的塑料制品及浇注系统凝料。

就分型面形状而言，为满足制品形状的需要，有平直、倾斜、阶梯和曲面等类型，如图 3—2—2 所示。其中，平直分型面结构简单，加工方便。

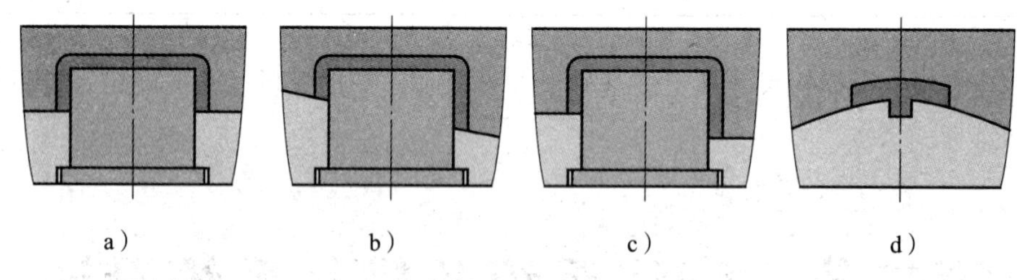

a）　b）　c）　d）

图 3—2—2　分型面形状

a）平直分型面　b）倾斜分型面　c）阶梯分型面　d）曲面分型面

就分型面数量而言，受塑料制品与模具结构的影响，注射模可有单个或多个分型面。

2. 分型面选择原则

分型面的选择受到众多因素的影响和制约，包括模具结构、塑料制品表面质量要求、模具加工难易程度、脱模、排气等。

为了合理有效地选择分型面，通常应遵循如下原则，具体内容见表 3—2—1。

表 3—2—1　　分型面选择的一般原则

原则	说明
有利于塑料制品脱模	必须考虑制品在型腔中的方位，选择在制品截面积最大处，尽量只采用一个与开模方向垂直的分型面，设法避免侧向分型和侧向抽芯，以避免脱模困难和模具结构复杂化。一般情况下，应保证开模时塑料制品留在动模部分
有利于保证塑料制品的表面质量和技术要求	不应设置在塑料制品外观要求较高的装饰性外表面上。对于有同轴度要求的零件，应将有精度要求的部分放在分型面的同一侧

续表

原则	说明
有利于侧面分型和侧向抽芯	对于有侧孔的塑料制品，分型面的选择应有利于侧面分型和侧向抽芯，尽可能将抽芯机构设计在动模上，如果抽芯机构在定模上，模具结构会比较复杂
有利于模具制造	尽量使成型零件加工简单，降低加工成本，提高加工效率
有利于防止飞边	尤其是减少或避免产生不易清除的飞边
有利于排气	当分型面作为主要排气面时，分型面应尽量使塑料熔体的料流末端重合
有利于减小锁模力	尽量减小制件在合模方向的投影面积，以减小锁模力和成型设备规格

需要说明的是，目前注射模设计中，分型面的选择和设计，往往借助于模具CAD软件来实现，如图3—2—3所示，尤其对于复杂塑料制品更是如此。

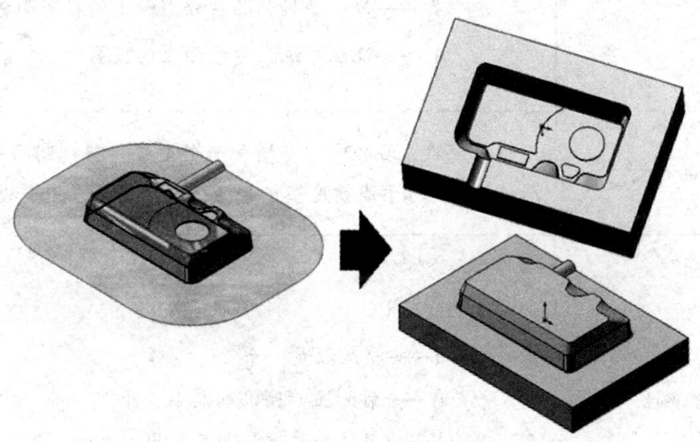

图3—2—3 CAD软件选择设计分型面示例

二、型腔数量及布局形式

浇注系统设计前，还应合理确定型腔数量及其布局形式，其基本原则是在保证制品质量的前提下，提高生产率和经济性，并使注射模与注射机相匹配。

1. 型腔数量确定

一般来说，选择一模一腔时，模具简单，成型加工工艺参数易于控制，塑料制品精度高，但成型生产效率低；选择一模多腔时，成型生产效率高，但模具相对复杂，成型加工工艺参数难以控制，且各个型腔内压力的不同会影响塑料制品的密度和质量，塑料制品精度较低。

在实际生产中，型腔数量的确定应从不同角度加以考虑，例如，注射机的最大注射量、注射机锁模力、塑料制品精度要求、经济性等，具体内容见表3—2—2。

表3—2—2　　型腔数量的确定

序号	根据	数量
1	注射机最大注射量	$n=\frac{0.8G-m_2}{m_1}$ 式中　G——注射机的最大注射量，g m_1——单个塑料制品的质量，g m_2——浇注系统的质量，g
2	注射机锁模力	$n=\frac{\frac{Q}{p}-A_2}{A_1}$ 式中　Q——注射机锁模力，N p——型腔内熔体的平均压力，MPa A_1——每一塑料制品在分型面上的投影面积，mm^2 A_2——浇注系统在分型面上的投影面积，mm^2
3	制品精度	根据经验，在模具中每增加一个型腔，塑料制品的尺寸精度就要降低4%，对于高精度塑料制品，通常最多采用一模四腔
4	经济性	$n=\sqrt{\frac{NYt}{60C_1}}$ 式中　n——型腔数量，个 N——计划生产塑品的总数，个 Y——单位小时模具加工费用，元/h t——成型周期，h C_1——每一型腔的模具加工费用，元/h

注：实际设计时，一般采用下列做法：

1. 先确定注射机型号，再根据注射机的技术参数和制件的技术经济要求计算出型腔的数目。
2. 先根据生产效率要求和塑料制品精度要求来确定型腔数目，然后选择注射机或对现有的注射机进行校核。

2. 多型腔布局形式

对于一模多腔注射模，根据需要，型腔通常可以采用两种布局形式：矩形布局（见图3—2—4）和圆形布局（见图3—2—5）。

矩形布局包括平衡式和线性两种布局方式，圆形布局包括径向和恒定方向两种布局方式。目前注射模设计中，多型腔的布局设计，通常可借助CAD软件来实现。

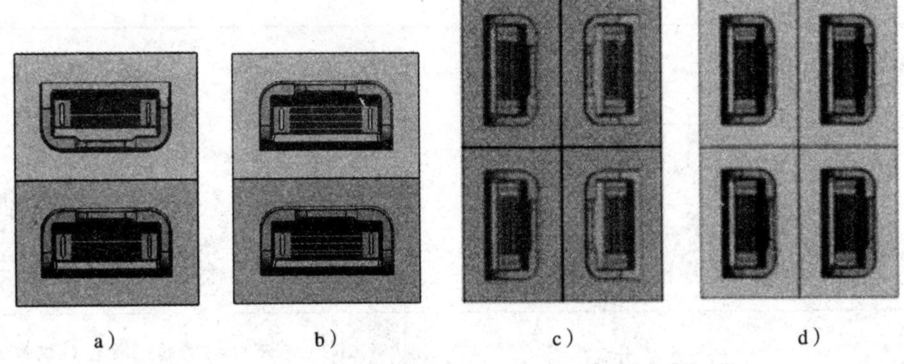

图 3—2—4　矩形布局

a）两型腔平衡布局　b）两型腔线性布局　c）四型腔平衡布局　d）四型腔线性布局

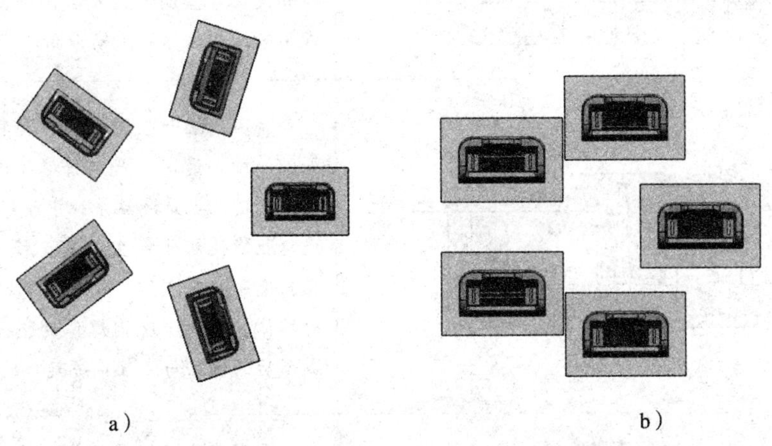

图 3—2—5　圆形布局

a）五腔径向圆周布局　b）五腔恒定方向圆周布局

需要指出的是，型腔的布局与浇注系统密切相关，只有使塑料熔体同时均匀充满每一个型腔（这些型腔称为平衡式型腔；否则，称为非平衡式型腔），才能使型腔内的制品内在质量均一稳定。通常情况下，应尽可能采用平衡式型腔，当型腔数量较多，在有限的模具尺寸内不易做到平衡布局时，也可以采用非平衡式型腔，不过应考虑多型腔的平衡问题。实现多型腔的平衡，一般可以通过两条途径：一是改变浇口截面积，二是改变浇口长度。

三、浇注系统及排气系统

1. 浇注系统的组成

作为引导塑料熔体进入型腔通道的浇注系统，可分为普通浇注系统和热流道浇注系统两大类，普通浇注系统一般由主流道、分流道、浇口、冷料阱（穴）四部分构成（见表 3—2—3），当然，特殊情况下可不设分流道和冷料阱。

表 3—2—3　　浇注系统的构成及其说明

构成	说明
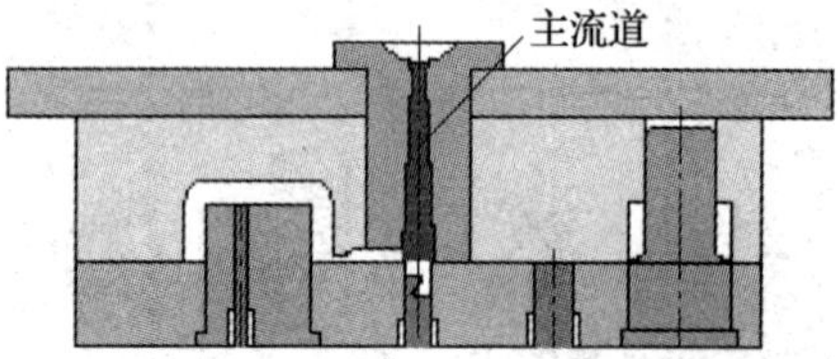 主流道	从注射机喷嘴与模具接触处开始到分流道为止的塑料熔体的流动通道，通常由浇口套来形成。主流道是塑料熔体最先流经模具的部分。主流道的大小直接影响熔体流动速度和充模时间
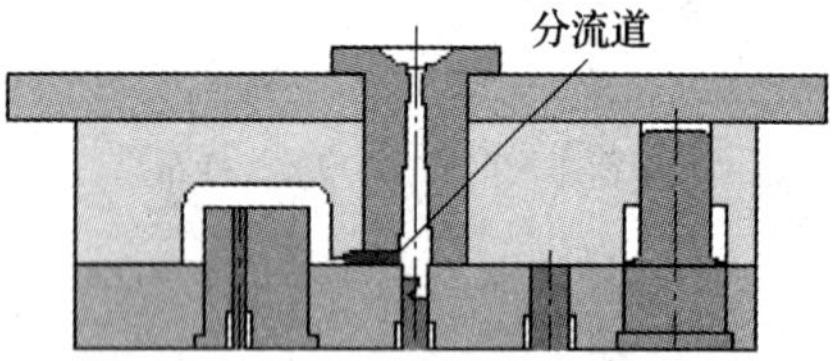 分流道	主流道与浇口之间的一段塑料熔体的流动通道。在多型腔注射模中，分流道通常由一级、二级，甚至多级组成。分流道一般开设在分型面的两侧或一侧。分流道通常用来改变熔体的流动方向
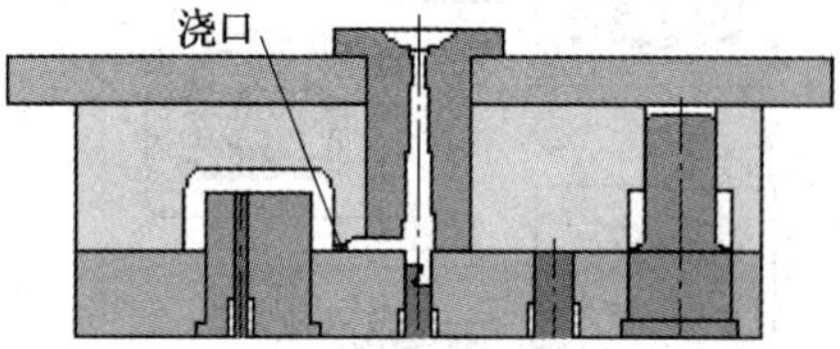 浇口	分流道末端与型腔之间将塑料熔体引入型腔的细小通道，是塑料熔体进入型腔的最后通道，也是浇注系统中最短小的部分。浇口既能使熔体产生加速，形成理想的流动状态而充满型腔，同时又易于冻结其内的熔体，防止型腔内熔体的倒流，还便于成型后的制品与浇注系统凝料的分离
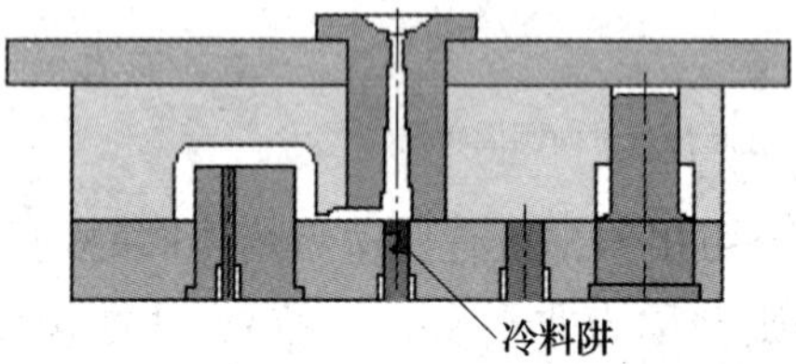 冷料阱	用于存储注射间歇时产生于注射机喷嘴前端的冷料，防止冷料进入型腔，影响制品的质量。冷料阱一般设置在流道的末端，例如，主流道对面的动模板上，分流道的末端

2. 浇注系统设计

浇注系统的设计是注射模设计的重要内容。为获得质量合格的塑料制品，必须设计合理的浇注系统。

（1）设计原则

浇注系统设计应遵循的原则包括：第一，保证塑料熔体流动顺利、快速、不紊乱；第二，避免塑料熔体正面冲击小型芯或脆弱的金属嵌件，以防止其变形或产生位移；第三，能够引导塑料熔体顺利平稳地充模，使型腔内气体顺利排出；第四，尽量减小塑料熔体的流程和转向，以减少压力和温度损失，保证必要的充模压力和速度，缩短注射时间；第五，位置布置应尽量与模具的中心轴对称；第六，在分型面上的投影面积应尽量小，流道短，以缩短成型周期及减少凝料；第七，浇口不应该开设在对外观有严重影响的表面上，应设在隐蔽处或次要表面上，并且浇口应容易去除和修整；第八，浇注系统布局应尽量减小模具尺寸，以节约模具材料和加工成本。

（2）主流道

主流道轴线一般位于模具中心线上，并与注射机喷嘴轴线重合，如图 3—2—6 所示，主流道的形状和尺寸对塑料熔体的流动速度和充模时间影响较大，设计时应使塑料熔体的热量损失和压力损失最小。

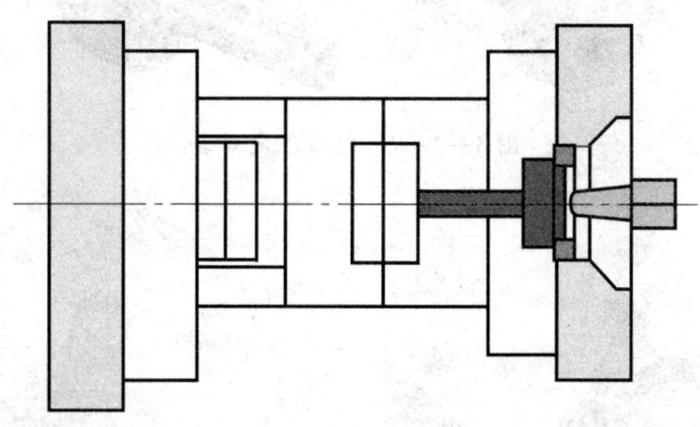

图 3—2—6　主流道位置

主流道设计要点见表 3—2—4。

表 3—2—4　主流道设计要点

要点	说明
设计成衬套（浇口套）镶入定模板内	考虑到主流道要与高温塑料和注射机喷嘴反复接触和碰撞，以便更换。浇口套与模板间的配合采用 H7/m6
设计成圆锥体	便于凝料从流道中取出，其中，锥角一般为 2°～4°，小端直径比喷嘴直径大 0.5～1 mm，$Ra \leq 0.6$ μm。进口端凹下的球面半径比喷嘴球面半径大 1～2 mm，凹下深度为 3～5 mm
长度尽可能短	长度一般不超过 60 mm，以减少压力损失及废料
主流道与分流道结合处采用圆角过渡	半径为 1～3 mm，以减小料流转向过渡阻力

浇口套已标准化，市场上有标准件可供选择，设计时选用标准件并考虑浇口套与注射机喷嘴的尺寸关系。国家标准 GB/T 4169. 1—2006 推荐的浇口套结构如图3—2—7所示，使用时通过定位环压住其大端台阶，以防浇口套在塑料熔体作用下退出定模。

（3）分流道

对于成型小型塑料制品的单型腔注射模，通常不设置分流道；对于成型大型塑料制品采用多点进料，以及多型腔注射模都需要设置分流道，后者如图 3—2—8 所示。

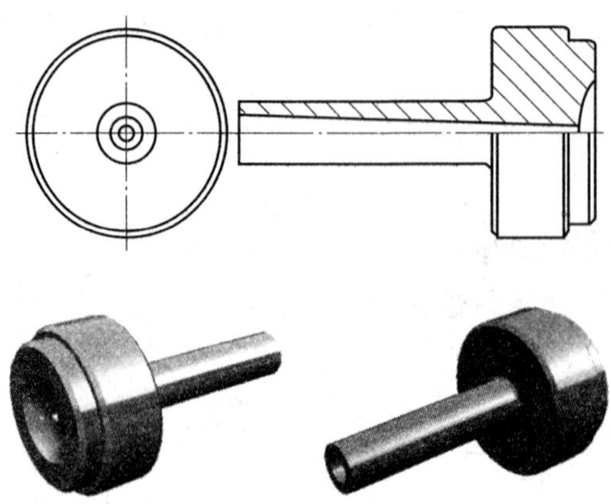

图 3—2—7　标准件浇口套

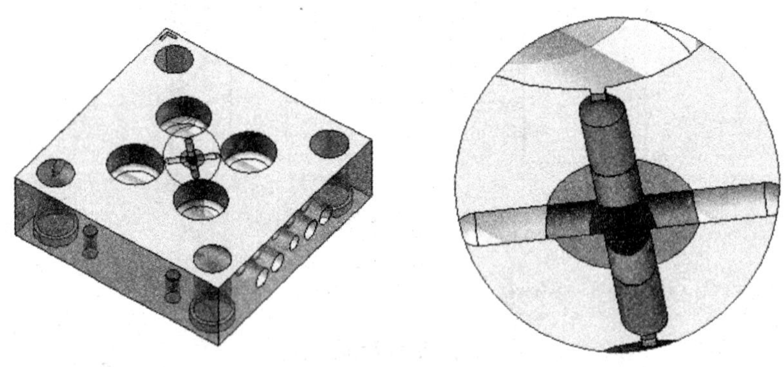

图 3—2—8　多型腔注射模分流道示例

设计分流道时，应注意尽量减少流道过程中的热量损失和压力损失，其设计要点见表 3—2—5。

表 3—2—5　　分流道设计要点

要点	说明
截面形状和尺寸的确定	分流道截面有圆形、梯形、U 形、半圆形及矩形等几种形式，如图 3—2—9 所示 圆形截面分流道表面积与其体积之比（比表面积）最小，流动阻力最小，热量不易散失，但需要分别设置在定模板和动模板上，且必须保证吻合，加工难度相对较大。圆形截面分流道直径（A）一般在 2 ~ 12 mm，通常取 5 ~ 6 mm 梯形截面分流道热量损失和阻力也不大，加工较方便，是比较常用的形式。梯形截面分流道 B 一般取 4 ~ 10 mm，A 取（2/3 ~ 4/5）B，侧面斜角 α 常取 5° ~ 15°，底部以圆角相连 U 形截面分流道的特点和梯形截面分流道基本相同，一般 $A/R = 5/4$ 半圆形截面的比表面积较大，较少采用 矩形截面分流道因其比表面积较大，且流动阻力也大，在设计中不常采用

续表

要点	说明
长度的确定	一般选在 8 ~ 30 mm 之间
表面质量的确定	一般取 $Ra1.6\ \mu m$ 左右
与浇口连接处的过渡	通过斜面或圆弧过渡，以利于塑料的流动及填充

注：当分流道较长时，在分流道的末端应开设冷料阱。

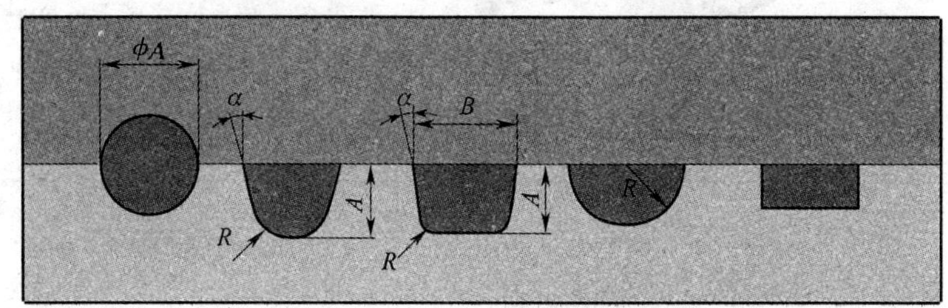

图 3—2—9　分流道截面形状

（4）浇口

浇口是浇注系统的关键部分，它对注入型腔的塑料熔体起着控制作用，它的位置、尺寸、形状等直接影响制品的内在质量与外观质量。如果设计不当，容易导致填充不良、熔接痕、气泡、密度不均匀、内应力过大、填充不足等弊病。

通常浇口可分为大浇口（非限制性浇口）和小浇口（限制性浇口）两类（见表 3—2—6）。大浇口也称直接浇口，这种浇口无分流道，由主流道直接进料；小浇口有侧浇口、点浇口、潜伏式浇口等。

表 3—2—6　　浇口的分类

类型	图示	说明
大浇口		直接浇口，又称主流道型浇口，其特点是塑料熔体通过主流道直接进入型腔 单腔模具可考虑采用，适用于成型深腔的壳形或箱形塑料制品，不适合成型平薄或容易变形的塑料制品
		中心浇口，是直接浇口的变异形式，其特点是沿制品内孔的圆周进料。根据制品的形状大小，有多种变异形式，如盘形、轮辐式、爪形等 一般用于单腔模具，适用于圆筒形、圆环形或中心带孔制品的成型

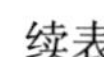
续表

类型		图示	说明
小浇口	侧浇口		又称边缘浇口，一般开设在分型面上，从制品的内侧或外侧边缘进料。开模时，浇口与制品一起脱模，要进行后续处理，在制品侧面会留有痕迹 侧浇口的截面通常采用矩形，是被广泛采用的一种浇口形式，适用于多腔模 侧浇口有两种变异形式，即扇形浇口和平缝式（薄片）浇口
			扇形浇口，侧浇口的变异形式
			平缝式浇口，侧浇口的变异形式
	重叠式浇口		又称搭接式浇口
	点浇口	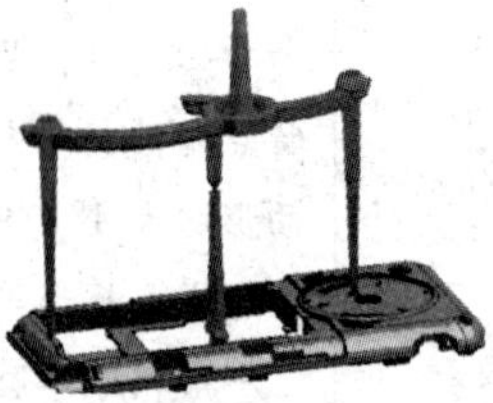	又称针浇口、橄榄形浇口或菱形浇口，一般在产品顶面进料，是一种尺寸很小的特殊形式的直接浇口。开模时，制品与浇口自动分离，不需要后续处理。但在制品外表面会留下痕迹 模具相对复杂，应设计成双分型（三板式）结构

续表

<table>
<tr><th colspan="3">类型</th><th>图示</th><th>说明</th></tr>
<tr><td rowspan="3">小浇口</td><td rowspan="3">潜伏式浇口</td><td>潜前模式</td><td></td><td rowspan="3">又称隧道式浇口或剪切浇口，由点浇口演变而来。其流道设置在分型面上，浇口常设在制品侧面不影响外观的较隐蔽部位，并与流道成一定角度。根据需要，浇口可开设在定模、动模或推杆上等
主要用于成型高表面质量要求制品的多腔模
根据进料位置有三种类型：潜前模式、潜后模式和潜顶杆模式
潜前模式浇口在制品外表面进料，开模时，制品与浇口自动分离，不需后续处理，但在制品外表面会留下痕迹；潜后模式浇口开模时，制品与浇口自动分离，不需要后续处理，不影响制品外观，但制品上必须具有合适的进料位置；潜顶杆模式浇口开模时，制品与浇口自动分离，不影响制品外观，但模具结构上要添加一辅助的顶杆，且有一部分浇口要后续处理</td></tr>
<tr><td>潜后模式</td><td></td></tr>
<tr><td>潜顶杆模式</td><td></td></tr>
</table>

浇口位置的选择，应针对塑料制品几何形状特征及技术要求，并分析熔体在流道和型腔中的流动状态、填充顺序、排气、补缩等因素。表 3—2—7 列出了设置浇口位置时一般应遵循的原则，以供参考。

表 3—2—7　　浇口位置选择原则

原则	说明
有利于熔体流动和补缩	浇口应开设在制品截面最厚处
有利于减少流动能量的损失	在保证塑料良好充模的前提下，应使熔体流程最短、流向变化最少
有利于型腔内气体的排出	尽量保证分型面处最后充满
有利于减少或避免熔接痕的产生	在熔体流程不太长的情况下，最好不设多个浇口；有必要的话在熔接处开设溢料槽
防止料流挤压型芯或嵌件	避免偏心进料，最好采用顶部中心进料

注：选择浇口位置时，还应避免料流产生喷射和蠕动（蛇形流）。必要时应进行流动比的核算，即熔体流程长度与厚度之比的核算。流动比大，可能造成熔体不能充满整个型腔，必须改变浇口位置或增加塑料制件厚度。流动比值可查阅有关资料。

浇口的截面形状常采用矩形和圆形，其尺寸一般根据经验公式确定并取其下限，然后在试模过程中，根据需要加以修正。

对于矩形浇口，其截面厚度（h）可取塑件浇口处壁厚的1/3～2/3或0.5～2 mm，其宽度（b），可取$b=$（5～10）h（对于中小型制品）或取$b>10h$（对于大型制品）；浇口长度则应尽量取短，通常取0.5～2 mm。

（5）冷料阱

冷料阱不但具有容纳冷料确保塑料制品质量的作用，而且还具有便于脱模的功能（在开模时将浇注系统凝料勾住，使其留在动模一侧）。对于设置在主流道末端的冷料阱，通常与拉料杆配合使用，所以，冷料阱的形式不仅与拉料杆有关，而且还与主流道中的凝料脱模形式有关。

常见的冷料阱及拉料杆形式见表3—2—8。

表3—2—8　　冷料阱及拉料杆形式

形式	Z形 拉料杆（阱）	锥形或沟槽 拉料杆（阱）	球形头拉料杆（阱）	分流锥形 拉料杆（阱）
图例	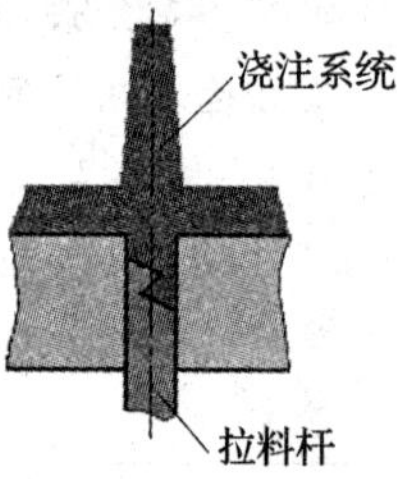 浇注系统 拉料杆	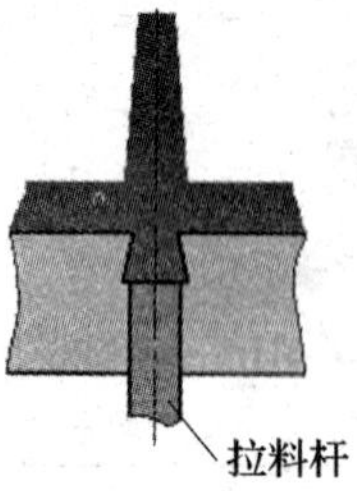 拉料杆	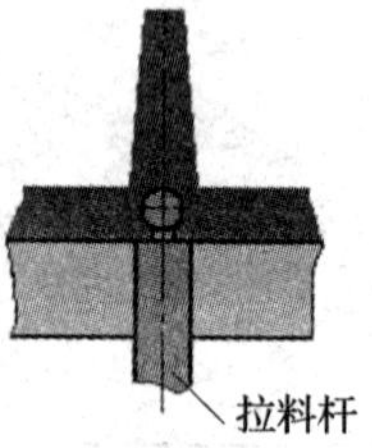 拉料杆	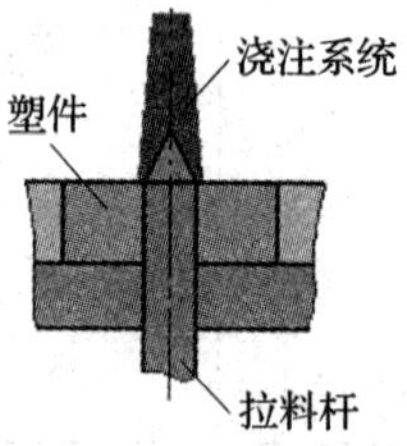 浇注系统 塑件 拉料杆
说明	最常用的一种形式，开模时主流道凝料被其拉出，推出后常需人工取出而不能自动脱落	适于弹性较好的塑料成型，能实现自动化脱模	常用于弹性较好的塑料制件并采用推（件）板脱模的场合，能实现自动化脱模，但球头部分加工较困难	适用于中间有孔又采用中心浇口的场合。为增加锥面与凝料间的摩擦力，可采用小锥度或将锥面做得粗糙些

（6）设计示例

图3—2—10所示为某增强聚丙烯塑料制品，因需大批量生产，现采用注射成型，其浇注系统及分型面确定方案见表3—2—9。

目前，在复杂塑料制品注射模浇注系统的设计中，设计人员通常借助于模流分析软件进行浇注系统的设计和评估。通过软件，设计人员可以选择塑料材料，并设定熔体温度、模具温度和注射时间。软件会根据塑料制品的几何形状、材料、浇口位置等进行计算分析，帮助设计人员直观了解塑料填充型腔的流动情况，并给出评估结果。

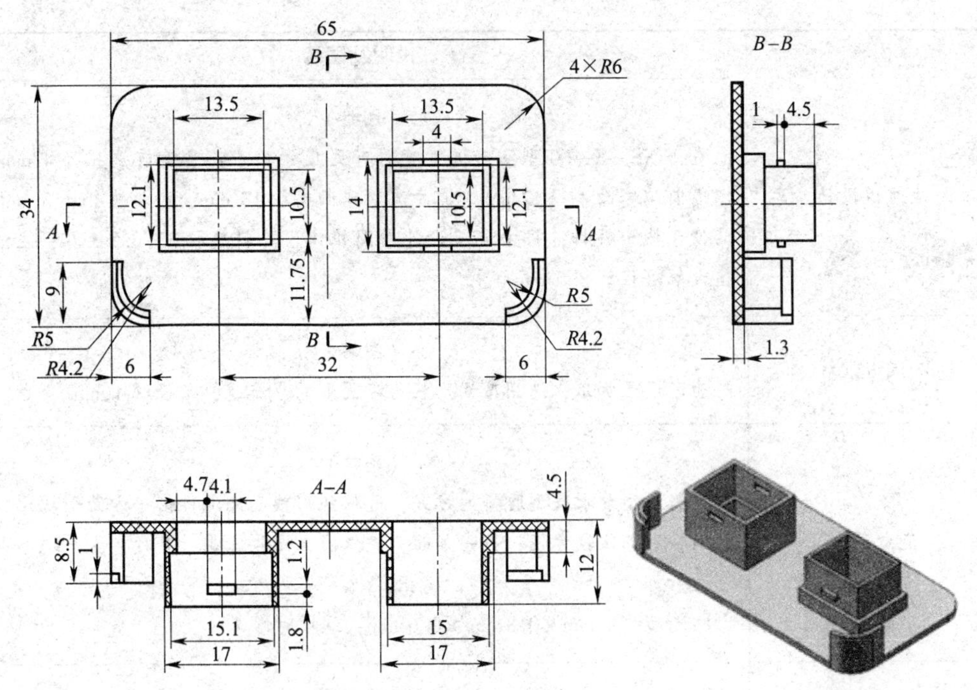

图 3—2—10 增强聚丙烯塑料制品

表 3—2—9　　　　增强聚丙烯塑料制品浇注系统及分型面确定方案

内容	说明及图示
确定制品体积和质量	经 CAD 软件造型分析，塑料制品的体积约为 $V=408\ 7\ mm^3$，塑料制品的质量约为 4. 25 g（增强聚丙烯的密度为 $\rho=1.04\ g/cm^3$）
确定型腔数	考虑到塑料制品质量较小，采用一模两件的模具结构
初选注射机	初步选用 XS—Z—60 型注射机
分型面选择	根据分型面选择的一般原则，选择水平分型方式既可降低模具的复杂程度，减少模具加工难度，又便于成型后脱模
型腔排列	由于采用一模两件模具结构，即成型模具需要两个型腔。为便于侧向分型抽芯机构的设置，采用图示排列方式

续表

内容	说明及图示
主流道设计	（图略） 查得 XS—Z—60 型注射机喷嘴的有关尺寸如下：喷嘴前端孔径 4 mm，喷嘴前端球面半径 12 mm。取主流道球面半径 13 mm，小端直径 4.5 mm；为便于拔出凝料，将主流道设计成圆锥体，其斜度取 3°，经换算，主流道大端直径为 8.5 mm
分流道设计	（图略） 为了便于加工，选用截面形状为半圆形的分流道，半径取 4 mm
浇口设计	（图略） 根据成型要求及型腔排列方式，选用矩形截面侧浇口，一方面形状比较简单，加工比较方便；另一方面，浇口修正比较容易，有时在生产现场也可进行 初选尺寸 1 mm×0.8 mm×0.6 mm，试模时修正
冷料阱设计	（图略） 此模具选用带有 Z 形头拉料杆的冷料阱。拉料杆底部固定在推杆固定板上。冷料阱直径与主流道大端直径相同或略大一些，取 10 mm；深度约为直径的 1～1.5 倍，取 15 mm

注：1. 塑件材料性能与成型性能分析省略。

2. 塑料制品结构工艺性分析省略。

3. 主流道通常不直接开在定模板上，而是将其单独设计成主流道衬套镶入定模板内。

3. 排气系统

塑料熔体充模时，需要置换出浇注系统、型腔内的空气以及塑料因受热或凝固而产生的挥发气体，使之及时排出模外，以免影响成型，产生塑件质量问题。

常用的排气方式有间隙排气、排气槽排气、排气塞排气，有关内容见表 3—2—10。

表 3—2—10　　常用排气方式

方式	说明
间隙排气	大多数情况下，可利用模具分型面或模具零件间的配合间隙自然排气，而不另设排气槽，特别是对于中小型模具 采用间隙排气时，应防止溢料的产生。对于尼龙、聚乙烯、聚丙烯、聚丙醛等低黏度塑料，其允许间隙为 0.025～0.03 mm；对于聚苯乙烯、有机玻璃、ABS 等中等黏度塑料，其允许间隙约为 0.05 mm；对于聚砜、聚碳酸酯、硬聚氯乙烯等高黏度塑料，其允许间隙为 0.06～0.08 mm

续表

方式	说明
排气槽排气	对于需要排出气体较多的大中型模具，通常在型腔一侧的分型面上开设排气槽，相邻间距为 30 ~ 50 mm，排气槽宽度可取 1.5 ~ 1.6 mm，深度以不大于所有塑料的溢边值为限，通常为 0.02 ~ 0.04 mm。另外，排气槽尽量不要开设在曲面上
排气塞排气	对于型腔最后充填部位不在分型面上，其附近又无活动型芯或推杆，可在型腔深处镶入排气塞。排气塞由具有通气微孔的特殊材料制成，市场上有标准产品供选购

一般来说，对于结构复杂的模具，事先较难估计发生气阻的准确位置，往往需要通过试模来确定其位置，然后再开设排气槽。排气槽一般开设在型腔最后被充模的地方。

第三节　推出机构设计

推出机构一般由推出、复位、导向零件组成。推出机构的动作方向与模具的开模方向一致，其动作通常由安装在注射机上的机械顶杆或液压缸的活塞杆来完成，即模具开模时，动模退至一定距离，机械顶杆或活塞杆推动推出机构使制品连同浇注系统凝料一起脱模，如图 3—3—1 所示。

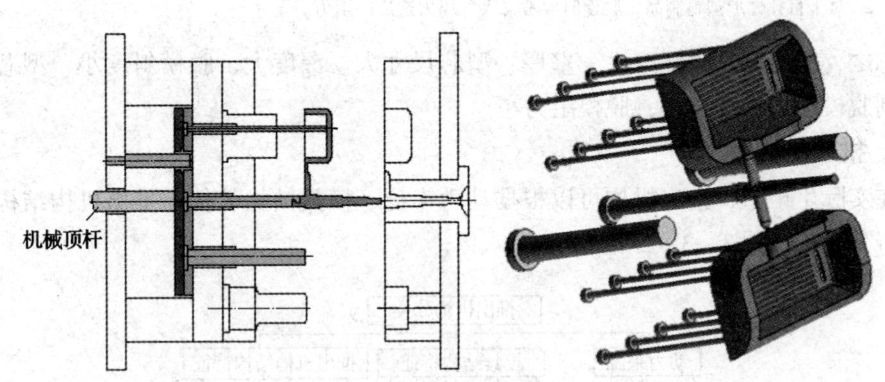

图 3—3—1　注射模推出机构

注射模推出机构有多种形式，需要根据塑料制品结构、模具结构及设备参数等进行选择，为简化推出机构设计，一般将其设置在注射模动模一侧。

一、脱模阻力及推出机构分类

1. 脱模阻力

塑料熔体注射到型腔中，冷却凝固后，由于收缩，塑料制品会紧包在型芯上，或者黏附在型腔内，从而产生脱模阻力，给脱模带来困难。影响脱模阻力的因素很多，例如，塑料制品材料及其几何形状、模具温度、冷却时间、脱模斜度、型腔表面结构、加工纹路等。精确计算脱模阻力比较困难，尤其对于复杂形状塑料制品，一般只考虑主要因素，进行大概分析和估算（见表3—3—1）。

表3—3—1 脱模阻力估算

制品类型	一般塑料制品和通孔壳形塑料制品	盲孔壳形塑料制品
估算公式	$Q=Lhp\ (f\cos\alpha-\sin\alpha)$	$Q=Lhp\ (f\cos\alpha-\sin\alpha)\ +Q_H$
公式说明	Q——脱模阻力，N L——型芯被包紧部分的断面周长，mm h——被包紧部分的深度； p——由收缩产生的单位面积上的正压力，一般取7.8～11，MPa f——摩擦因数，一般取0.1～0.2 α——脱模斜度，(°) Q_H——大气压力造成的阻力，N，$Q_H=PF$ P——大气压力，一般为0.1MPa F——垂直于推出型芯方向的投影面积，mm^2	

注：1. 确定实际脱模阻力时，应当考虑制品材料对型芯的黏附力以及制品刚性等要素的影响，即在计算公式基础上加以修正。

2. 对于盲孔壳形塑料制品，脱模时应考虑大气压力造成的阻力。

总之，塑料制品收缩率大、壁厚、型芯尺寸大、深度大、脱模斜度小、型芯表面粗糙则脱模阻力大；反之，脱模阻力小。

2. 推出机构分类

在实际生产中，推出机构可以根据动力来源、模具结构特征、推出机构结构特征等进行分类，如图3—3—2所示。

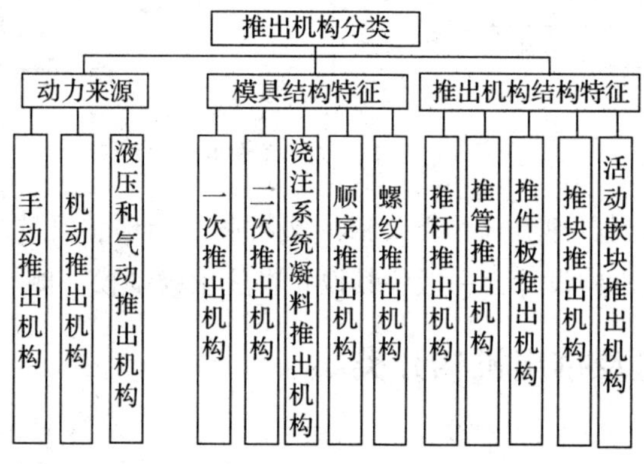

图3—3—2 推出机构分类

手动推出机构采用人工操纵脱模机构使塑料制品脱出，常用于不能设置推出机构的模具；机动推出机构依靠注射机的开模动作驱动模具上的推出机构，实现塑料制品自动脱模；液压和气动推出机构则在注射机或模具上设有专用液压或气动装置，将塑料制品通过模具上的推出机构推出或将塑料制品吹出。

（1）一次推出机构

凡在动模一侧施加一次推力就可以实现塑料制品脱模的机构称为一次推出机构，也称简单推出机构。常见的一次推出机构有推杆推出机构、推管推出机构、推件板推出机构、多元联合推出机构等形式。

1）推杆推出机构。推杆推出机构的典型结构如图 3—3—3 所示，它是推出机构中最简单、最常见的一种形式。

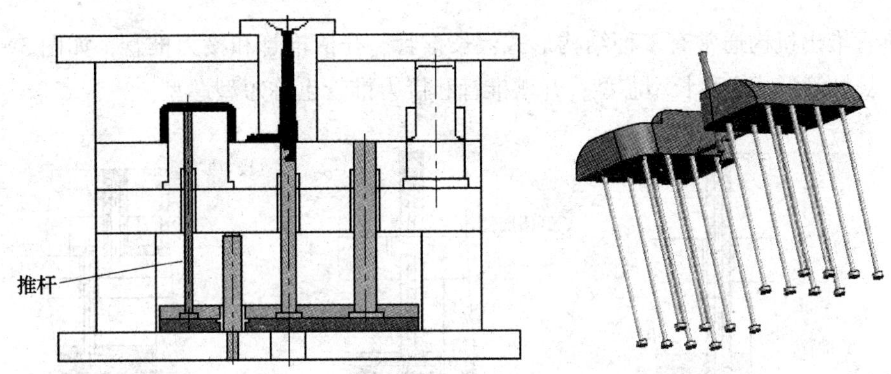

图 3—3—3　推杆推出机构典型结构

作为推出塑料制品的推杆，其截面大部分为圆形，这样容易达到与模板或型芯上推杆孔的配合精度。此外，推杆推出时运动阻力小，推出动作灵活可靠，损坏后便于更换。作为标准件（见图 3—3—4），推杆可根据需要直接购买。截面为半圆形的推杆可用标准圆形推杆改制。另外，推杆前端也可根据要求进行追加加工，以满足产品形状的要求。

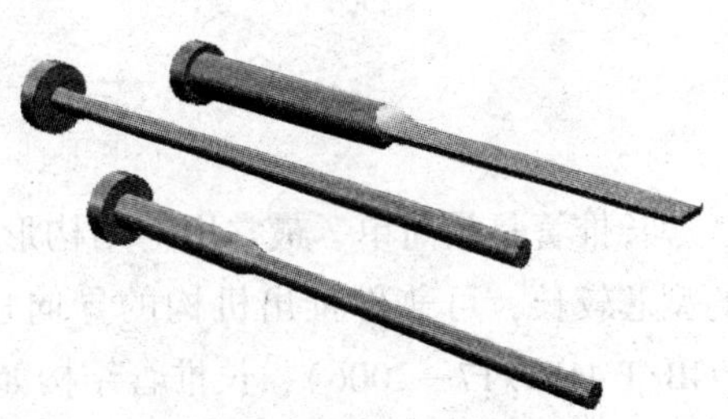

图 3—3—4　推杆标准件（推杆、扁推杆和带肩推杆）

由于推出面积一般较小，易引起较大的局部压力而顶穿塑料制品或使塑料制品变形，因此，推杆推出机构很少用于脱模斜度小和脱模阻力大的管类或箱类塑料制品的脱模机构。

2）推管推出机构。推管推出机构是用来推出圆筒形、环形塑料制品或带孔塑料制品的一种推出机构，其脱模运动方式和推杆相同，只是在推管中间需固定一个型芯，与型芯配套使用，如图 3—3—5 所示，推管相当于空心推杆，脱模时，整个周边接触塑料制品，推力均匀，塑料制品不易变形，也不会留下明显的压痕，特别适合于小直径管状塑料制品或塑料制品上凸孔部分的脱模。

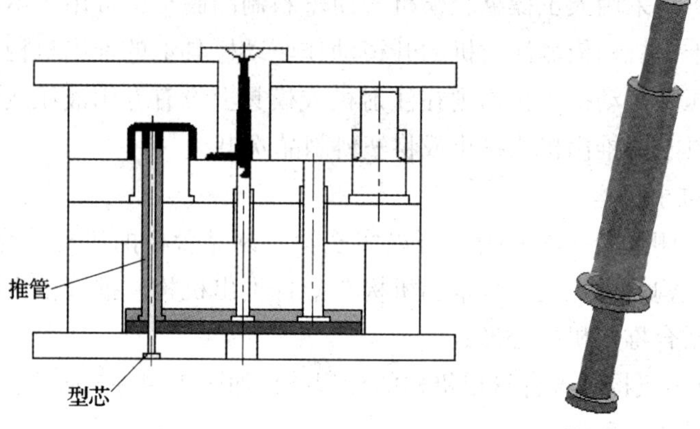

图 3—3—5　推管推出机构

推管推出机构通常有三种结构形式：长推管、开槽推管和接力推管，如图 3—3—6 所示，长推管形式也称长型芯型，开槽推管和接力推管也称短型芯型。

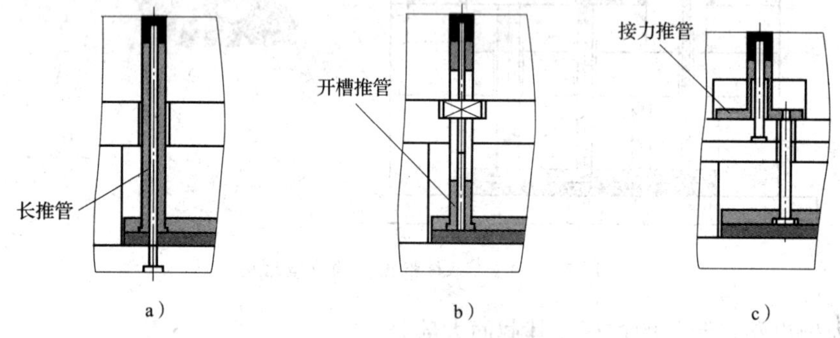

图 3—3—6　推管推出机构的结构形式

a）长推管　b）开槽推管　c）接力推管

长推管是最简单、最常用的结构形式，型芯穿过推板固定于动模座板。这种结构的型芯较长，可兼作推出机构的导向柱，多用于推出距离不大的场合。作为标准件（GB/T 4169.17—2006），长推管结构如图 3—3—7 所示。

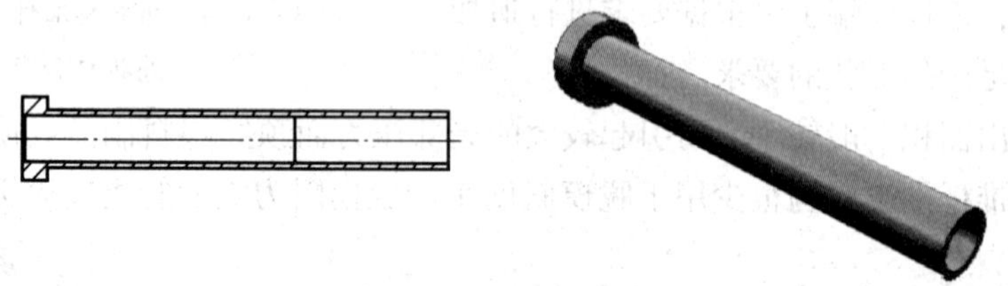

图 3—3—7　标准件推管结构

开槽推管采取型芯用销或键固定在动模板上的结构，其轴向开有一长槽，以容纳销（或键）和保证推出距离，一般应略长于推出距离。这种结构型芯较短，模具结构紧凑，但由于型芯紧固力小，适于受力不大的型芯。接力推管采用型芯固定于动模垫板的结构，推管可在动模板内滑动。这种结构可使推管与型芯长度大为缩短，由于推出行程包含在动模板内，致使动模板厚度增加，多用于脱模距离不大的场合。

3）推件板推出机构。推件板推出机构又称顶板顶出机构，如图3—3—8所示，它由一块与型芯按一定配合精度（H7/f7或H8/f7）相配合的模板（推件板）和推杆组成。对于大型塑料制品、薄壁塑料容器、壳形塑料制品以及表面不允许有压痕的塑料制品，可考虑采用推件板推出。

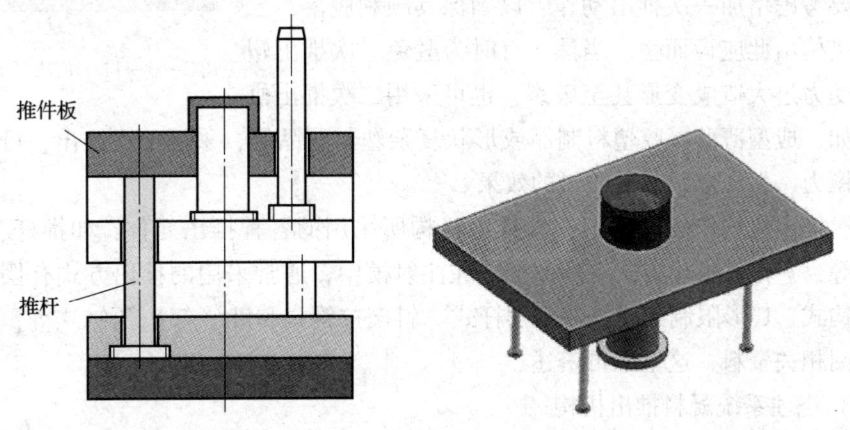

图3—3—8 推件板推出机构

与推杆、推管推出机构相比，推件板推出机构力量大、推力均匀、运动平稳、塑料制品不易变形、结构简单。此外，推件板推出机构无须另设复位机构。在合模过程中，待分型面一接触，推件板即可在合模力的作用下回到初始位置。作为标准件（见图3—3—9）的推件板，其尺寸规格由GB/T 4169.8—2006规定。

图3—3—9 标准件推件板结构

4）多元推出机构及其他。在实际生产中往往会遇到深腔壳体、薄壁、凸台或带有金属嵌件等情况的复杂塑料制品，若采用单一的推出机构，将难以保证塑料制品质量，这时就要采用如图3—3—10所示的多元推出机构，即采用两种或两种以上的推出元件对塑料制品进行推出。

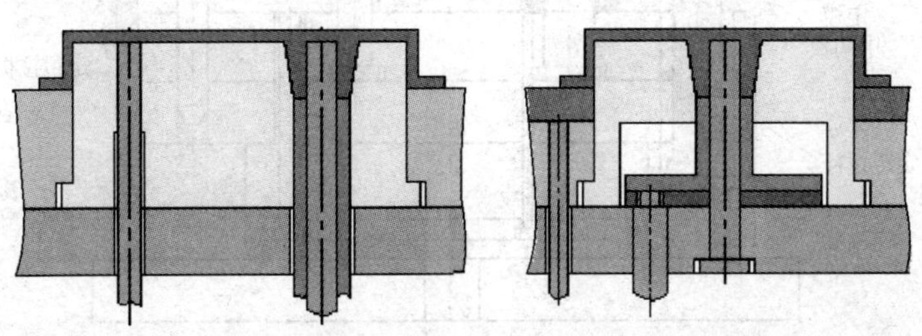
图3—3—10 多元推出机构

另外，有些塑料制品由于结构形状等因素，还可考虑采用成型嵌件（如顶块）带出塑料制品（见图3—3—11），或采用型腔（如螺纹型环）带出塑料制品。

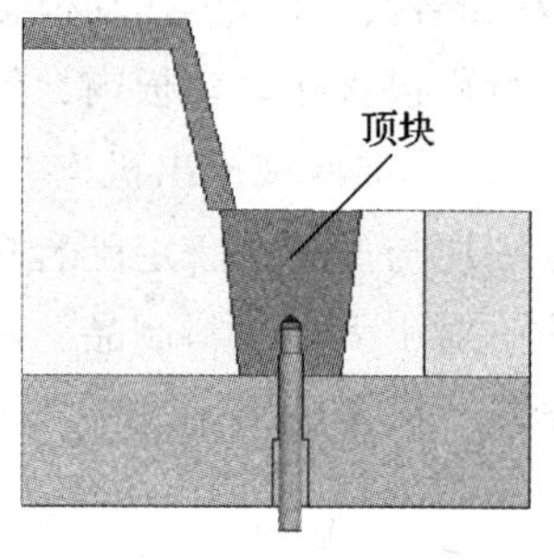

图 3—3—11　顶块顶出机构

（2）二次推出机构

通常情况下，塑料制品只需一次推出动作即可脱模，但对于某些在一次推出动作完成后，仍难以脱模的塑料制品，就要考虑增加一次推出动作，以确保其顺利脱落，二次推出机构由此应运而生。当然，有时为避免一次推出塑料制品受力过大造成变形甚至破裂，也可采用二次推出机构，例如，成型薄壁深腔塑料制品或形状复杂塑料制品等，采用二次推出，可以达到分散脱模力，保证塑料制品质量的效果。

二次推出机构依然是采用一次推出机构所采用的各种推出元件，如推杆、推管、推件板等，只是其推出方式有所改变。在注射模中，通常采用的推出方式有摆块拉杆式、拉钩式、U 形限制架式、八字摆杆式、斜楔拉钩式和液（气）压缸式等，有关内容可查阅相关资料，这里不再赘述。

（3）浇注系统凝料推出机构

在注射成型生产中，为了提高生产自动化程度，不仅要求塑料制品自动脱模，而且要求浇注系统凝料也能自动脱落。除点浇口和潜伏式浇口外，其他形式的浇口，浇注系统凝料与塑料制品通常是连在一起脱模的。要解决点浇口和潜伏式浇口浇注系统凝料的自动脱落问题，关键在于浇口与塑料制品的自动切断。因此，在采用点浇口和潜伏式浇口的模具中，常采用前端部分为倒扣形状的拉料杆（销）来满足上述要求，如图 3—3—12 所示，其工作过程如下：

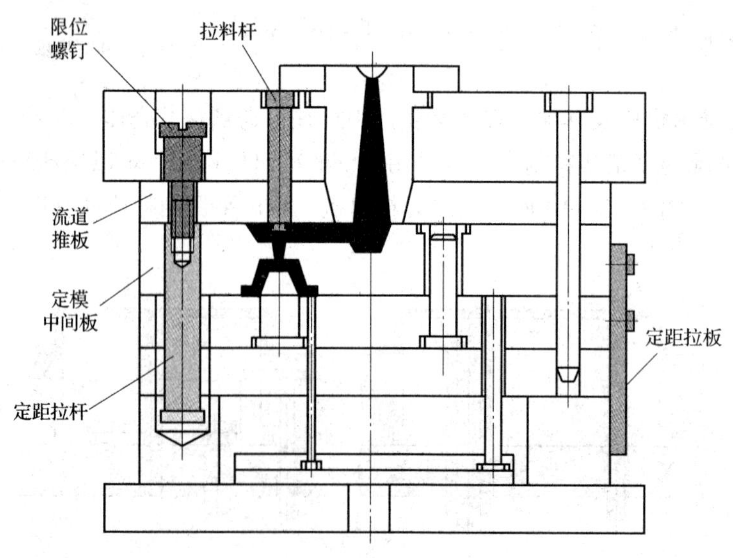

图 3—3—12　具有浇注系统凝料推出机构模具

开模时，首先在动模、定模主分型面分型，浇口凝料被拉料杆拉断，如图 3—3—13a 所示；继续开模，在定距拉板的作用下，流道推板与定模中间板分型，浇注系统凝料脱离定模中间板，如图 3—3—13b 所示；最后，在定距拉杆和限位螺钉的作用下，流道推板与定模座板分型，浇注系统凝料从浇口套和拉料杆上脱出，如图 3—3—13c 所示。

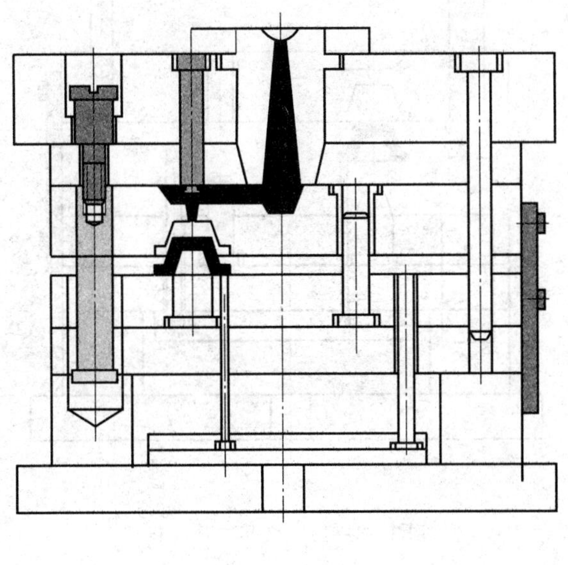

a）

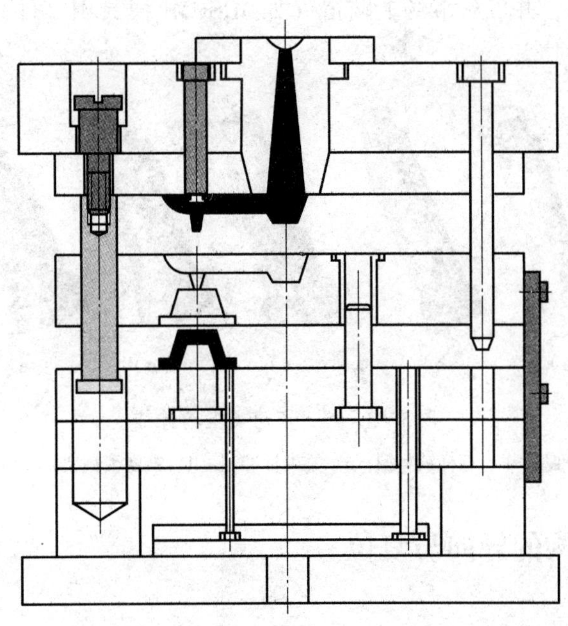

b）

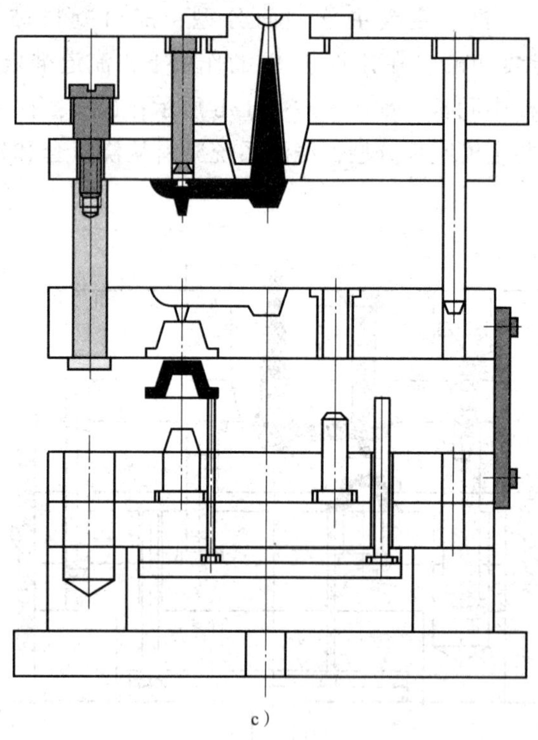

c）

图 3—3—13 模具工作过程

根据塑料种类、成型周期、成型条件等因素的不同，可以采用不同类型的拉料杆，如图 3—3—14 所示，并可从市场上购得（如 MISUMI 模具用零件）。另外，必要时还可配套使用拉料杆衬套。

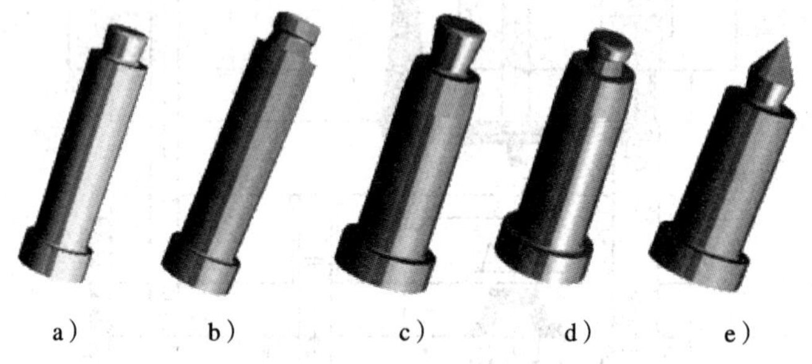

a） b） c） d） e）

图 3—3—14 不同类型拉料杆

a）直杆标准型 b）直杆锁料型 c）锥度标准型 d）锥度锁料型 e）直杆笔锥型

二、推出机构的导向与复位

1. 导向

在推出机构中，当推杆较细，固定它的模板的质量容易使其弯曲，以致在推出时出现推出动作不够灵活，甚至折断推杆的现象，因此经常需要设置导向零件（支承柱和推板导套），如图 3—3—15 所示，且一般不少于两对。

作为标准件，支承柱和推板导套的结构如图 3—3—16 所示，使用时可按要求选用和购买。

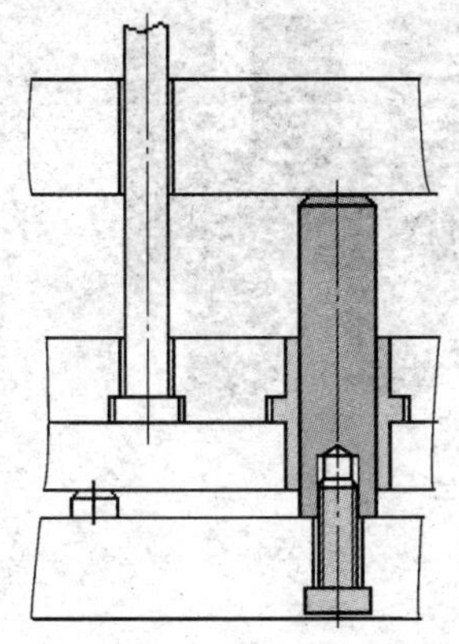

图 3—3—15 推出机构的导向

图 3—3—16 标准件支承柱和推板导套

2. 复位

为了确保推出机构中的推出零件合模后回到原来的位置，为下一次注射成型做准备，推出机构中通常还设有复位零件。复位零件一般采用复位杆（已标准化 GB/T 4169.13—2006）或复位弹簧。

（1）复位杆复位

复位杆也称回程杆，如图 3—3—17 所示，是最简单、最常用的复位零件，安装在推杆固定板上。复位杆端面设计在动、定模的分型面上。开模时，复位杆与推出机构一同推出；合模时，复位杆先与定模分型面接触，在动模向定模逐渐合拢的过程中，推出机构被复位杆顶住，从而与动模产生相对移动直至分型面合拢，推出机构就回到原来的位置。复位杆为圆形截面，每副模具一般设置 4 根复位杆，其位置应对称设在推杆固定板的四周，以便推出机构在合模时能平稳复位。

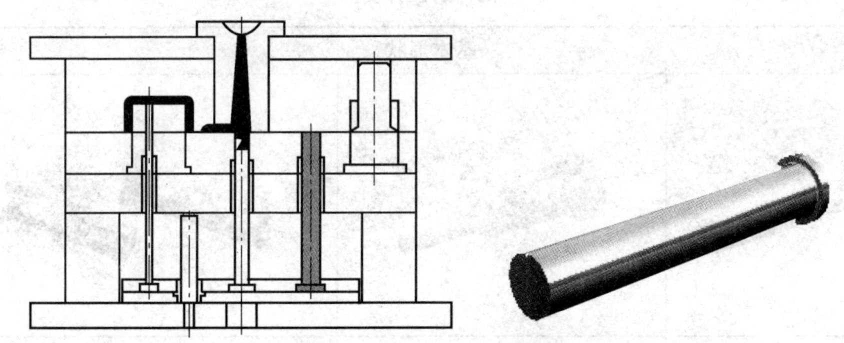

图 3—3—17 复位杆复位

（2）弹簧复位

弹簧是另一种复位零件，如图 3—3—18 所示。使用弹簧回复力使推出机构复位，结构简单，其复位先于合模动作完成，但必须注意弹簧要有足够的弹力，并及时更换失效的弹簧。

图 3—3—18 复位弹簧复位

三、推出机构简单设计

1. 设计原则及设计要点

（1）设计原则

推出机构的设计原则是，保证脱模时制品不变形、不损坏；保证制品外观良好，顶件位置位于制品不明显处；结构可靠、运动灵活，有足够的强度和刚度。

由于制品收缩时包紧型芯，因此脱模力作用位置应尽量靠近型芯，同时应布置在制品强度、刚度大的位置，如凸缘、加强肋等位置，作用面积也尽量大些，以免塑件变形或损坏。

（2）设计要点

1）推杆推出机构设计要点。推杆是推杆推出机构的设计关键。设计推杆时，要考虑的因素包括基本形状、端面形状、端面尺寸、固定形式和安装高度等，其设计要点见表 3—3—2。

表 3—3—2　　推杆的设计要点

基本形状		
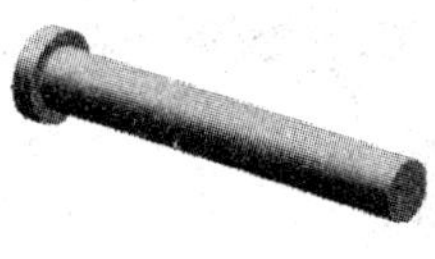 直通式推杆尾部采用台肩固定，最为常用	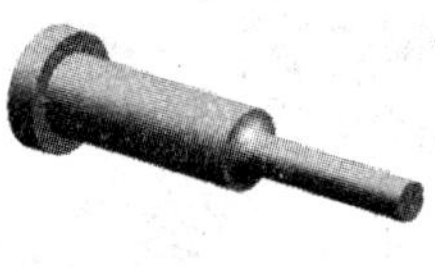 阶梯式推杆工作部分较细，一般在直径小于 2.5 mm 时采用	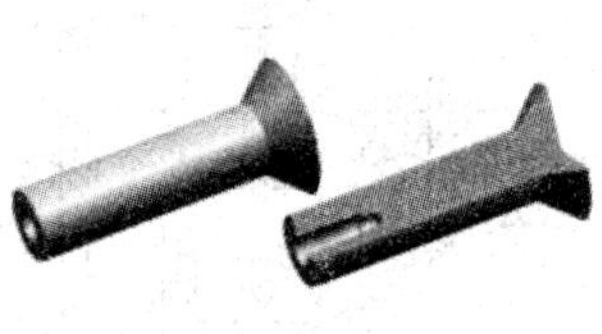 顶盘式推杆适合于深筒形制品的推出

续表

<table>
<tr><th colspan="4">端面形状</th></tr>
<tr><td colspan="2">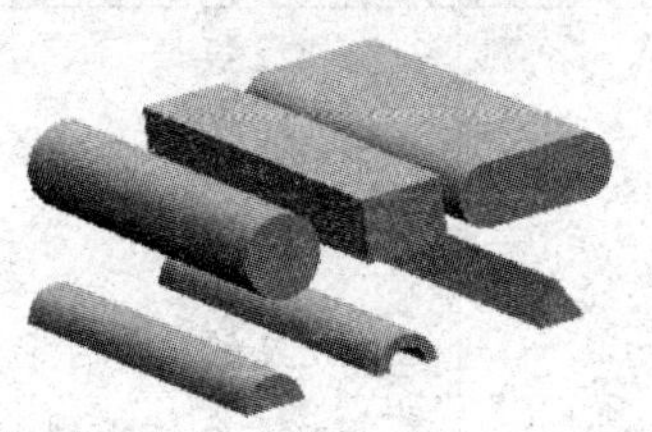</td><td colspan="2">圆形是推杆工作端面最为常用的形状，根据需要还可以设计成特殊的端面形状，如矩形、三角形、半圆形等。由于特殊端面形状的推杆配合孔需要采用电火花、线切割等特种加工方法进行加工，因此，一般情况下都采用圆形杆</td></tr>
<tr><th colspan="4">端面尺寸</th></tr>
<tr><td colspan="4">一般圆形推杆的直径为 2.5～12 mm；尽量避免使用直径 2 mm 以下的推杆</td></tr>
<tr><th colspan="4">固定形式</th></tr>
<tr><td></td><td></td><td></td><td></td></tr>
<tr><td>台肩固定。是最常用的形式，直径为 d 的推杆，在推杆固定板上的孔应为 $(d+1)$ mm</td><td>垫块固定。以垫块代替固定板沉孔，可方便加工</td><td>螺塞固定。适用于推杆固定板较厚的场合</td><td>螺钉固定。对于较粗的推杆可考虑采用</td></tr>
<tr><th colspan="4">安装高度</th></tr>
<tr><td colspan="4">推杆的工作端面成型塑料制品的部分内表面，如果推杆的端面低于或高于该处型面，就会在塑料制品上产生凸台或凹痕，从而影响塑料制品的美观及使用。因此，通常推杆装入模具后，其端面应与型面平齐或高出型面 0.05～0.1 mm</td></tr>
</table>

<table>
<tr><td>注意</td><td>1. 推杆与推杆孔之间的配合双边间隙，应能保证不溢料而又能排气。对于流动性较好的塑料，如聚乙烯、聚丙烯、聚苯乙烯、尼龙等，应不大于 0.04 mm。其他塑料则应不大于 0.05 mm
2. 推杆近胶位一端的封胶位长度通常取 10～20 mm</td></tr>
</table>

2）推件板推出机构设计要点。推件板推出机构的设计要点见表3—3—3。

表3—3—3　　推件板推出机构的设计要点

要求	图示	说明
确保推件板推出塑料制品后留在模具上	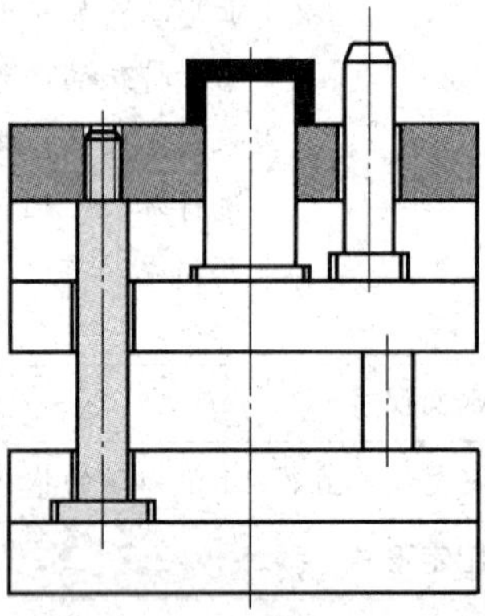	采用足够长度的导柱 当由于条件限制，导柱不能太长时，可采用将推杆前端做成螺杆，拧入推件板中，以确保推件板推出塑料制品时不脱离导柱
减小推件板和型芯的摩擦	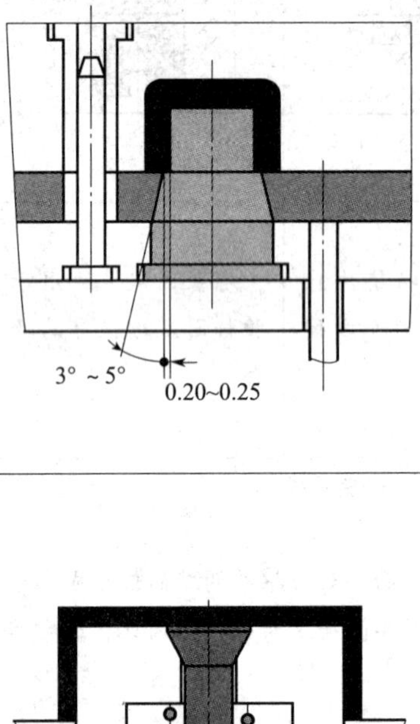	推件板与型芯间留有0.20～0.25 mm的间隙（原则上应不擦伤型芯），并采用3°～5°的锥面配合，既能起到辅助定位作用，也可以防止推件板因偏心而溢料
设置引气装置	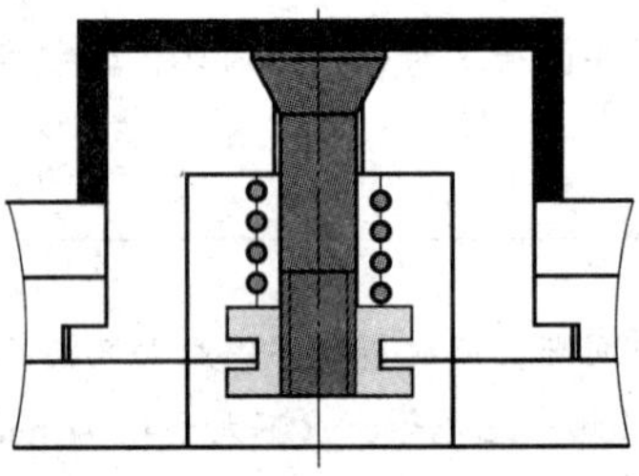	对于大型的深腔塑料制品或软质塑料制品，如采用推件板脱模，塑料制品与型芯间容易形成真空，从而造成脱模困难，甚至使塑料制品变形损坏，这时应考虑设置引气装置。开模时，大气压力克服弹簧力将推杆抬起而进气，塑料制品就能顺利地从型芯中推出

2. 简单设计示例

某材料为聚乙烯的旋钮零件，如图 3—3—19 所示，经分析决定采用注射成型，一模两腔布局，分型面选择在制品底部，潜伏式浇口，推杆推出机构进行脱模。

旋钮制品注射模推杆推出机构的简单设计见表 3—3—4。

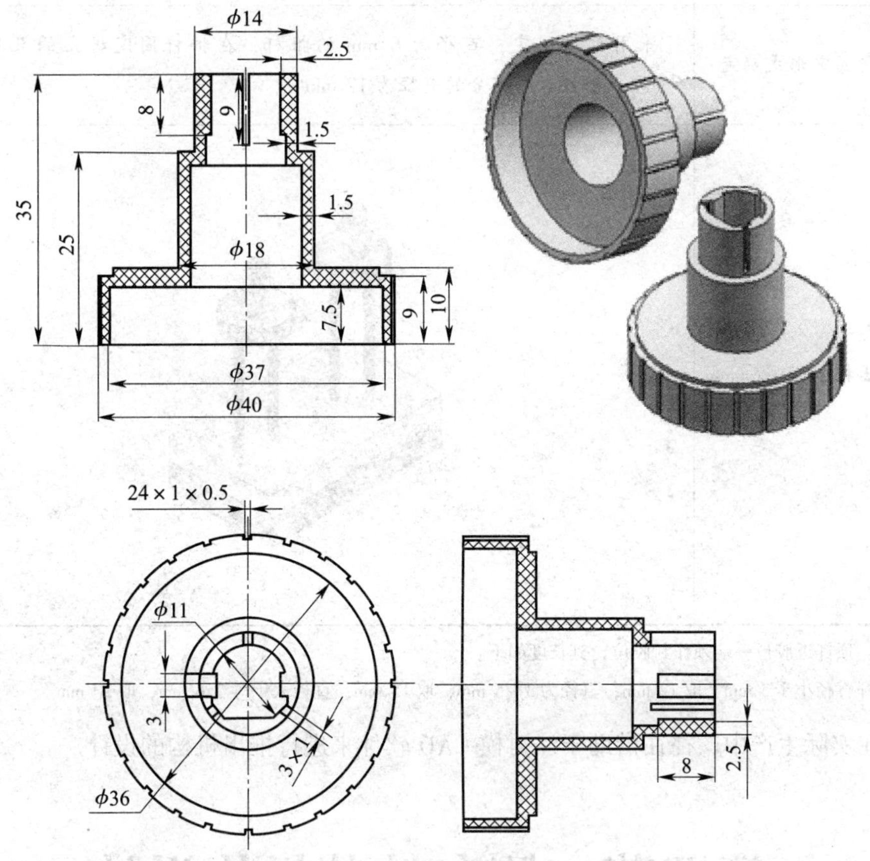

图 3—3—19 旋钮零件

表 3—3—4 旋钮零件注射模推杆推出机构简单设计

内容	说明
脱模力计算	通过公式 $Q = Lhp\ (f\cos\alpha - \sin\alpha)$ 计算脱模力。经计算，旋钮型芯的包络面积为 0.2 m^2；查得聚乙烯塑料型腔脱模斜度为 25′～45′，型芯脱模斜度 20′～45′；聚乙烯对钢的摩擦因数为 0.1～0.3；制品对型芯单位面积上的包紧力 p 取 8～12 MPa；代入公式计算可以得知，旋钮的脱模推出力较小
推杆基本形状确定	采用直通式推杆

续表

内容	说明
推杆工作端面形状确定	采用常用的圆形
推杆端面尺寸确定	因塑料制品的推出力较小，选用直径为 6 mm 的标准推杆
推杆固定形式确定	采用台肩固定，直径为 6 mm 的推杆，在推杆固定板上的孔径应为 7 mm，推杆台肩部分的直径为 12 mm
推出机构模型	

注：顶杆近胶位一端须作封胶位，其长度如下：

顶杆直径小于 3 mm，取 12 mm；直径为 3～5 mm，取 15 mm；直径大于等于 6 mm，取 20 mm。

在实际生产中，往往借助于注射模 CAD 软件来进行推出机构的设计。

第四节　侧向抽芯机构设计

一般来说，塑料制品的脱模方向都与模具开闭模方向相同。但当脱模方向确定后，如果成型产品上仍有倒钩结构（侧凹、侧凸或侧孔部位），则开模时固化后的制品就会因型芯的干涉而无法正常脱模。此时，必须将模具上的型芯做成可侧向移动的零件——滑动型芯，并通过侧向抽芯机构完成分型脱模工作。

不难理解，塑料制品的倒钩结构主要可分为外侧面凹凸和内侧面凹凸两大类，与此相对应，侧向抽芯机构可分为外侧面抽芯机构和内侧面抽芯机构两大类，如图 3—4—1 所示，其中，斜导柱式侧向抽芯机构主要适用于外侧面抽芯场合，斜导杆式侧向抽芯机构主要适用于内侧面抽芯场合。

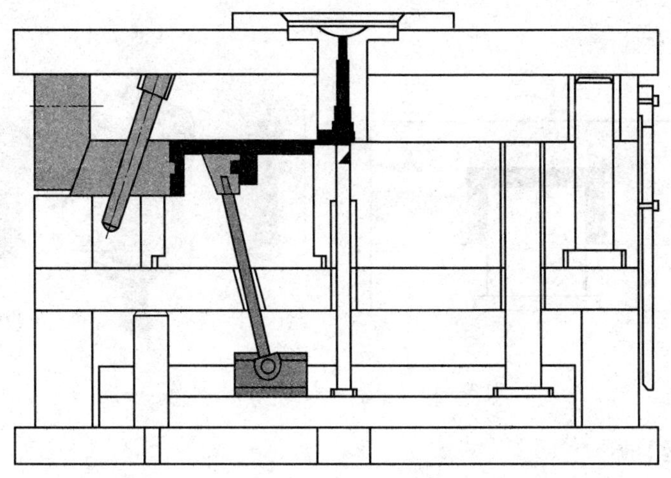

图 3—4—1 带有侧向抽芯机构的注射模具

一、结构形式

在注射模设计中，根据需要可以采用不同结构形式的侧向抽芯机构。常见的侧向抽芯机构形式如图 3—4—2 所示，其中，斜导柱式、斜导杆式、弯销式、斜滑块式、斜导槽式、齿轮齿条式及活型芯式属于机动式抽芯机构，它们利用开模运动使模具侧向脱模或把型芯从塑料制品中抽出，机构虽比较复杂，但操作方便，生产效率高，在生产中应用较多。

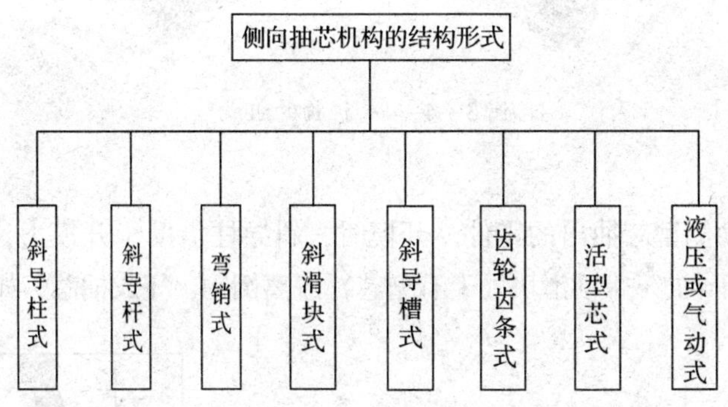

图 3—4—2 侧向抽芯机构的结构形式

在要求抽芯力和抽芯距较大的情况下，可考虑采用液压或气动式抽芯机构。另外，在新产品试制或小批量生产时，可考虑采用图 3—4—3 所示的手动式抽芯机构。

二、斜导柱式侧向抽芯机构

斜导柱式侧向抽芯机构是注射模中最为常用的侧向抽芯机构。结构紧凑、动作安全可靠、加工制造方便是该机构的优点。由于抽芯距和抽芯力受到模具结构的限制，它一般适用于抽芯距和抽芯力不大的场合。

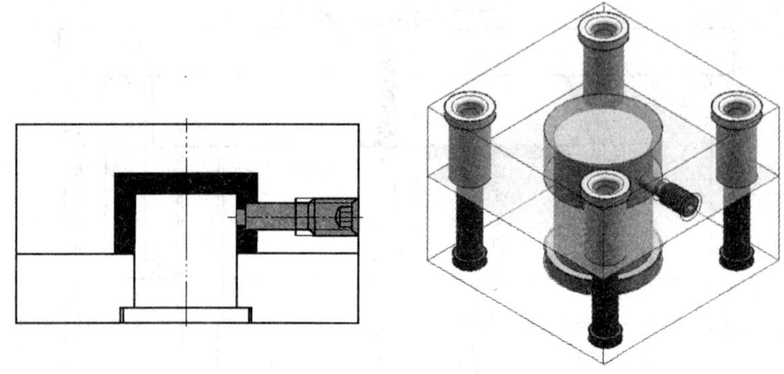

图 3—4—3　手动式侧向抽芯机构

1. 机构的组成

根据需要，斜导柱式侧向抽芯机构由斜导柱、斜导柱固定座、斜导柱螺钉、斜导柱压板、滑槽（导轨）、耐磨板（滑板）、滑块、楔紧块、定位装置等零件组成，如图 3—4—4 所示，其零件与机构的设计计算较为典型，且已专业化生产。

图 3—4—4　机构的组成

（1）斜导柱

斜导柱是驱动侧型芯抽出的零件。开模时，斜导柱借助于开模力，与滑块产生相对运动，并在滑槽的导向下带动滑块（上有型芯）脱离倒钩，完成抽芯，如图 3—4—5 所示。

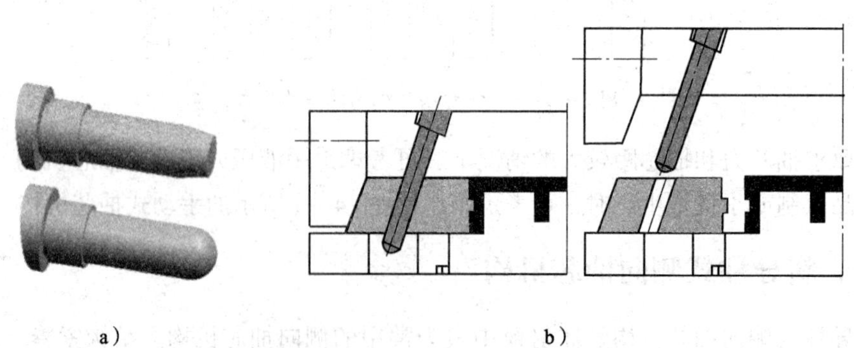

图 3—4—5　斜导柱和开模动作

a）斜导柱　b）开模动作

斜导柱端部通常做成锥台或半球形，为减小斜导柱与滑块斜孔之间的摩擦与磨损，可在斜导柱外圆周上铣出两个对称平面。斜导柱设计要点见表 3—4—1。

表 3—4—1　　斜导柱设计要点

安装配合	斜导柱倾斜角 α

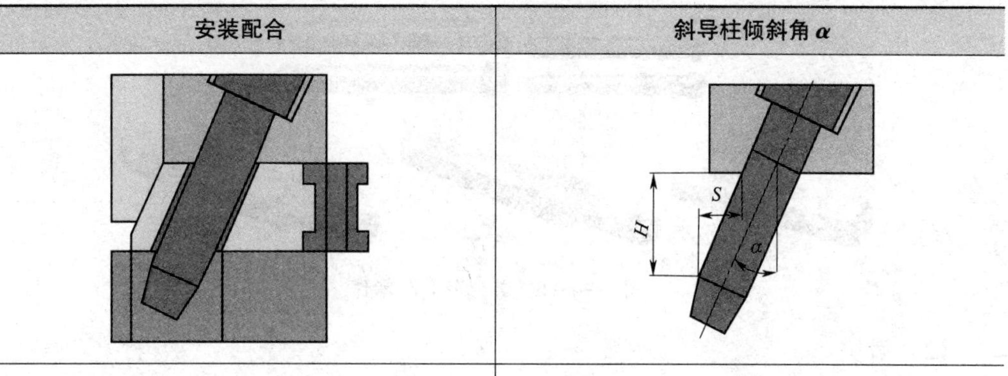

安装配合	斜导柱倾斜角 α
斜导柱与其固定板采用过渡配合 H7/m6 连接 斜导柱与滑块孔采用间隙配合（如 H11/b11），或在两者间保留 1 mm 以上的间隙	斜导柱轴向与开模方向的夹角称为斜导柱的倾斜角。倾斜角的大小　对斜导柱的有效工作长度、抽芯距（S）、抽芯距对应的开模行程（H）和抽芯机构受力状况起着决定性作用 倾斜角一般不大于 25°，通常采用 15° ~ 20°

斜导柱直径

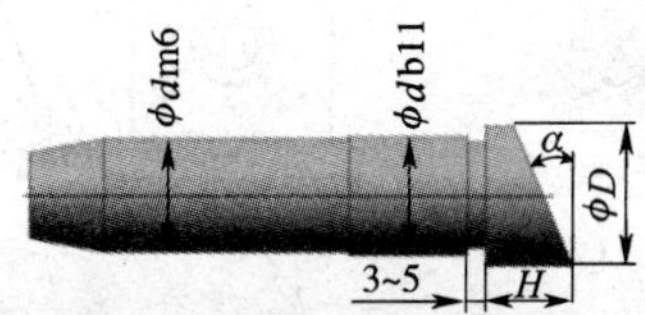

公称直径 d		D	H	斜导柱固定孔公差
尺寸	公差			
12	+0.019 +0.007	17	10	+0.019 0
15		20	12	
20	+0.023 +0.008	25	15	+0.023 0
25		30		
30	+0.027 +0.009	35	20	+0.027 0
35		40		
40		45	25	

计算比较复杂，实际设计中经常采用查表法确定

斜导柱长度

主要根据抽芯距、斜导柱直径及倾斜角来确定

备注	斜导柱材料多为碳素工具钢，也可采用 20 钢渗碳，热处理硬度≥55HRC，表面粗糙度 Ra < 1.25 μm

根据需要，可从市场上直接购得斜导柱零件，例如，MISUMI 公司的标准型斜导柱、经济型斜导柱、内螺纹固定型斜导柱（及配合用斜导柱螺钉）、外螺纹固定型斜导柱、螺栓贯通固定型斜导柱，它们的结构如图 3—4—6 所示。

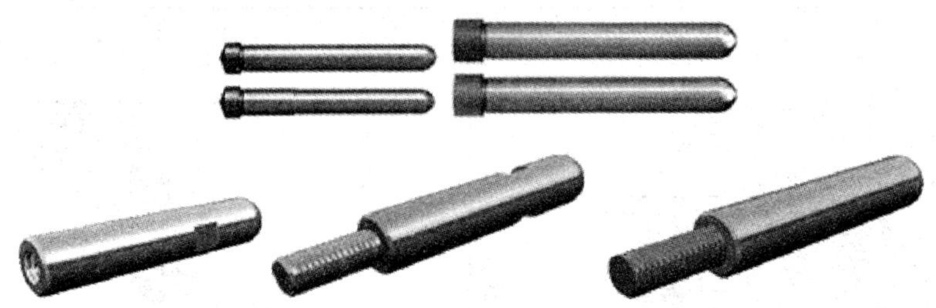

图 3—4—6　其他斜导柱零件

（2）滑块

滑块（见图 3—4—7）是斜导柱侧向抽芯机构中的一个重要零件。滑块上安装有侧型芯或成型镶块，注射成型时，塑料制品上有关尺寸的准确性和抽芯运动的可靠性都需要靠它来保证。

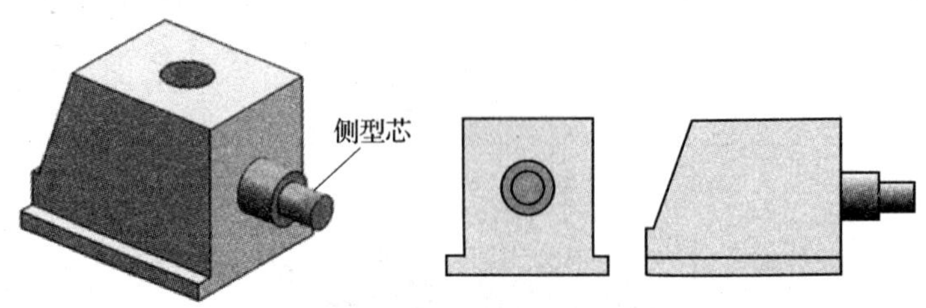

图 3—4—7　滑块

滑块的设计要点见表 3—4—2。

表 3—4—2　　滑块设计要点

结构形式
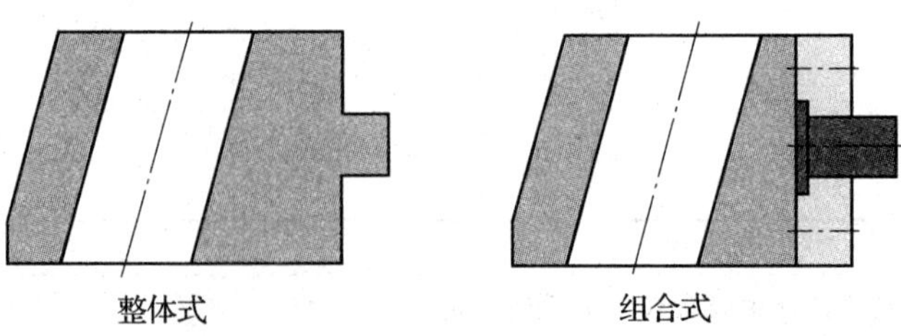
根据具体制品和模具结构灵活设计，既可与侧型芯做成一个整体，也可采用组合式装配结构。整体式结构多用于形状简单的场合；组合式结构加工较为方便，且可节省优质钢材

续表

与侧型芯的连接形式

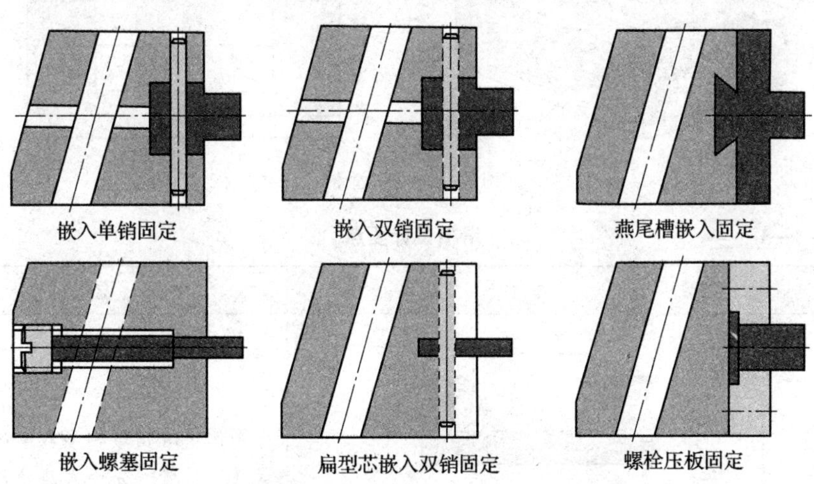

燕尾槽嵌入固定适用于侧型芯较大的场合。侧型芯嵌入螺塞固定适用于小型侧型芯。扁型芯嵌入双销固定适用于薄片侧型芯。螺塞压板固定适用于多个侧型芯场合

常用尺寸

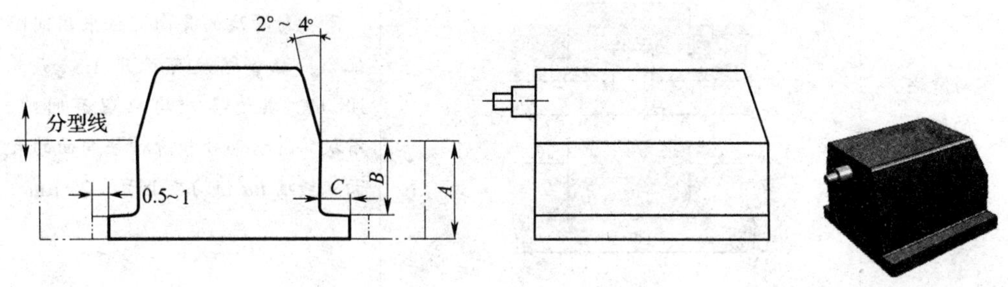

A	<30	30 ~ 40	40 ~ 50	50 ~ 65	65 ~ 100	100 ~ 160
B	8	10	12	15	20	25
C	6	8	10		12	15

备注：滑块一般采用 T 8A 制造，滑动部分可局部或全部淬硬 40 ~ 45HRC，其他尺寸按需选择。

（3）滑槽（导轨）

在侧向抽芯过程中，滑块必须在图 3—4—8 所示的滑槽内运动，并要求运动平稳且具有一定精度，滑槽的设计要点见表 3—4—3。

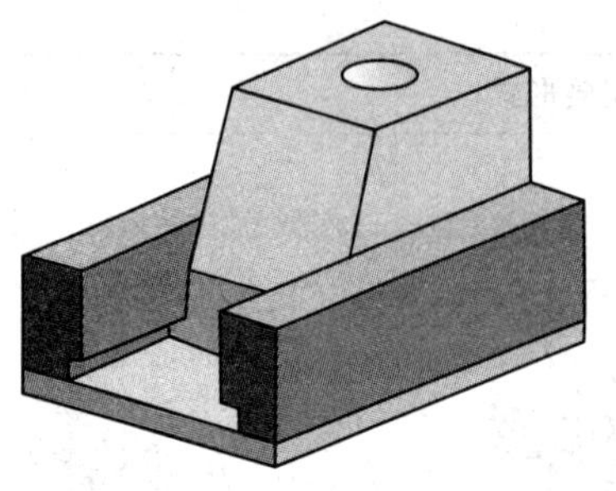

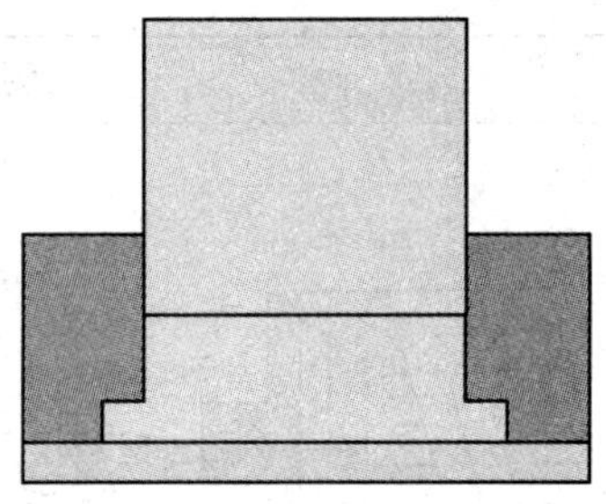

图 3—4—8　滑槽

表 3—4—3　　滑槽设计要点

要点	图示	说明
结构形式		图例中滑槽结构形式依次为整体式压块滑槽、分块式压块滑槽、组合式压块滑槽、底部定位式压块滑槽、整体式燕尾滑槽
与滑块的配合		滑槽对滑块的导向部位采用间隙配合，配合精度可选用 H8/g7 或 H8/h8，其他各处均应留有间隙。滑块的滑动部分和滑槽导向面的表面粗糙度 *Ra* 值均应小于 1.25 μm

注：1. 滑槽可用耐磨材料制造，碳素工具钢制造，硬度要求为 52 ~ 56HRC。

2. 滑块完成抽芯动作后，其滑动部分仍应有全部或部分长度留在滑槽内。滑块的滑动配合长度通常要大于滑块宽度的 1.5 倍，而且保留在滑槽内的长度不应小于该数值的 2/3。

根据需要，也可从市场上直接购得滑块（导轨）零件，例如，MISUMI 公司的自润滑导轨（无槽型、导槽型）及自润滑滑板，如图 3—4—9 所示。

（4）楔紧块

楔紧块（见图 3—4—10）是合模时为了防止滑块受到注射压力而后退所设置的锁紧零件。楔紧块的强度、刚度及精度若得不到保证，将导致成型制品相关尺寸的变化，或周边毛刺的出现。

图 3—4—9 其他滑块零件及自润滑滑板

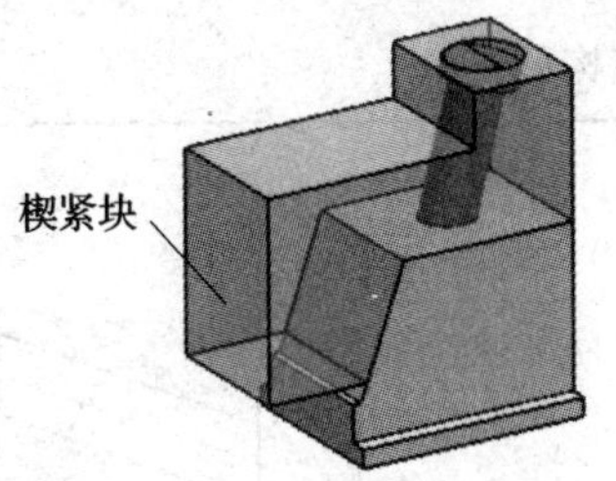

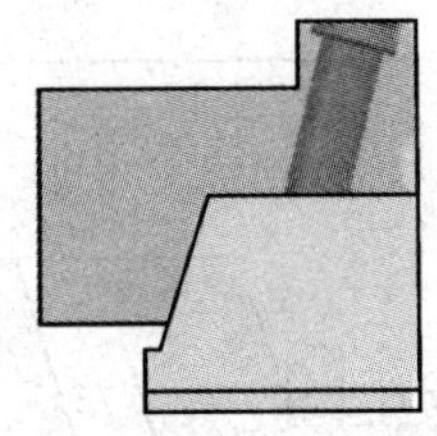

图 3—4—10 楔紧块

楔紧块的设计要点见表 3—4—4。

表 3—4—4 **楔紧块设计要点**

形式与特点					
	整体式结构。牢固可靠，能承受较大的侧向力，但加工比较麻烦且耗材较多	销钉定位、螺钉紧固。结构简单，加工方便，应用普遍，但承载能力较差	上方嵌入式楔紧块。能对楔紧块起加强作用，可承受很大的侧向力	下方嵌入式紧固楔紧块。锁紧作用加强，能承受很大的侧向力	采用两个楔紧块，加强作用很大，但安装调整困难
楔角	α' $\alpha' = \alpha + (2° \sim 3°)$	在侧向抽芯机构中，楔紧块的楔角是一个重要参数。为了保证在合模时能压紧滑块，而在开模时它又能迅速脱离滑块，避免楔紧块影响斜导柱对滑块的驱动，楔角一般必须大于斜导柱的倾斜角（α）。通常取 $\alpha' = \alpha +$（$2° \sim 3°$）			

注：1. 一般不允许斜导柱起锁紧侧型芯的作用。

2. 开模时需要使楔紧块首先脱开。

（5）定位装置

定位装置如图 3—4—11 所示，其作用是在开模过程中用来保证滑块停留在刚脱离斜导柱的地方，不发生任何移动，以避免再次合模时斜导柱不能准确地插入滑块斜孔中。

定位装置的设计主要是定位装置形式的选择，相关内容见表 3—4—5。

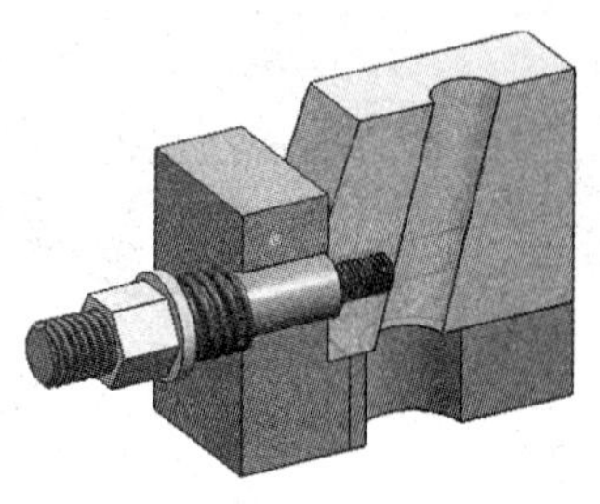

图 3—4—11　定位装置

表 3—4—5　　定位装置的结构形式

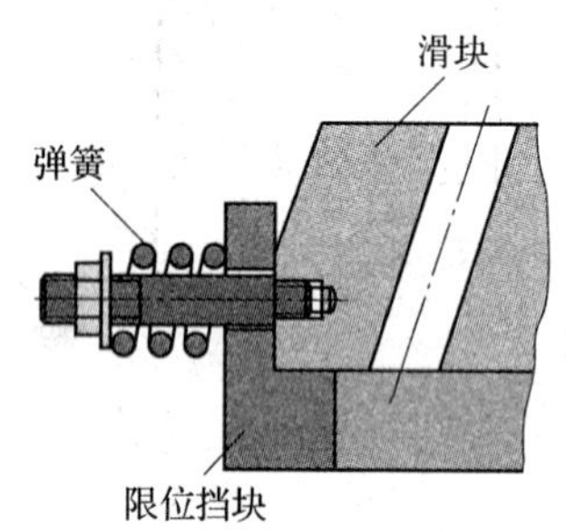	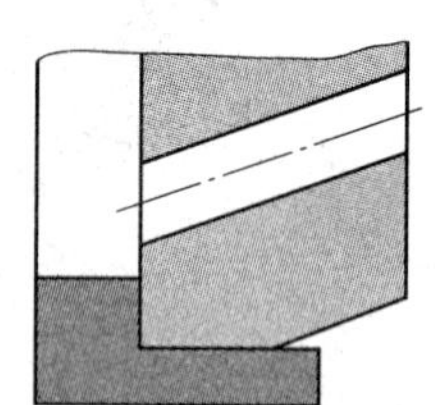
利用弹簧定位： 依靠弹簧使滑块停留在限位挡块上，适用于任何方向的抽芯动作	利用滑块自重定位： 利用滑块自重停靠在限位挡块上，适用于向下抽芯的模具
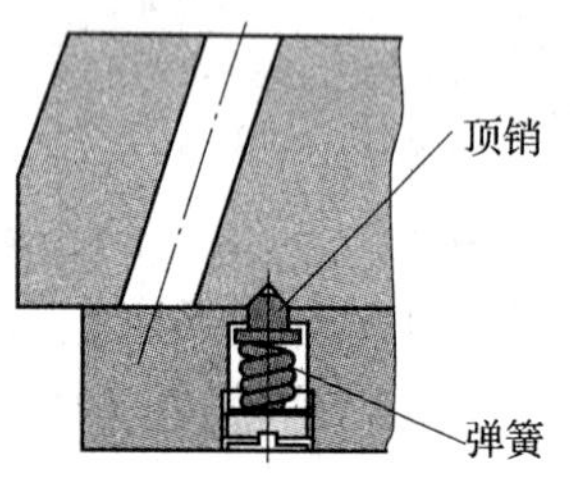	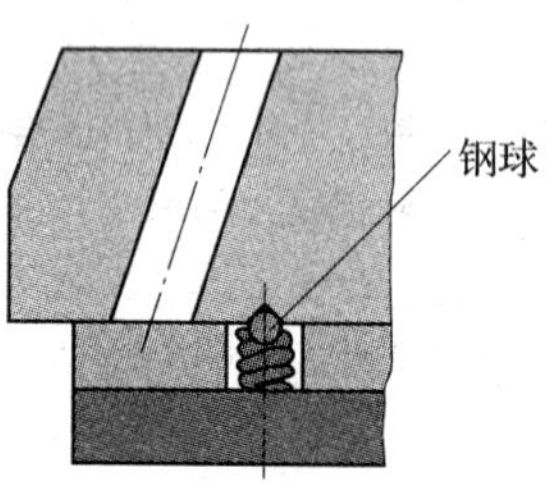
利用弹簧顶销定位和利用弹簧钢球定位： 均采用弹簧，只是安装弹簧的方法有所不同，适用于水平的侧向抽芯动作。弹簧钢丝直径一般可选 1 ~ 1.5 mm，钢球直径通常取 5 ~ 10 mm	

一般情况下，斜导柱、滑块、滑槽、楔紧块、定位装置等作为一套组件来使用，例如，MISUMI 公司的小型侧抽芯滑块组件（见图 3—4—12），这在很大程度上减少了设计和加工工作，仅需按照设计要求进行选择即可。

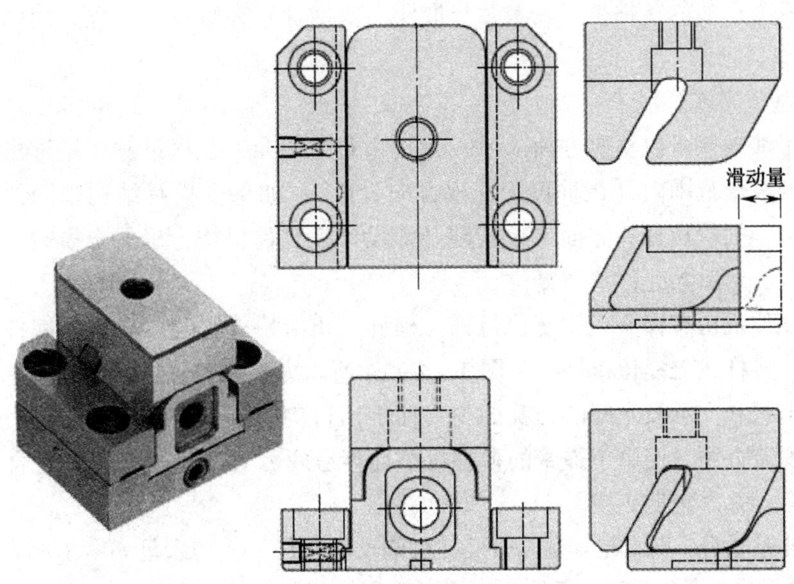

图 3—4—12 小型侧抽芯滑块组件

2. 干涉现象及其避免

(1) 干涉现象

从总体结构上来看，斜导柱侧向抽芯机构注射模有两种形式：一是斜导柱在定模、滑块在动模的结构；二是斜导柱在动模、滑块在定模的结构。

需要注意的是，对于应用非常广泛的第一种结构形式，如果采用推杆（或推管）推出机构并依靠复位杆使推出机构复位，很有可能出现滑块先于推出机构复位的现象，从而导致滑块上的侧型芯与模具中的推出零件发生碰撞，这就是所谓的干涉现象，如图 3—4—13 所示。

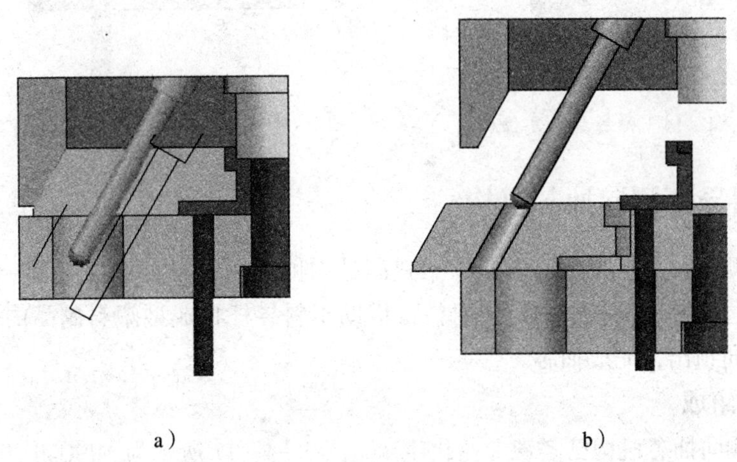

a) b)

图 3—4—13 干涉现象

a) 合模状态 b) 可能发生干涉的状态

可能发生干涉的条件是：侧型芯与推杆（或推管）在垂直于开模方向的投影发生重合。

（2）避免措施

避免干涉现象可以从两方面入手。一是只要结构允许，尽量避免把推出零件布置在侧型芯的投影范围内（在垂直于开模方向投影）；如果受模具结构限制，两者的投影必须重合，则应从另一方面考虑，即必须设计先复位机构，确保合模时，优先使推出零件复位，然后才允许滑块复位。

常用复位机构有弹簧式先复位机构、楔杆三角滑块式先复位机构、楔杆摆杆式先复位机构、连杆式先复位机构等。图 3—4—14 所示为弹簧式先复位机构，它利用安装在推杆固定板和支承板之间的弹簧的弹力使推出机构在合模之前进行复位，该机构结构简单、安装方便，但由于弹簧的弹力较小且容易疲劳失效，故一般只适合于复位力不大的场合，并需定期更换。

需要补充说明一点，在侧型芯与推杆可能干涉条件下，若满足 $h_c - S_C\cot\alpha \geqslant 0.5$ mm（见图 3—4—15），也可避免干涉，而不必采用先复位机构。其中，h_c 为在完全合模状态下，推杆端面到侧型芯的最近距离（沿开模方向）；S_C 为在垂直于开模方向的平面上，侧型芯与推杆投影在抽芯方向上的重合长度；α 为斜导柱的倾斜角。

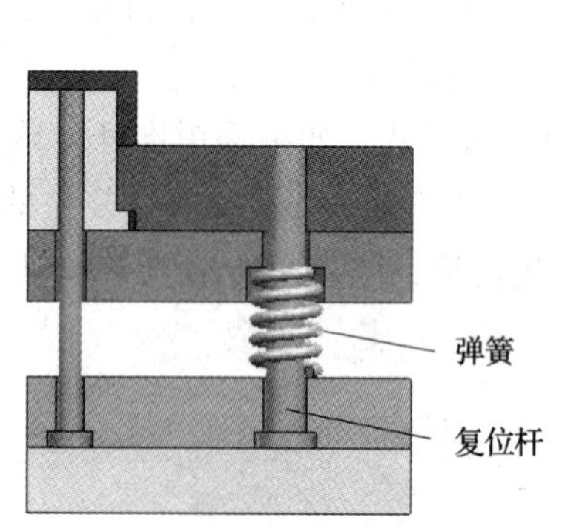

图 3—4—14　弹簧式先复位机构

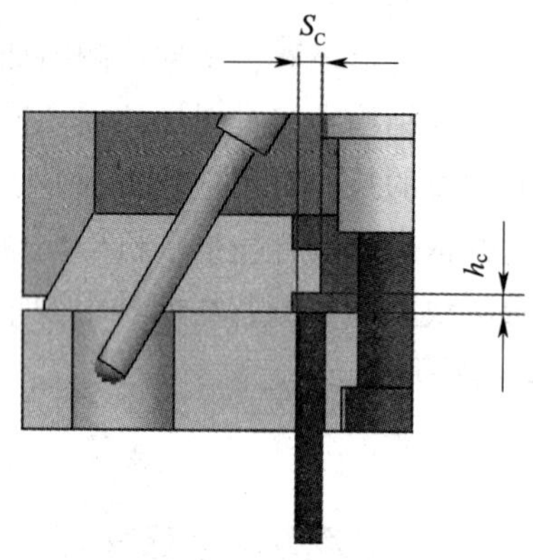

图 3—4—15　不发生干涉的条件

三、斜导杆侧向抽芯机构

斜导杆侧向抽芯机构主要适用于塑料制品内侧面抽芯场合，如图 3—4—16 所示。开模时，通过安装于推板上的机构组件，借助于斜导杆将成型塑料制品内侧面倒钩形状的型芯斜向顶出，完成抽芯。

1. 结构组成

斜导杆侧向抽芯机构已实现专业化生产，图 3—4—17 所示为 MISUMI 组件，其中包括：斜导杆、斜导杆固定座、导滑座、挡块自润滑滑板等，可根据成型制品的凹凸形状来选择。另外，斜导杆固定座可在倾斜角度范围内活动，行程量可进行调节（拆下挡块后）。

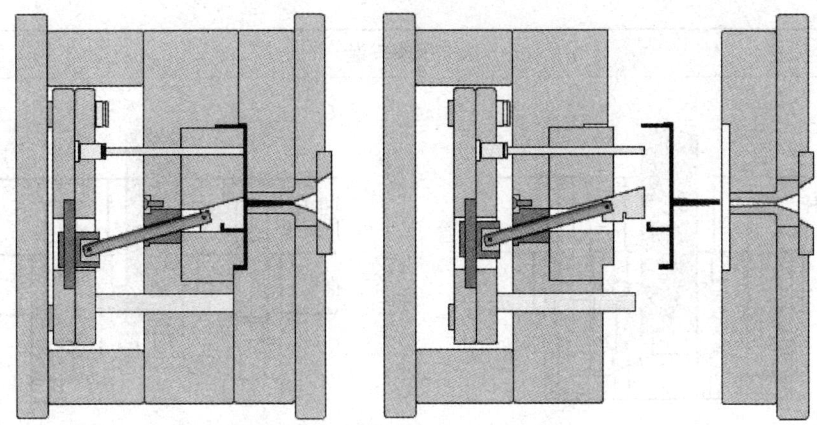

图 3—4—16　带有斜导杆侧向抽芯机构的注射模结构

图 3—4—17　斜导杆侧向抽芯机构组件及使用示意

2. 安装方式

根据使用需要，斜导杆侧向抽芯机构能从推板上下两个方向进行安装，具体方式见表 3—4—6。

表 3—4—6　　斜导杆侧向抽芯机构的安装方式

从推杆固定板侧安装

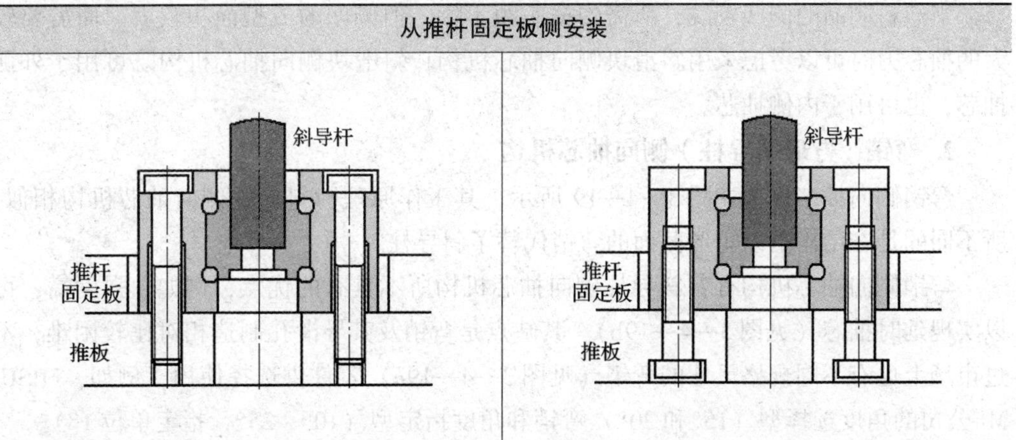

续表

从推板侧安装	
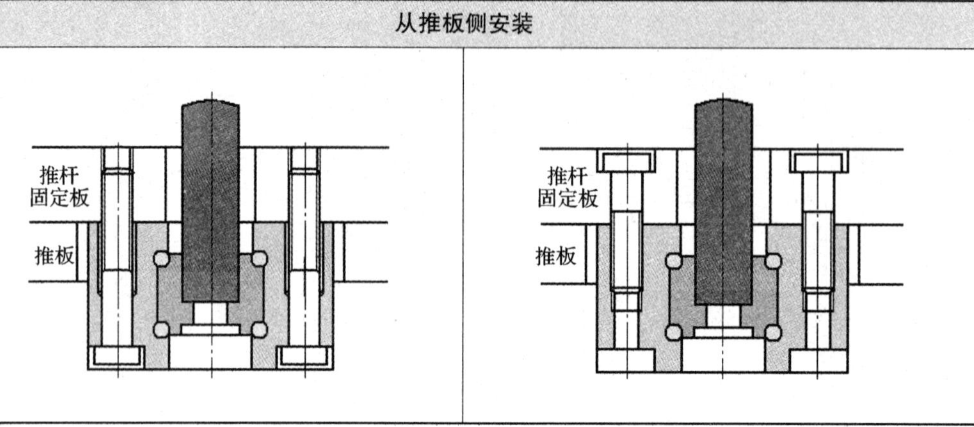	

四、其他侧向抽芯机构简介

1. 斜滑块侧向抽芯机构

斜滑块侧向抽芯机构如图 3—4—18 所示，其特点是利用推出机构的推力，驱动滑块斜向运动，在塑料制品被推出脱模的同时，由滑块完成侧向抽芯动作。

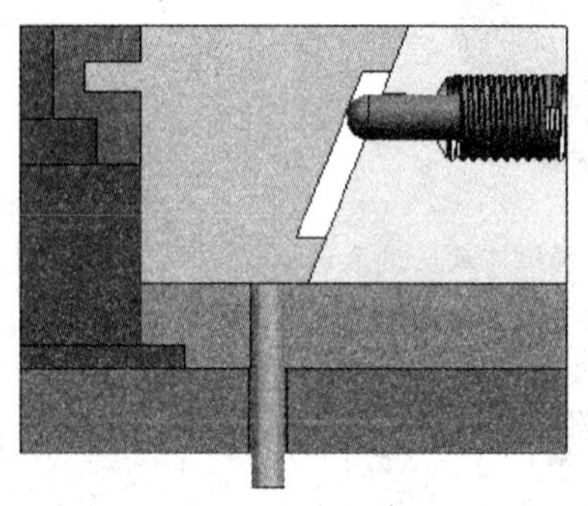

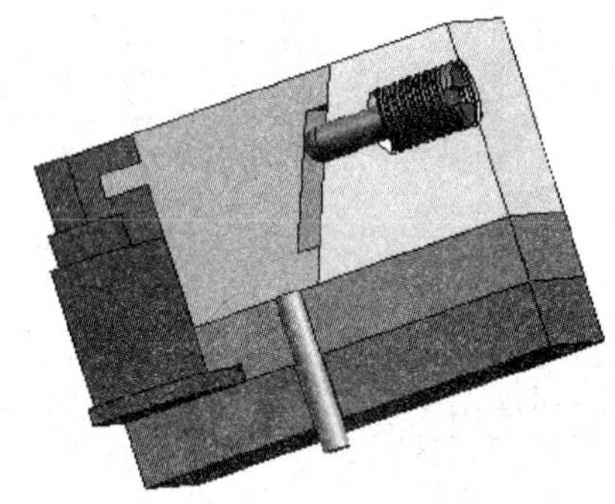

图 3—4—18　斜滑块侧向抽芯机构

当塑料制品的侧凹较浅，所需的抽芯距不大，但侧凹的成型面积较大，而需要较大的抽芯力时可以考虑采用斜滑块侧向抽芯机构。斜滑块侧向抽芯机构既可用于外侧抽芯，也可用于内侧抽芯。

2. 弯销（方形斜导柱）侧向抽芯机构

弯销侧向抽芯机构如图 3—4—19 所示，其工作原理与斜导柱侧向抽芯机构相似，所不同的是在结构上以矩形截面的弯销代替了斜导柱。

弯销侧向抽芯机构有着斜导柱侧向抽芯机构所不具有的优点，例如，强度高，可以实现延时抽芯（见图 3—4—19b）。其缺点是弯销及其导滑孔制造相对比较困难，不过市场上也有不同规格尺寸的弯销（见图 3—4—19c）零件供选择使用，例如，MISUMI 公司的角度选择型（15°和 20°）弯销和角度指定型（10°～25°，指定单位 1°）。

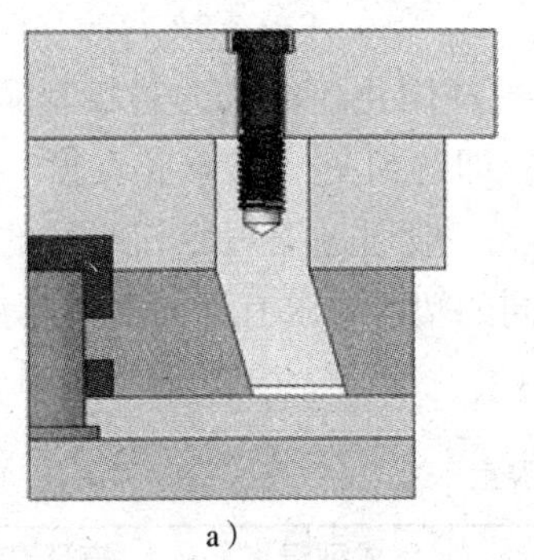
a）

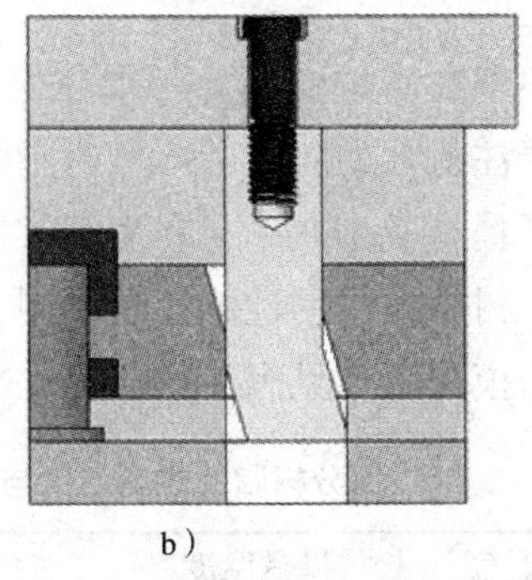
b）

c）

图 3—4—19　弯销侧向抽芯机构

另外，还有斜导槽抽芯机构、齿轮齿条侧向抽芯机构、液压或气动侧向抽芯机构等，相关内容可查阅有关资料。

第五节　温度调节系统设计

塑料制品成型过程中，模温及其波动影响制品的收缩、变形、强度、应力、表面质量等。模温过高，成型收缩率大，脱模后制品变形大，并且容易造成溢料和粘模；模温过低，塑料熔体流动性变差，塑料制品轮廓不清晰，甚至不能充满型腔；模温不均匀，型芯、型腔温差过大，会导致制品收缩不均匀，引起变形，影响形状和尺寸精度。所以，模具中应设置温度调节系统，通过对模具温度的控制，使塑料制品有良好的质量和较高的生产效率。

通常，为防止塑料制品的高温分解，注射成型时不要求有太高的模温，模具温度低时只要注射几次就可以将模具温度提高，因此，在中小型注射成型模具上一般可不设加热系统，而只需设置冷却系统，如图 3—5—1 所示。

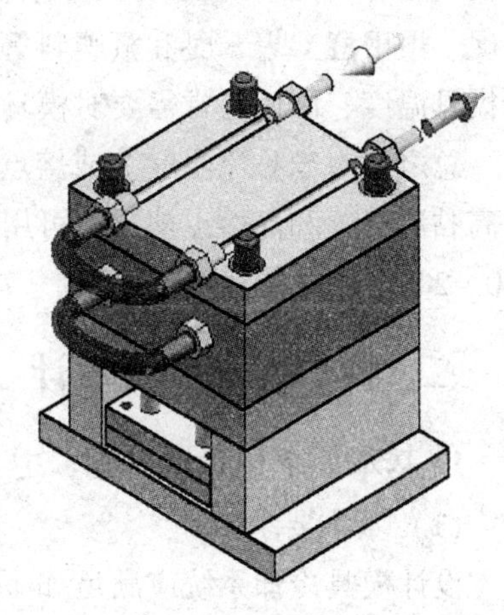

图 3—5—1　注射模冷却系统模型

一、模具温度调节系统概述

1. 功能

为了满足塑料制品的成型要求，注射模具温度调节系统应具备如下功能：使型腔、型芯的温度保持在规定的范围之内，并保持均匀的模具温度，以便成型工艺得以顺利进行；使塑料制品尺寸稳定、变形小、表面质量高、物理和力学性能好。

2. 温度要求

注射入模具中的热塑性熔融树脂，必须在模具内冷却固化才能成为塑料制品，所以，模具温度必须低于注射入型腔内的熔融树脂温度，即达到 T_g（玻璃化温度）以下的某一温度范围。为了提高成型效率，在生产实际中，一般通过缩短冷却时间的方法来缩短成型周期。由于树脂本身的性能特点不同，不同的塑料要求有不同的模具温度。部分树脂的成型温度与模具温度见表 3—5—1。

表 3—5—1　　部分树脂的成型温度与模具温度　　℃

树脂名称	成型温度	模具温度	树脂名称	成型温度	模具温度
LDPE	190 ~ 240	20 ~ 60	PS	170 ~ 280	20 ~ 70
HDPE	210 ~ 270	20 ~ 60	AS	220 ~ 280	40 ~ 80
PP	200 ~ 270	20 ~ 60	ABS	200 ~ 270	40 ~ 80
PA6	230 ~ 290	40 ~ 60	PMMA	170 ~ 270	20 ~ 90
PA66	280 ~ 300	40 ~ 80	硬 PVC	190 ~ 215	20 ~ 60
PA610	230 ~ 290	36 ~ 60	软 PVC	170 ~ 190	20 ~ 40
POM	180 ~ 220	60 ~ 120	PC	250 ~ 290	90 ~ 110

对于黏度低、流动性好的塑料，如聚乙烯、聚丙烯、聚苯乙烯、聚酰胺等，因成型工艺要求模温不太高，常用水对模具进行冷却，有时为了进一步缩短冷却时间，也可以使用冷凝处理后的冷水进行冷却。对于黏度低、流动性差的塑料，如聚碳酸酯、聚砜、聚甲醛、聚苯醚和氟塑料等，为了提高充型性能，考虑到成型工艺要求有较高的模具温度，因此经常需要对模具进行加热。

总之，对于黏流温度 T_f或熔点 T_m较低的塑料，一般需要用冷水对模具冷却，而对于高黏流温度和高熔点塑料，可用温水进行模温控制。对于热固性塑料，模温要求在 150 ~ 200℃，必须对模具加热。

二、模具冷却系统设计

1. 基本要求和设计原则

（1）基本要求

设计模具冷却系统应满足如下基本要求：实现温度调节系统的功能；根据塑料品种、成型方法及模具尺寸大小，正确确定模温的调节方法；尽量做到结构简单、加工方便、成本低廉。

（2）设计原则

设置冷却效果良好的冷却水路是缩短制品成型周期、提高生产效率的最有效方法。如果不能实现均匀、快速冷却，则会使塑件内部产生应力从而导致产品变形或开裂，故应根据制品形状、壁厚及塑料品种，设计与加工出能实现均匀、快速冷却的冷却系统。所以，快速冷却、冷却均匀、加工简单是冷却系统设计应遵循的基本原则。

2. 常见结构形式及设计要求

(1) 常见结构形式

由于塑料制品形状各异，冷却水路的结构形式也不相同。注射模具中常见冷却水路的形式有直通式、平面回路式、隔板式、喷流式等，如图 3—5—2 所示。

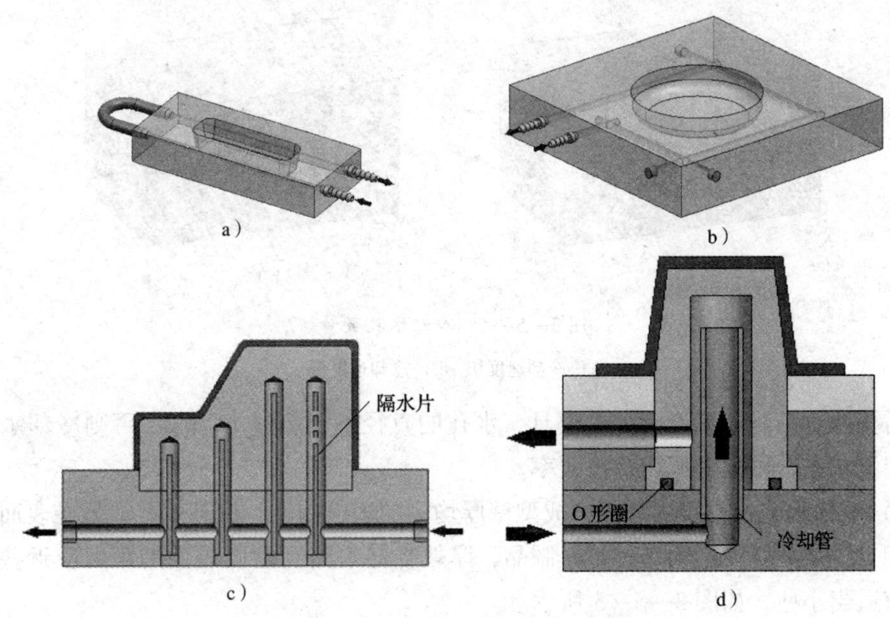

图 3—5—2 冷却水路形式

a）外部直通式 b）平面回路式 c）隔板式 d）喷流式

外部连接的直通式水路最为简单，它采用水管接头和橡胶管将模内管道连接成单路或多路管道，这种形式加工方便，适合较浅的型腔；平面回路式也适合较浅的型腔，特别是圆形型腔；对于较高的拱形制品，采用隔板式水路可取得很好的冷却效果；喷流式冷却水路则用于带有嵌件的型芯冷却。其中，隔水片、冷却管、O 形圈、止水塞等冷却相关零件如图 3—5—3 所示。

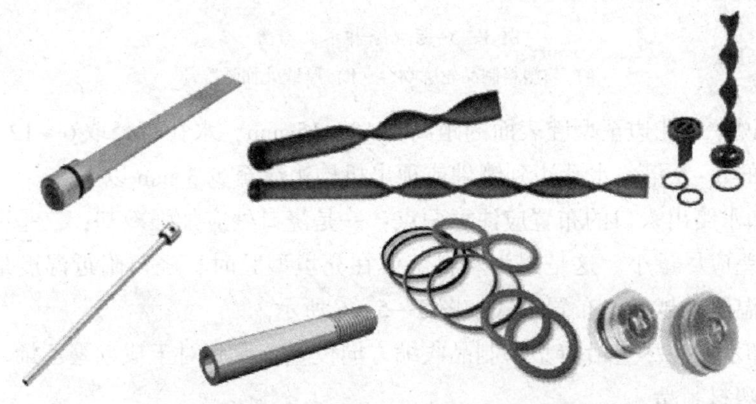

图 3—5—3 各种隔水片、冷却管、O 形圈和止水塞

（2）设计要求

冷却系统设计时，通常应满足下列要求：

1）在满足冷却所需的传热面积和模具结构允许的前提下，冷却水孔的数量应尽可能多，水孔直径应尽可能大，如图 3—5—4 所示。

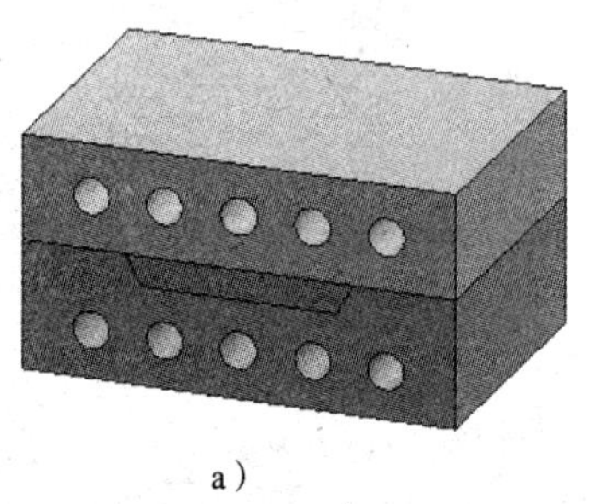
a）

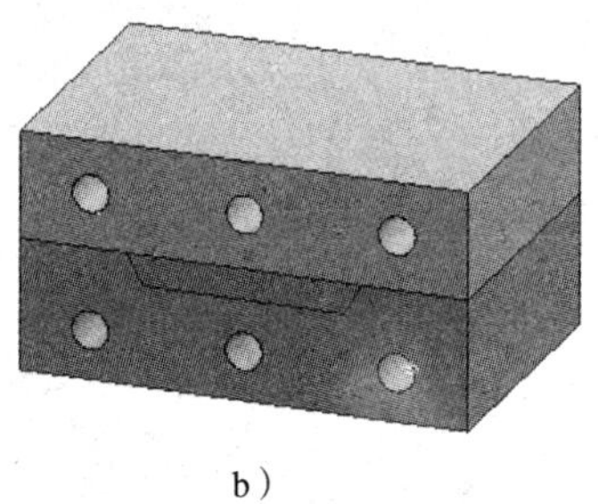
b）

图 3—5—4　冷却水孔数量

a）冷却速度快　b）冷却速度慢

需要注意的是，无论多大的模具，水孔的直径不要超过 14 mm，否则冷却水难以成为湍流状态，以致降低热交换效率。

2）冷却水孔的布置应合理，成型壁厚均匀的塑料制品，冷却水孔离型腔表面的距离应相等；成型壁厚不均匀的塑料制品，厚处冷却水路到型腔表面的距离应近些，间距也应适当小些，如图 3—5—5 所示。

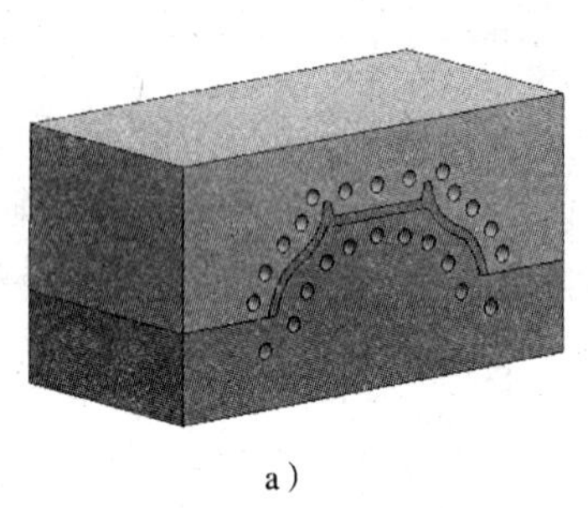
a）

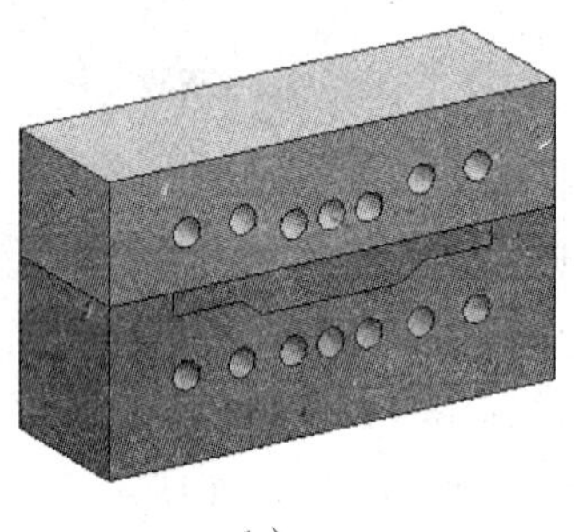
b）

图 3—5—5　冷却水孔布置

a）与塑料制品轮廓吻合　b）厚壁处加强冷却

一般来说，水孔边至型腔表面的距离为 10 ~ 15 mm，水孔直径取 6 ~ 12 mm，孔距最好为孔径的 3 ~ 5 倍，水孔边到镶件或顶出机构边缘至少 3 mm 以上。

3）冷却水路出入口的布置应注意两点：一是浇口处应加强冷却；二是冷却水路的出、入口温差应尽量小。这是因为塑料熔体在充填型腔时，浇口附近温度最高，距离浇口越远，温度就越低，布置形式如图 3—5—6 所示。

4）冷却水路应尽量沿着塑料制品收缩方向设置，尤其对于成型聚乙烯、聚丙烯等收缩率大的塑料制品。

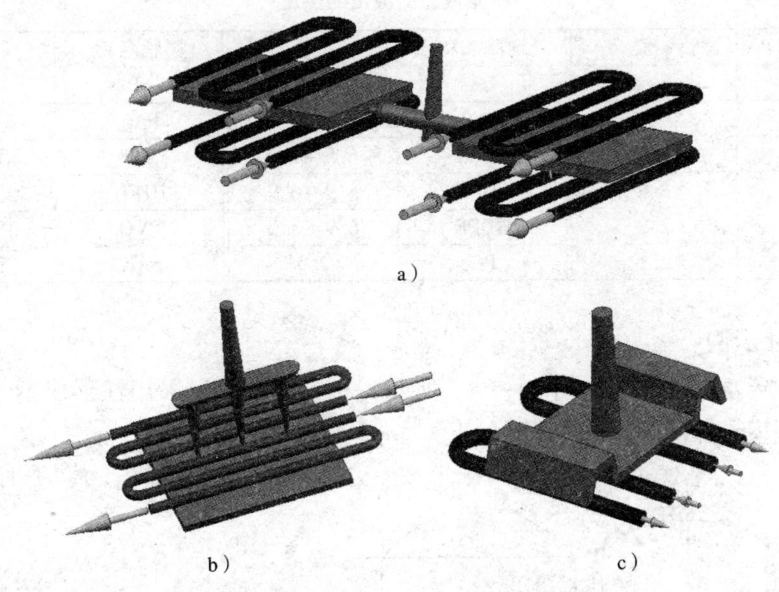

图 3—5—6 冷却水路出入口布置形式

a）侧浇口 b）多点浇口 c）直接浇口

5）冷却水路的布置应避开塑料制品易产生熔接痕的部位，这是因为塑料制品易产生熔接痕处本身温度就比较低，如果再在此处设置冷却水路，会加剧熔接痕的产生。

6）冷却水孔通过镶件时，应加密封圈防止漏水。

7）冷却水孔应避免与其他零件发生干涉。

8）冷却水孔边距离顶杆孔边、镶件孔边、螺纹孔边等应不小于 5 mm。

3. 冷却水体积流量的计算

塑料制品成型时，塑料树脂将释放出相应的热量，这些热量将通过塑料制品周围的介质以传导、对流、辐射等形式进行扩散。假如释放的热量全部由冷却水进行传导，即忽略其他传导因素，则模具所需的冷却水体积流量可由下式进行计算：

$$q_v = \frac{mnq}{60\rho c(t_1 - t_2)}$$

式中 q_v——冷却水体积流量，mm^3/min；

m——每次注射入模具内的树脂质量，kg；

n——每小时注射次数；

q——单位质量树脂在模具内释放的热量（见表 3—5—2），J/kg；

c——冷却水的比热容，J/（kg·℃）；

ρ——冷却水的密度，kg/m^3；

t_1——冷却水出口处温度，℃；

t_2——冷却水入口处温度，℃。

表 3—5—2　　树脂成型时放出的热量　　10^5 J/kg

树脂名称	q 值	树脂名称	q 值	树脂名称	q 值
ABS	3 ~ 4	CA	2. 9	PP	5. 9
AS	3. 35	CAB	2. 7	PA6	5. 6
POM	4. 2	PA66	6. 5 ~ 7. 5	PS	2. 7
PAVC	2. 9	LDPE	5. 9 ~ 6. 9	PTFE	5. 0
丙烯酸类	2. 9	HDPE	6. 9 ~ 8. 2	PVC	1. 7 ~ 3. 6
PMMA	2. 1	PC	2. 9	SAN	2. 7 ~ 3. 6

4. 设计示例

某防护罩塑料制品，如图 3—5—7 所示，材料为 ABS，采用注射成型工艺生产，其注射成型模具温度调节系统设计如下。

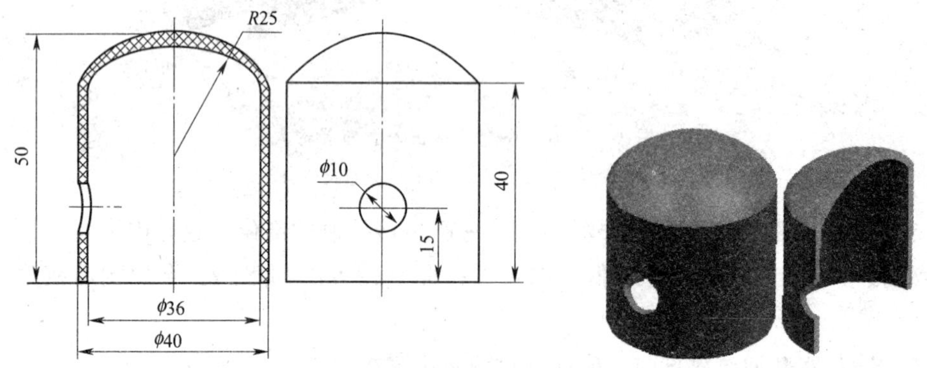

图 3—5—7　防护罩塑料制品图样

（1）冷却水体积流量计算

根据成型需要，设定成型模具平均工作温度为 40℃，采用 20℃的水作为成型模具的冷却介质，其出口温度为 30℃，每次注射塑料质量 0. 36 kg，注射成型周期为 60 s，即每小时注射 60 次。

查表 3—5—2，取 ABS 注射成型固化时单位质量放出热量为 3.5×10^5 J/kg。

冷却水的体积流量计算结果为 3×10^{-3} m^3/min。

（2）冷却系统结构设计

该塑料制品成型模具的冷却包括两部分：型芯冷却和型腔冷却。

1）型腔冷却水路。根据冷却系统设计的基本原则，考虑到热交换效率，将型腔冷却水路直径取为 10 mm，并将其开设在定模板上，数量为两条，间距为 70 mm，如图3—5—8 所示。

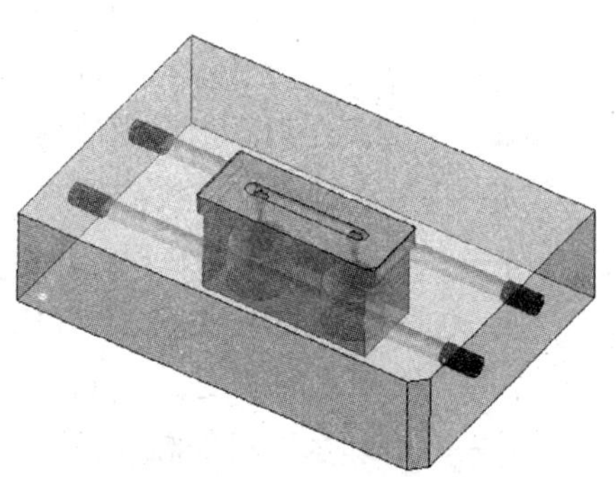

图 3—5—8　型腔的冷却设计

2）型芯冷却水路。对于型芯冷却水路，根据成型塑料制品的结构特点，设计时，在型芯

（镶件）内部开设 ϕ16 mm 的冷却水孔，并在中间用隔水片隔开，且型芯与支承板间采用密封圈进行密封，如图 3—5—9 所示。

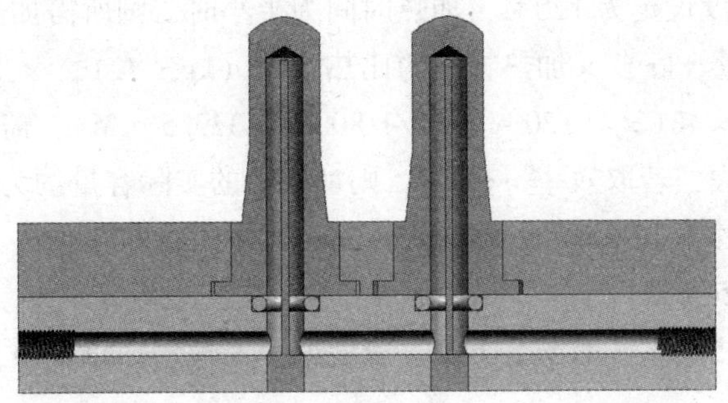

图 3—5—9 型芯的冷却设计

冷却时，冷却水通过支承板上的 ϕ10 mm 的冷却水孔进入，沿着隔水板的一侧上升到型芯的上部，绕过隔水片，流入另一侧，再流回支承板上的冷却水孔内，进行第二个型芯的冷却，最终流出模具。根据需要，可采用不同类型的隔水片（见图 3—5—10），甚至可以采用螺旋隔水片来提高冷却效率。

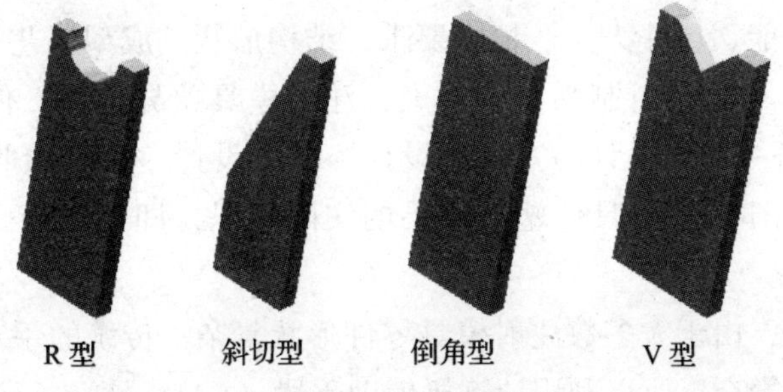

图 3—5—10 不同类型的隔水片

三、加热系统简介

当注射模具型腔表面温度要求控制在 90 ~ 200℃时，广泛采用筒式加热器进行温度控制，如图 3—5—11 所示。该结构不仅简便，并能在短时间内升温。

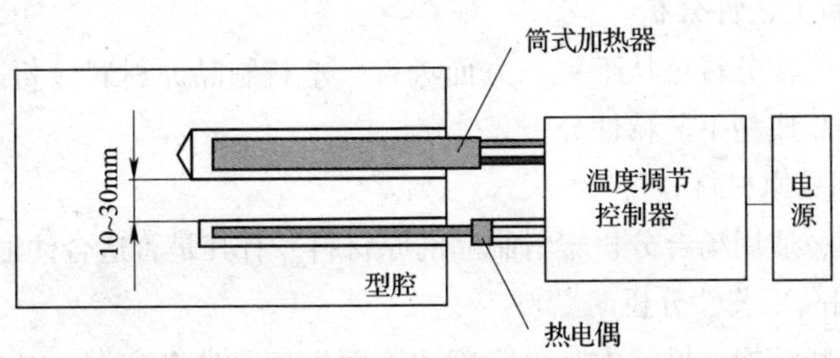

图 3—5—11 筒式加热器温度控制系统结构

采用筒式加热器加热方案时，需计算所需加热器热容量，并选择筒式加热器外径、长度和输出功率数，还要确定加热器根数等。例如，某模具加热部分质量为 130 kg，气温 20℃，模具温度设定为 120℃，加热时间为半小时，则所需加热器容量（M）为：M = 加热物体的质量（kg）×加热物体的比热［J/（kg·℃）］×上升温度（℃）/加热时间（s）=130×461×（120－20）/1 800≈3 329.5（M），需要指出的是，以上计算未考虑热量损失，若取效率 $\eta=0.5$，则加热器的实际容量约为 6 659（W）。若选用加热器的外径尺寸为 12 mm，长度为 250 mm，功率为 1 300 W，则所需加热器个数约为 6 659/1 300≈5（根）。

筒式加热器及相关零件的安装方法、安装要求及使用注意事项，可查阅相关资料，不再赘述。

第六节　注射模具设计流程

注射模设计是根据塑料制品要求而进行的一项综合运用有关基础知识的技术工作，它与制品的材料性能、尺寸大小、精度要求、结构形状、成型工艺、成型设备、生产规模等紧密关联。尽管塑料制品差别很大，注射模具差异也大，但在设计思路和设计流程（设计准备→初步设计→零部件设计→总体设计→调试验收）上存在着共同规律，根据这些规律，结合具体塑料制品的实际情况，即可设计合理、经济的注射模。

需要指出的是，由于大多数注射模具零件形状复杂，传统的手工设计周期长，模具图的绘制也非常繁杂，所以利用计算机辅助手段（CAD）来进行注射模具结构设计已成必然。

一、设计准备

设计准备阶段即进行注射模设计的前期工作。应在充分了解塑料制品用途及技术要求的前提下，进行成型工艺性分析，成型工艺设计，并进行型腔数量及布局的确定。

1. 塑料制品工艺性分析

塑料制品工艺性分析可从下列三方面进行：塑料制品原材料分析、塑料制品工艺性分析、塑料制品成型工艺特性分析。

（1）塑料制品原材料分析

从使用性能、适用场合分析塑料制品的原材料，看其是否适合注射成型。

（2）塑料制品工艺性分析

从制品的形状结构、尺寸大小、精度和表面质量要求等方面，对采用的成型工艺和模具结构的适应程度进行分析，并得出分析结论。

（3）塑料制品成型工艺特性分析

根据注射成型要求，完成塑料制品材料成型工艺特性分析，并给出模具设计建议。

2. 塑料制品成型工艺设计

塑料制品成型工艺设计包括以下工作内容：塑料制品体积和质量计算、压力机的初步选用、成型工艺参数的确定。

（1）塑料制品体积和质量计算

根据成型塑料制品零件图样，通过计算或利用 CAD 软件获得塑料制品体积和质量。例如，采用 UG 或 CAXA 等进行制品实体建模，获取制品体积数据；通过查阅并设置制品材料密度，获取制品质量数据。

（2）压力机的初步选用

根据生产规模，考虑塑料制品外形尺寸，结合生产厂家设备情况等因素，初步选用注射机（如螺杆式），查得有关技术规范及特性，供模具设计用。

（3）注射工艺参数的确定

塑料制品成型时，其工艺参数的确定不可忽视，主要包括成型温度、成型压力和成型时间等。根据制品材料，查得有关成型工艺参数。当然，这些参数在试模时可做适当修改。

3. 型腔数量及布局

单型腔注射模具有塑料制品形状和尺寸一致性好、成型工艺条件容易控制、模具结构紧凑、制造成本低、制造周期短等优点，而多型腔注射模具可以提高塑料制品成型效率，降低塑料制品整体成本。

按照注射机的额定注射量或按照注射机的锁模力，可以进行型腔个数的确定。当采用多型腔结构方案时，还应进行型腔布局，并尽量采用平衡式布局。

二、初步设计

注射模初步设计主要涉及有关的工艺计算和模具结构布局设计，它通常包括下列内容：分型面选择及浇注系统设计、成型零件结构设计及工作尺寸计算、推出机构和温度控制系统设计。必要时，还要进行侧向抽芯机构的设计。

1. 分型面确定及浇注系统设计

（1）分型面选择

根据分型面的确定原则，并考虑型腔在分型面上的投影面积的大小应避免接近或超过所选用注射机的最大成型面积，即可进行塑料制品注射模分型面的确定。

（2）浇注系统设计

浇注系统设计合理与否，直接影响塑料制品的外观、性能、精度及成型周期等。

1）主流道设计。根据主流道设计原则，结合所选注射机喷嘴尺寸及主流道与喷嘴的关系，进行主流道设计。通常，主流道设计成圆锥状，并将其单独设计成主流道衬套（浇口套）镶入定模板内，或采用标准件。

2）分流道设计。根据分流道设计原则，结合制品的具体情况，进行分流道设计。尽量考虑采用便于加工的分流道，如半圆形截面分流道等。

3）浇口设计。根据浇口设计原则，结合塑料制品的具体结构，并尽量考虑开模时自动切断浇口，实现浇注系统凝料与塑料制品的分离。当然，试模时浇口可进行必要的修正。

4）冷料阱设计。为避免成型过程中的前锋冷料进入型腔，浇注系统设计时还应考虑冷料阱的设计。开设冷料阱时，注意其位置，并考虑开模时将浇注系统凝料一并拉出。

2. 成型零件结构设计及工作尺寸计算

（1）成型零件结构设计

根据成型制品结构，考虑节省模具用钢材料及加工制造等因素，选择合适的成型零件结构形式（如组合式结构）、安装方式、材料及热处理等。

（2）工作尺寸计算

成型零件的工作尺寸对应着成型制品的相应尺寸，计算时，可根据制品尺寸有无标注公差分为两类进行。当然，对于复杂形状的塑料制品，成型零件的工作尺寸通常通过设计软件自动获取。

3. 推出机构和温度控制系统设计

（1）推出机构设计

根据推出机构的选择原则，考虑到制品的结构特点及产品要求，进行推出机构设计，并考虑推出机构的复位。

采用推杆推出时，尽可能选择圆形推杆截面。这样既可以保证推出动作灵活可靠，又便于推杆损坏后的更换，并可考虑采用标准件。

（2）温度控制系统设计

一般来说，对于没有高温要求的注射成型模具，无须设置加热系统，而应设置冷却系统。

三、零部件设计

注射模零部件设计是指模具标准件的选用、模具非标准零件的设计。

1. 模具标准件的选用

就标准件而言，通常包括通用标准件及模具专用标准件。通用标准件如紧固件等；模具专用标准件如定位圈、浇口套、推杆、推管、导柱和导套、模具专用弹簧、冷却及加热元件，紧密定位组件、开模控制零件等。

由于标准件可在市场上购得，设计模具时，应尽可能选用标准件，这对缩短模具设计、制造周期，降低模具设计、制造成本都极其有利。

2. 模具非标准零件的设计

注射模中的非标准零件主要包括成型零件中的型芯、型腔、电极（铜公）、镶块、镶件、抽芯部分的镶件、滑块、斜导柱、斜楔及其他相关的加工零件。所以，非标准零件是零部件设计的重点。

四、总体设计

注射模总体设计包括下列工作：标准模架的选用与校核、模具图样的绘制。

1. 模架的选用与校核

（1）模架的选用

模具设计时，模架的结构形式直接影响模具的导向与定位机构、推出（脱模）机构、浇注系统等形式。所以，必须根据制品对各系统的要求选择合适的模架。作为注射模基础部件的模架已经标准化。根据需要，可以选用相应的系列。

（2）主要尺寸校核

模架主要尺寸校核的目的，在于检验所选模架与注射机之间的关系，包括闭合高度校核、开模空间（行程）和顶出机构校核及安装校核等，如不合适需重新选择注射机。

1）闭合高度校核。模具设计时，应使模具的总厚度（闭合高度）在注射机可安装模具最大厚度（最大闭合高度）与最小厚度（最小闭合高度）之间。例如，某模具闭合高度为250 mm，注射机最小闭合高度为200 mm，注射机最大闭合高度为300mm，则闭合高度满足条件。

2）开模空间和顶出机构校核。注射机的开模空间（行程）是有限的，成型时，制品从模具中取出时所需的开模距离必须小于注射机的最大开模距离。

开模行程一般可分为两种情况：一是当注射机采用液压、机械联合作用的锁模机构时，最大开模行程由连杆机构的最大行程决定，并不受模具厚度的影响，即与模具厚度无关；二是当注射机采用全液压式锁模机构时，最大开模行程等于动模板与定模板之间的最大开距减去模具厚度，即注射机最大开模行程与模具厚度有关。开模行程和顶出机构的校核方法见表3—6—1。

表3—6—1　　开模行程和顶出机构校核

模具类型及图例	注射机类型	要求
H_1　H_2　5～10 单分型面	最大开模行程与模具厚度无关	$S \geqslant H_1 + H_2 +$（5～10）mm S——注射机最大开模行程，mm H_1——塑料制品脱模距离（型芯高度），mm H_2——包括流道凝料在内的塑料制品高度，mm
	最大开模行程与模具厚度有关	$S \geqslant H_m + H_1 + H_2 +$（5～10）mm H_m——模具厚度，mm

续表

模具类型及图例	注射机类型	要求
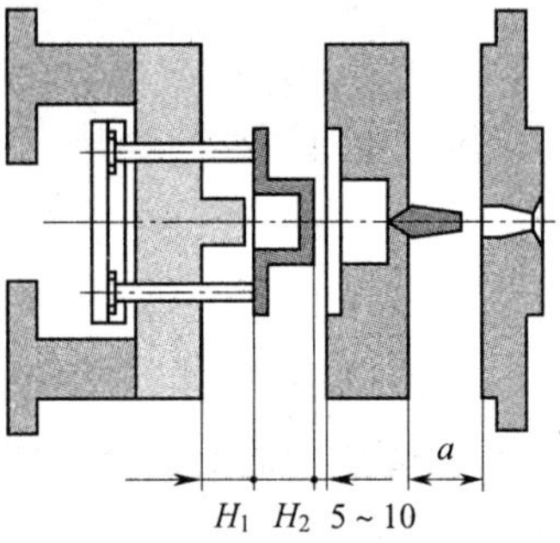 双分型面	最大开模行程与模具厚度无关	$S \geqslant H_1 + H_2 + a +$（5～10）mm a——中间板与定模板之间分开的距离，mm
	最大开模行程与模具厚度有关	$S \geqslant H_m + H_1 + H_2 + a +$（5～10）mm
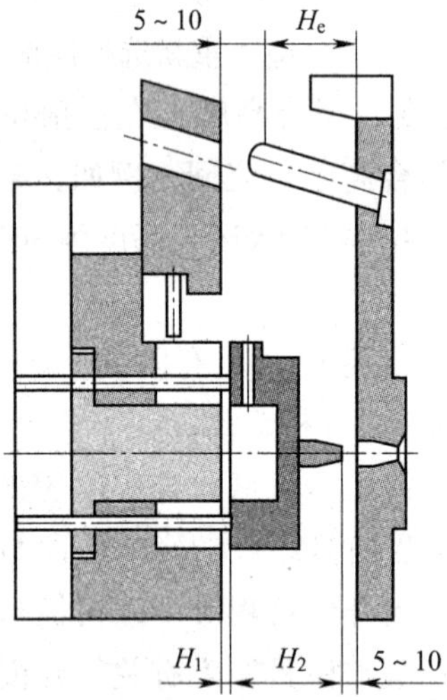 斜导柱侧向抽芯分型	最大开模行程与模具厚度无关	当抽芯高度 $H_e > H_1 + H_2$ 时， $S \geqslant H_e +$（5～10）mm 当抽芯高度 $H_e < H_1 + H_2$ 时， $S \geqslant H_1 + H_2 +$（5～10）mm （如果注射机最大开模行程与模具厚度有关时，注射机的最大开模行程应在以上两式右端加上 H_m）

3）安装校核。模具设计时，应校核模具的外形尺寸，确保模具能从注射机拉杆之间装入。例如，某模具外形尺寸为 400 mm×260 mm，所选注射机拉杆空间为 260 mm×290 mm，显然，注射机所提供的模具安装空间不足，应重新选择。

2. 模具图样的绘制

模具图样的绘制包括模具装配图的绘制及非标准零件图的绘制。

（1）装配图的绘制

在绘制模具装配图的过程中，应对已设计的浇注系统、冷却系统、推出脱模机构、抽芯机构（如果有）等做进一步的协调和完善，使模具结构更趋完美。

1）装配图内容。装配图的重点是表达各零件之间的装配关系及相对位置，模具装配图的绘制必须遵循“机械制图”国家标准。一张完整的注射模装配图应具有的内容见表 3—6—2。

表 3—6—2　　完整注射模装配图应具有的内容

内容	说明
一组图形	用来表示模具的构造、工作原理、零件间的装配、连接关系及主要零件的结构形状
必要的尺寸	用来表示模具装配整体的规格或性能，以及装配、安装、检验、运输等方面所需要的尺寸 1. 性能（规格）尺寸：这类尺寸标明模具装配图中零件的性能和规格大小，如 M12×50 等 2. 特征尺寸（定位圈直径、高度，注射机推杆所对应的推杆孔位置等） 3. 装配关系尺寸：这类尺寸标明模具中相关零件之间的装配关系，如配合尺寸、配合代号和主要孔距尺寸等 4. 极限尺寸（活动零件的起止位置） 5. 安装尺寸：标注这类尺寸是为了将该模具安装到注射机上 6. 总体尺寸：这类尺寸是指模具的总长、总宽和总高。它反映模具的总体大小
零件编号	为了便于读图和图样管理，应将组成模具的所有零件（包括标准件）进行统一编号。相同的零件编一个序号，一般只标注一次。序号应注写在视图外明显的位置上。具体规定如下： 1. 序号的字号应比图上数字的尺寸大一号或两号。一般从被标注零件的轮廓内用细实线画出指引线，在零件一端画圆点，另一端画水平细实线或细实线圆 2. 直接将序号写在指引线附近，这时的序号应比图上尺寸数字大两号 3. 当指引线所指零件很薄，或为涂黑的剖面而不便画圆点时，可用箭头代替圆点，箭头直接指在该部件的轮廓线上 4. 指引线不要相互交叉、不要与剖面线平行，必要时允许画成一次折线 5. 对于一组零、部件，可按图 3—6—1 所示的形式引注 6. 序号应按顺时针（或逆时针）方向整齐地顺次排列。如在整个图上无法连续时，可只在每个水平或垂直方向顺次排列 7. 在编写序号时，要尽量使各序号之间距离均匀一致
标题栏	用来填明模具的名称、绘图比例、质量和图号、设计者、校对者、工艺者、审核者、批准者姓名和设计单位信息等
明细表	用来记载模具非标准件的名称、序号、材料、数量及标准件的规格、标准代号等。明细表一般绘制在标题栏上方，明细表的填写，应按编号顺序自下而上地进行。位置不够时，可在与标题栏毗邻的左侧延续，但应尽可能与右侧对齐。图 3—6—2 所示为装配图上标题栏和明细表采用的格式之一
技术要求	用文字或代号说明模具在装配、检验、调试时需达到的技术条件和要求及使用规范等。一般包括：对模具在装配、检验时的具体要求；关系模具关键件性能指标方面的要求；安装、运输及使用方面的要求；有关验收项目的规定等

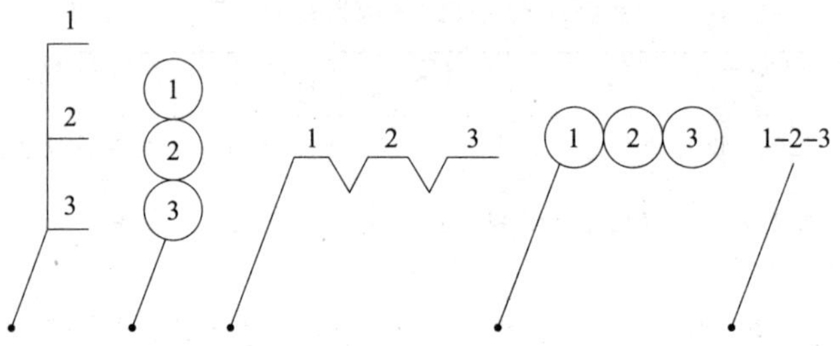

图 3—6—1　一组零、部件序号的引注

<table>
<tr><td></td><td colspan="2"></td><td></td><td colspan="2"></td><td colspan="2"></td></tr>
<tr><td>序号</td><td colspan="2">名　　称</td><td>数量</td><td colspan="2">材　　料</td><td colspan="2">备　注</td></tr>
<tr><td colspan="3" rowspan="2">（图　　名）</td><td>比例</td><td></td><td colspan="3" rowspan="2">（图　号）</td></tr>
<tr><td>件数</td><td></td></tr>
<tr><td>制图</td><td></td><td></td><td>质量</td><td></td><td colspan="2">共　张</td><td>第　张</td></tr>
<tr><td>描图</td><td></td><td></td><td colspan="5" rowspan="2">（单　位　名）</td></tr>
<tr><td>审核</td><td></td><td></td></tr>
</table>

图 3—6—2　装配图上的标题栏和明细表格式

2）装配图布局。为了方便识读，注射模装配图应有合理的布局，如图 3—6—3 所示。绘制时，一般以三个视图为主（简单的可用两个或一个视图）。一个是动模、定模合模状态下的主剖视图，可表达模具各零件间的装配关系。一个是动模或定模分型面的投影视图，一般可表达型腔数量及布局，浇口位置，导柱、推杆等零件的布置情况。一般采用动模分型面的投影视图，当分型面上定模侧形状较复杂时，可采用定模分型面的投影视图。当零件数量较多，装配关系较复杂时，可再采用一个动模、定模合模状态下的左剖视图。当用上述三个视图还不能完整、清楚表达各零件间的装配关系时，还可再增加一些局部视图。

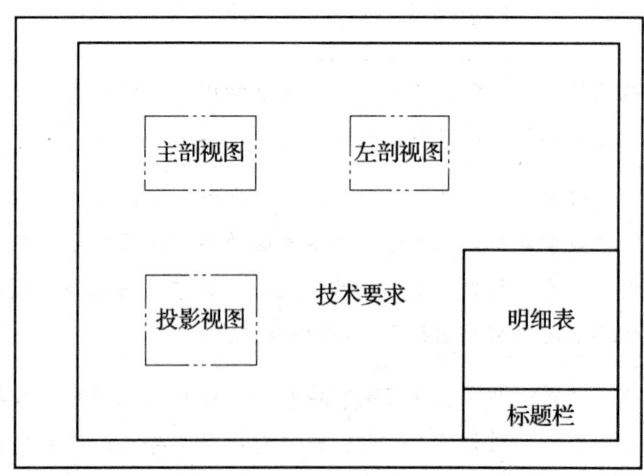

图 3—6—3　注射模装配图布局

(2) 非标准零件图的绘制

对于非标准零件，必须绘制其零件图。绘制零件图时，要把零件的每一部位都表达清楚。尺寸标注应考虑加工和检验的方便，齐全而不重复。零件图上应注写技术要求，技术要求包括：尺寸精度、表面质量、几何公差、表面镀涂层、零件材料、热处理要求以及加工、检验要求等。有的可直接用符号注写在图样上（如尺寸公差、表面质量、几何公差），有的可用文字注写在图样下方。

五、调试验收

严格意义上讲，模具设计工作应在用户验收合格后才真正结束。调试验收工作在模具加工完成的基础上进行，涉及的内容包括：试模材料检查及模具装配检查，试件质量检查，试模过程记录等，具体内容参见相关课程，常见注射成型塑料制品的缺陷及原因分析可参见教材附录五。

第七节 注射模 CAD 及模流分析

传统的注射模设计是一项十分烦冗的工作，不仅要依赖设计者的经验，还要借助大量的公式，工作周期长，有些差错还可能导致无法挽回的后果。注射模 CAD 技术（软件）的应用，模流分析软件的使用，从根本上改变了传统的注射模具设计方法，显著缩短了模具设计与制造时间，减少了对模具工作者经验和技艺的依赖，提高了模具设计的质量。

注射模 CAD 软件的主要功能在于辅助设计人员完成注射模具结构设计和注射模具零件设计，其大致工作流程如图 3—7—1 所示。

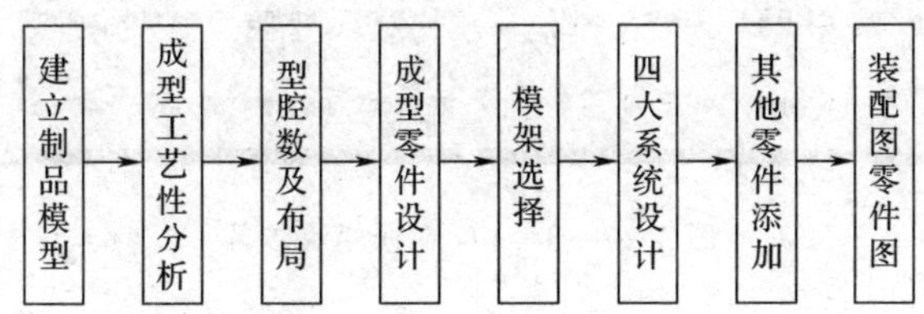

图 3—7—1 注射模具 CAD 大致工作流程

目前常用的注射模具 CAD 软件有 Pro/E、UG、SolidWorks 等，其中也包括模流分析模块。另外，还有一些专用的模流分析软件，如 Moldflow、Moldflow Plastics Insight 等。

一、注射模 CAD 软件 UG

1. UG 及其组成模块

UG 是一款功能强大的 CAD/CAM/CAE 软件，它采用了人们熟悉的 Windows 界面

（见图 3—7—2），以参数化和特征技术建模，广泛应用于通用机械、模具、家电、汽车及航空领域。UG 为设计人员提供了良好的设计环境，具有模具知识的初学者，经过一定时间的学习就可进行模具设计。

图 3—7—2　UG NX8 软件窗口界面

UG 软件是一个庞大的系统，由众多模块组成，主要包括基本模块、建模模块、注射模设计模块、工程图模块、装配模块、钣金模块、冲压模设计模块、加工模块等，如图 3—7—3 所示。

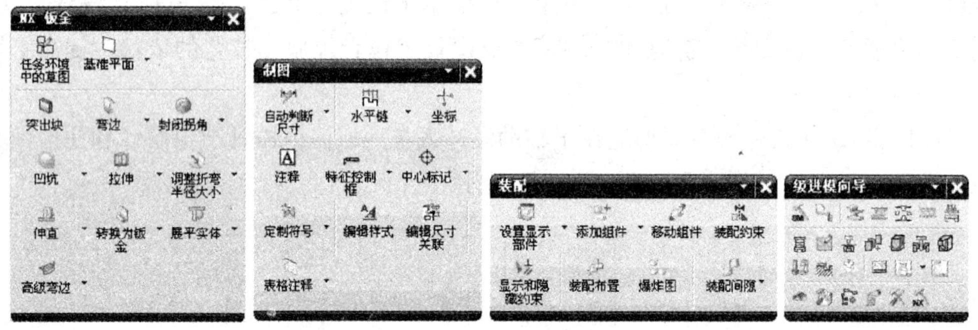

图 3—7—3　UG 部分模块工具

2. 部分模块说明

（1）建模模块

建模模块包括 UG 实体建模、UG 特征建模和 UG 自由曲面建模。UG 实体建模模块提供了草图绘制、曲线生成、编辑、布尔运算、扫掠实体、旋转实体、沿导轨扫掠、尺寸驱动、定义、编辑变量及其表达式等工具；UG 特征建模模块提供了各种标准设计特征的生成和编辑，如各种孔、键槽、矩形、圆形、异形、凸台、圆柱、方块、圆锥、球体、管道、倒圆、倒角、抽壳、拔模、特征编辑、删除、压缩、复制、粘贴、特征引用、阵列等工具；UG 自由曲面建模模块包括直纹面、扫描面、通过曲线组、曲线网格、等半径和变半径倒圆、曲面桥接、等距和不等距偏置、曲面裁剪、编辑、点云生成等工具。

（2）工程图模块等

UG 工程图模块提供了自动视图布置、剖视图、各向视图、局部放大图、局部剖视图、尺寸标注、形位公差标注、表面粗糙度（表面结构）标注、注释、明细表生成等工具。

另外，UG 装配模块提供了自顶而下和自下而上的产品开发模式。UG 加工模块则为用户提供了模具零件数控加工自动编程、线切割加工自动编程等加工环境，如图 3—7—4 所示。

图 3—7—4　加工环境

3. UG 注塑模向导

UG 注塑模向导是针对注射模具设计的一个过程应用，它将型腔和模架库的设计统一到一个关联的设计过程中，为设计模具的型腔、型芯、滑块、顶出装置和嵌件提供了高级建模工具。

通过 UG 软件进行注射模具设计时，首先需要建立一个 UG 文件格式的塑料制品几何模型，然后调用如图 3—7—5 所示的 UG “注塑模向导” 模块来进行注射模具的设计工作。

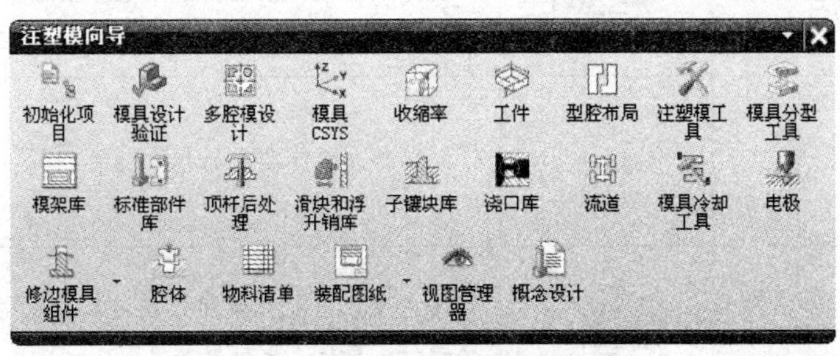

图 3—7—5　UG 注塑模向导

注塑模向导为用户提供了二十多个工具（按钮），注射模设计可以围绕这些工具（按钮）进行，它们的主要功能见表3—7—1。

表3—7—1　　注射模向导工具（按钮）功能

序号	工具名称	工具图标	功能介绍
1	项目初始化	初始化项目	加载需要进行模具设计的产品零件模型，并设置这个设计项目的单位、存放路径等
2	多腔模设计	多腔模设计	在一个模具中生成多个塑料制品的型芯和型腔
3	模具坐标	模具CSYS	指定模具设计中使用的坐标系，该坐标系用于设置模具的顶出方向和电极进给方向等，以便合理地设计模具。通常+ZC为塑料制品的顶出方向
4	收缩率	收缩率	用于补偿塑料制品由液态塑料凝固成固态制品而产生的收缩的一个比例因子
5	工件	工件	用来加工成模具型芯和型腔的一定尺寸的模坯
6	型腔布局	型腔布局	设置型腔的数量和位置
7	注塑模工具	注塑模工具	为顺利完成分模而对产品模型进行的各种操作，包括修补各种孔、槽以及修剪修补块等
8	模具分型工具	模具分型工具	创建分型线、分型面和型芯、型腔等
9	模架库	模架库	提供符合实际要求的标准模架
10	标准部件库	标准部件库	模具设计中，提供用于固定、导向等标准组件，包括螺钉、导柱、定位环等

续表

序号	工具名称	工具图标	功能介绍
11	顶杆后处理	顶杆后处理	提供开模时将制成塑件顶出型腔的器件
12	滑块和浮升销库	滑块和浮升销库	用于设计抽芯滑块装置
13	子镶块库	子镶块库	用于设计成型细长形状，或者难以加工部位的镶块结构
14	浇口库	浇口库	用于浇口的设计
15	流道	流道	用于流道的设计
16	模具冷却工具	模具冷却工具	用于冷却系统的设计
17	电极	电极	用于需要采用电火花等特种加工用电极（俗称铜公）的设计
18	修边模具组件	修边模具组件	将型芯或者型腔表面上的镶块或其他标准件修剪去除
19	腔体	腔体	在型芯或型腔上需要安装标准件的区域建立空腔并且留出间隙
20	物料清单	物料清单	根据模具的装配状态产生的与装配信息有关的模具部件列表，即明细表
21	装配图纸	装配图纸	根据实际工艺需要，创建出模具工程图

4. UG 注射模设计流程

运用注塑模向导设计注射模具的过程与通常的模具设计过程相似，同样需要遵循模具设计的一般规律，其基本流程见表 3—7—2。

表 3—7—2　　运用 UG 注塑模向导进行注射模具设计的基本流程

基本流程	说明或图示
制品建模	在 UG 中建立制品三维实体模型 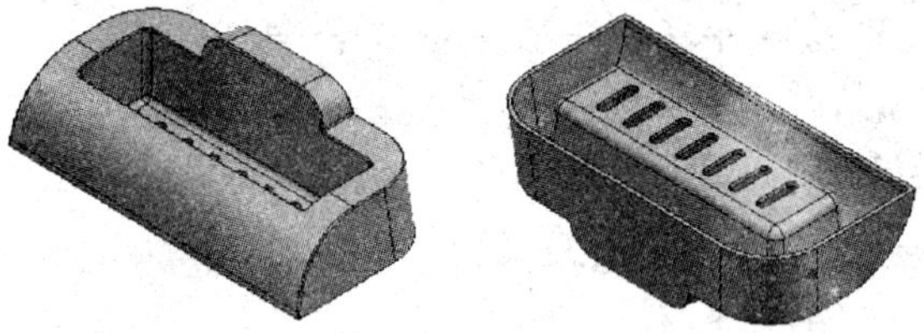
产品分析与修改	检测、分析制品结构有无问题，若不便于模具成型应进行修改
产品放缩水及排位	通过多方位观察，考虑制品在模具上的摆放
定义模具坐标方位、确定毛坯（模仁）尺寸	确定模仁长度、宽度和高度，为后面的分模做准备 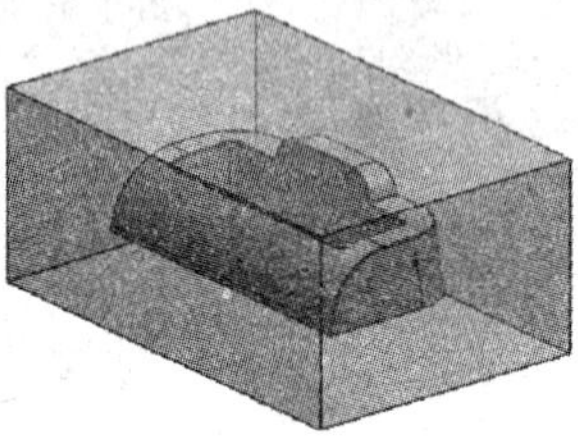
破孔修补	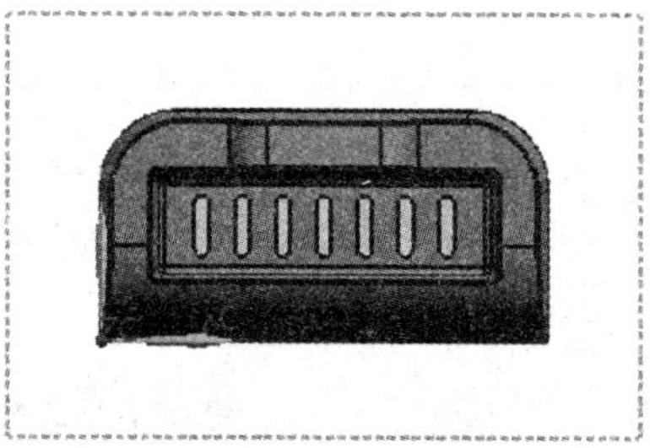

续表

基本流程	说明或图示
定义分型线、分型面；生成型芯、型腔	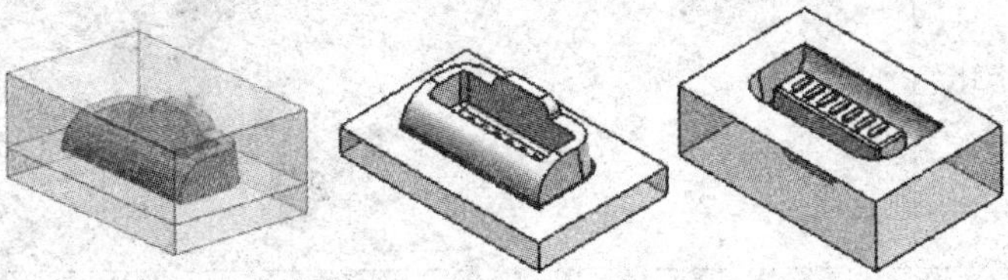
加入模架	根据模仁大小及制品结构，确定模架类型、型号及规格尺寸 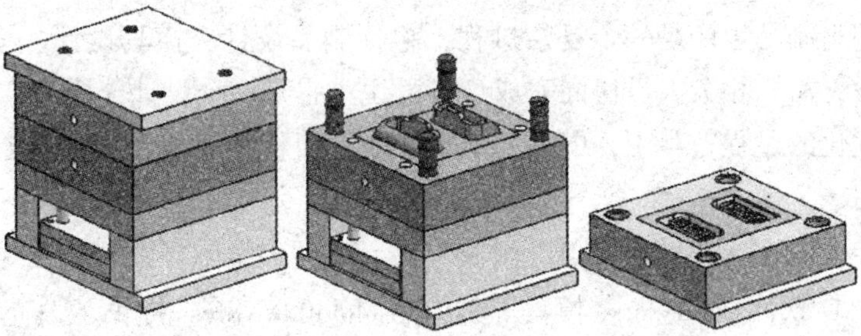
添加顶出装置、滑块、镶件等	根据产品结构需要进行 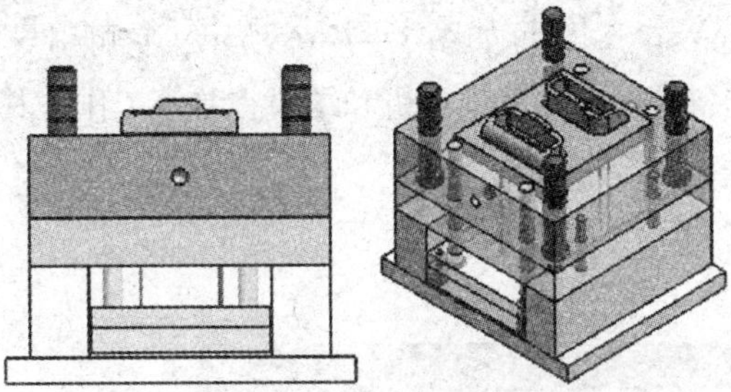
完成浇注系统、冷却系统设计	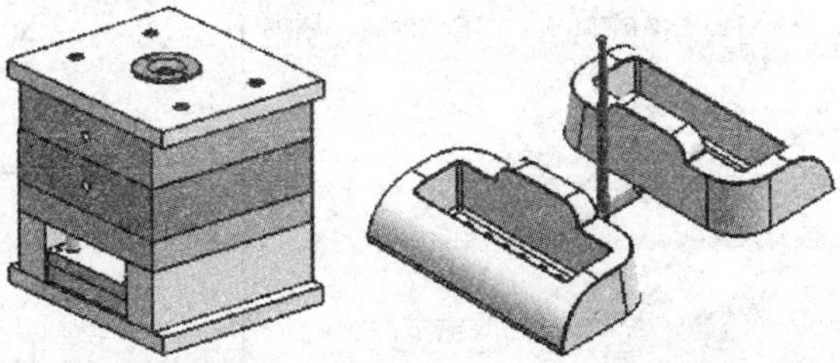

续表

基本流程	说明或图示
添加标准件	根据需要进行，设计其他辅助零部件，如弹簧、限位钉（垃圾钉）、吊钩等
生成模具工程图样和明细表	完成模具总装图及相关零件图的绘制

二、模流分析

塑料制品生产是一个复杂过程，包括制品设计、模具设计、模具制造和注射生产等阶段，需要相关人员协同完成。可以说，它是一个设计、修改、再设计的反复迭代、不断优化的过程。其中，模具的填充性能是塑料注射成型模具设计的基本问题，也是关键问题。

1. 初级流动模拟

CAD 软件 SolidWorks 模具工具中的 MoldflowXpress 提供了填充性能初级解决方案。作为一个初级的塑料制品设计检验工具，MoldflowXpress 可根据制品模型的几何形状和尺寸、材料特性、注射温度、浇口位置等对塑料制品及其模具进行分析，并允许用户执行塑料流动模拟，帮助用户选出合适的注射点。

“MoldflowXpress”对话框如图 3—7—6 所示，它可引导用户完成浇注位置确定、材料类型选择、工艺条件设定、模型分析和结果查看等工作，其使用流程如图 3—7—7 所示。

图 3—7—6 “MoldflowXpress”对话框

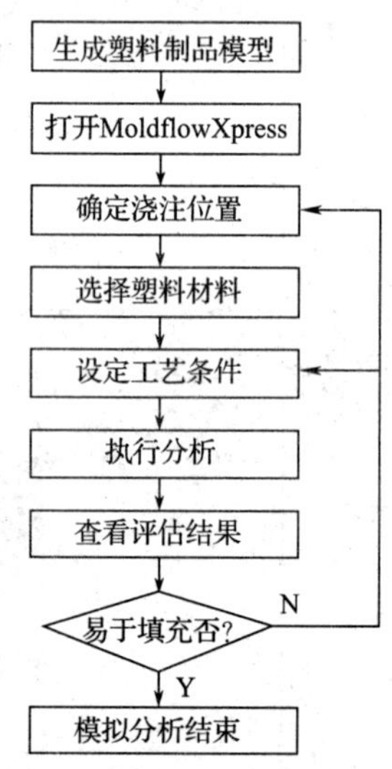

图 3—7—7 MoldflowXpress 使用流程

数码相机面壳制品模型 MoldflowXpress 分析过程见表 3—7—3。

表 3—7—3 数码相机面壳制品模型 MoldflowXpress 分析过程

项目	操作说明
生成模型	在 SolidWorks 软件中生成塑料制品模型，或者打开一个已生成的塑料制品模型 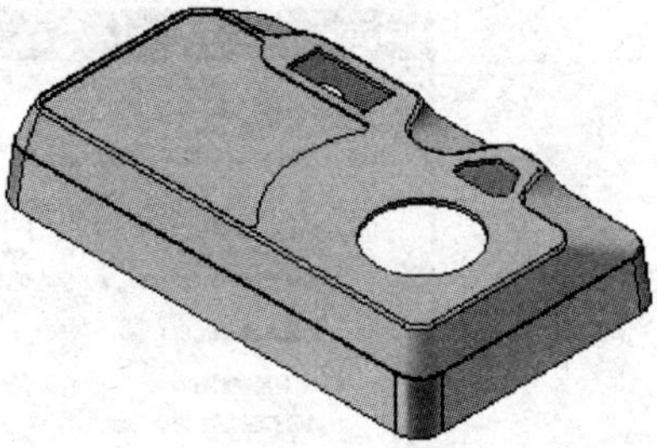
打开分析工具	选择菜单“工具”→“MoldflowXpress”，或者单击“模具工具”中按钮
确定浇注位置	单击“注塑”标签，根据系统提示，指定一注射位置 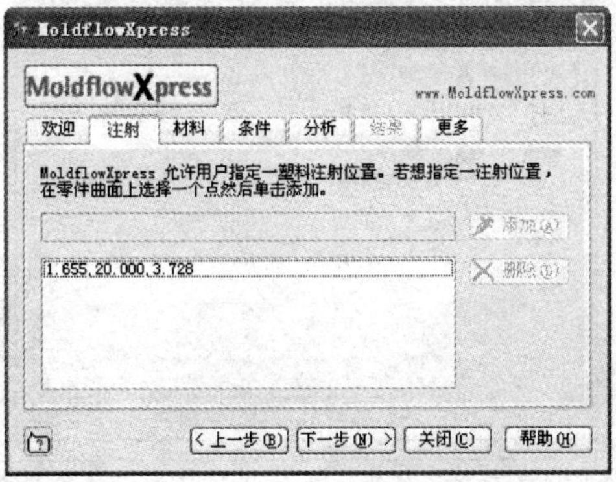 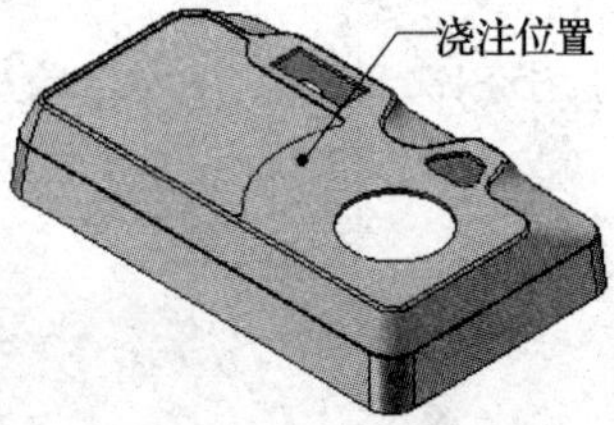
选择塑料材料	单击“材料”标签，从材料清单中选择相应材料。MoldflowXpress 材料库中提供 20 多种塑料材料供用户选用 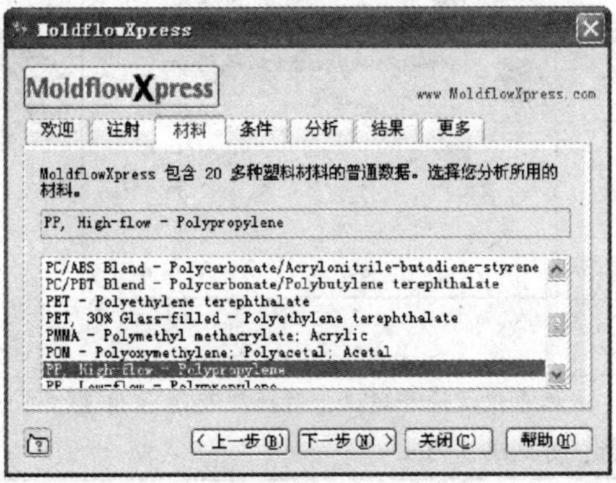

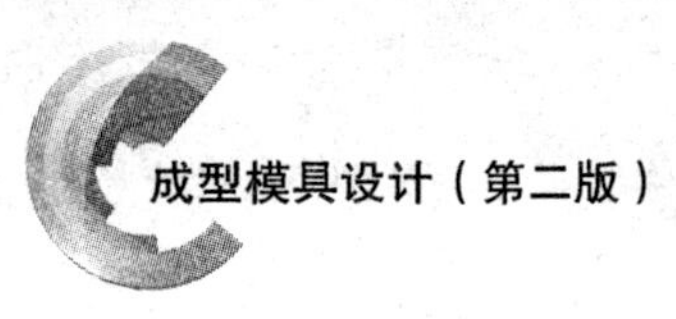

续表

项目	操作说明
设定工艺条件	系统自动根据所选择的塑料材料指定工艺条件。单击“熔化温度”或“铸模温度”文本框可输入温度新值。根据需要，可以取消选择“自动注射时间”选项，即激活“所指定的注射时间”文本框，并输入一个新值 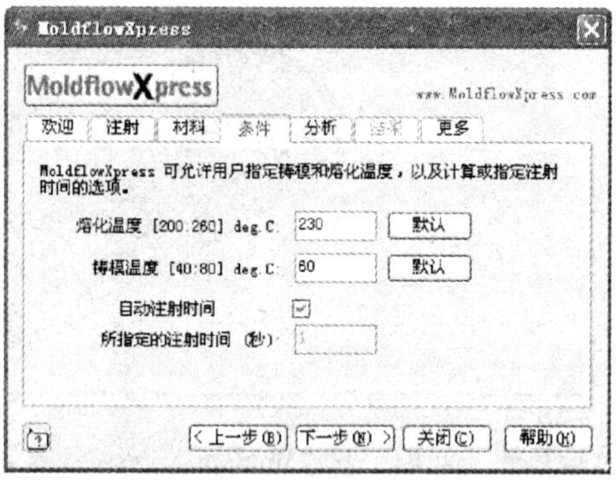
执行分析	单击“分析”标签，单击“运行”按钮，系统开始分析评估塑料填充到模型中的情况 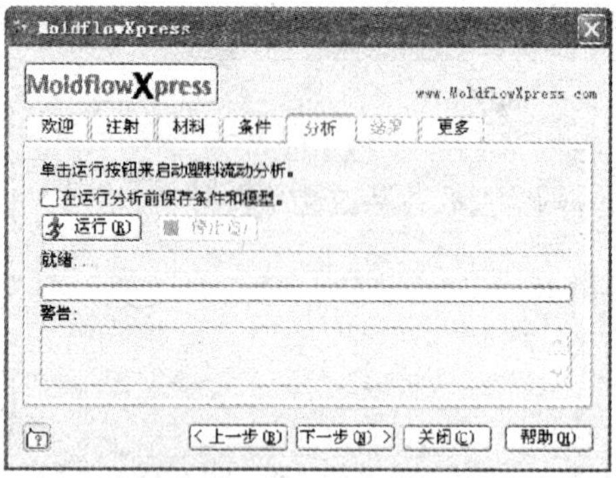
查看评估结果	单击“结果”标签，显示分析结果。系统提供了塑料填充过程的动画，以帮助用户直观了解塑料填入型腔时的流动情况 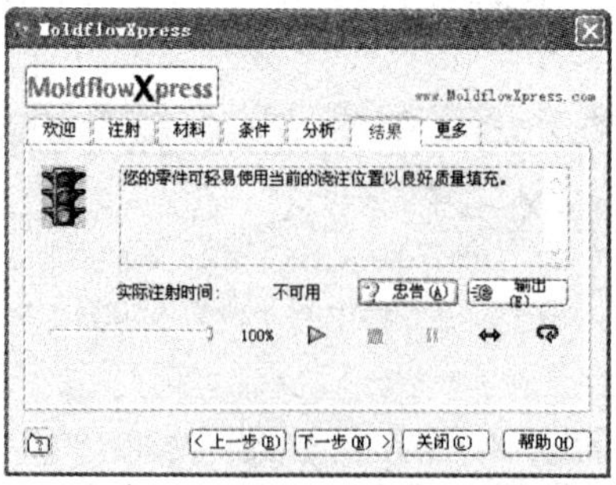 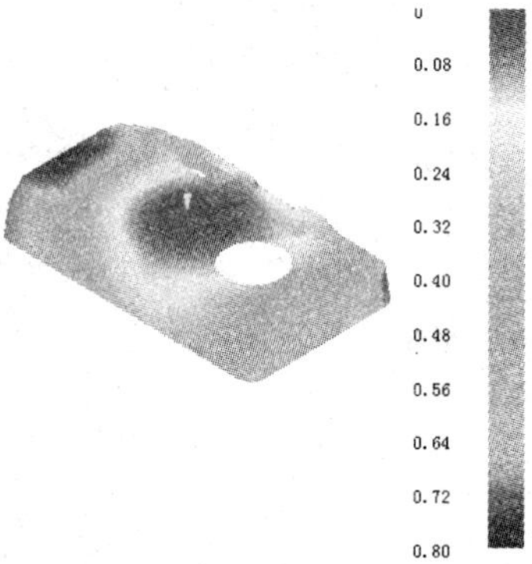
更改设计 再次执行	依据系统结论和建议，对模型及浇注位置、工艺条件等进行改进，再次执行分析，直到满意为止

2. 专业模流分析

专业模流分析软件的问世，为模具的填充性能提供了更为完善的解决方案。专业模流分析的结果对产品设计、模具设计与制造以及注射生产具有更为准确的指导意义，并将提高现代模具设计与制造从业人员的技术水平，提高企业的竞争力。如图 3—7—8 所示为专业模流分析软件 Moldflow Plastics Insight6. 1 的操作界面窗口。

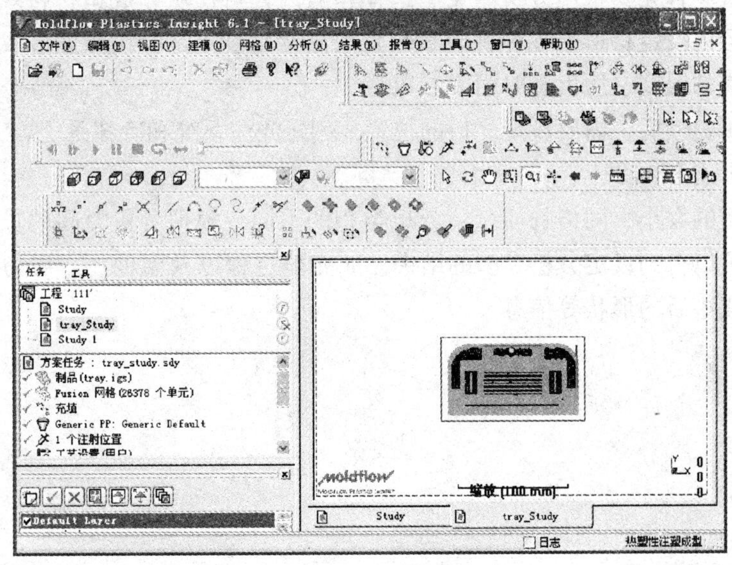

图 3—7—8 Moldflow Plastics Insight 6. 1 操作界面

对于注射成型制品进行模流分析包括三个主要步骤：第一，建立网格模型；第二，设定工艺参数；第三，模拟分析结果。其中，建立网格模型和设定分析参数属于前处理范围，模拟分析结果为后处理，其分析流程如图 3—7—9 所示。

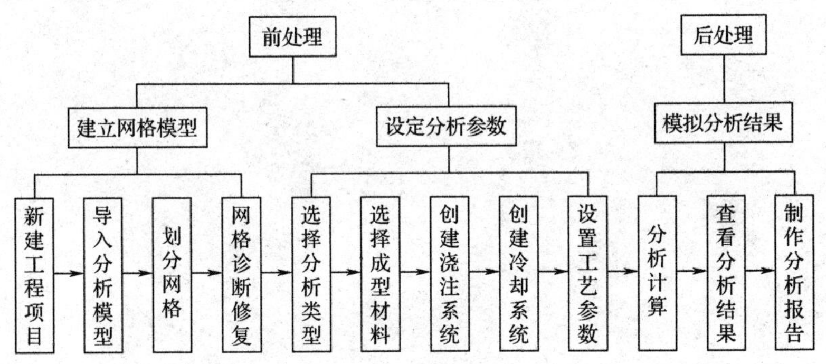

图 3—7—9 模流分析流程

（1）建立网格模型

建立网格模型包括：新建工程项目、导入或新建 CAD 模型、划分网格和网格检查与修复。Moldflow Plastics Insight 6. 1 接受多种格式的模型，包括 NX、Pro/E、CATIA、

ANSYS、NASTRAN 等建模模型，在导入 CAD 模型时，往往要做一定的简化。网格划分时可根据需要设置网格类型、尺寸等参数。网格要进行诊断，删除面积为零和多余的网格，修复有缺陷的网格。

（2）设定分析参数

设定分析参数包括分析类型、成型材料和工艺参数的设定。

参数设置中首先要根据分析的类型选择相应的分析模块。成型材料既可在材料库中选择，也可以设定材料的各种物理参数。工艺参数设定是指按照注射成型的不同阶段，设置相应的温度、压力和时间等参数。

选择分析类型后，需要设定浇口的位置，创建浇注系统和冷却系统。

（3）模拟分析结果

根据模型的大小、网格的质量、分析类型的不同，模拟分析时间的长短不一。分析结束后，可以得到设定分析类型的结果，如充填过程以及温度场、压力场的变化和分布，产品成型后的形状等信息。

其他塑料成型模具设计

塑料有很多种成型方法，除了广泛使用的注射成型，还有压缩成型、压注成型、挤出成型、气动成型等。在实际生产中，不同的塑料制品类型往往需要采用不同的成型方法，并设计相应的塑料成型模具。

第一节　压缩模与压注模设计

热固性塑料由于其性能特点（如耐热性好、强度较高等）及成型特点（如熔体黏度高、流动性能差等）的缘故，通常采用压缩或压注成型方法，这一点在电气产品（见图 4—1—1）零部件生产中尤为明显。

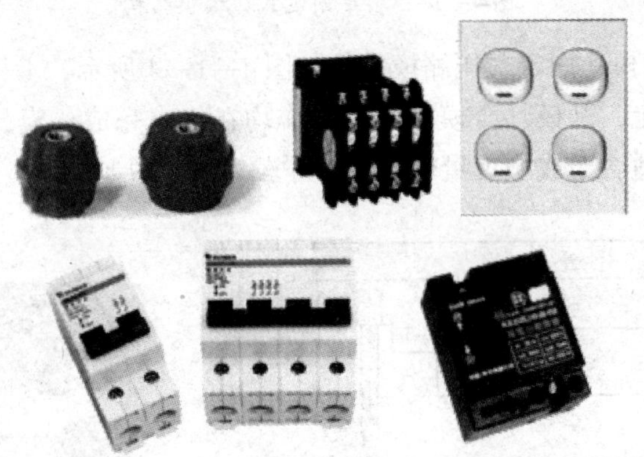

图 4—1—1　热固性塑料电气产品零部件示例

一、压缩模设计

压缩模主要用于热固性塑料制品的压缩成型，在热塑性塑料制品的成型中应用较少，只是在光学性能要求很高的有机玻璃片及流动性很差的热塑性塑料制品的成型中才采用。

相比于注射模，压缩模无须浇注系统，成型设备简单，模具结构简单，成本较低，当然，成型生产自动化程度和生产效率也相应较低。

1. 压缩模分类

在实际生产中，压缩模通常按照模具与压力机的连接方式或模具加料腔形式进行分类。

（1）按模具与压力机的连接方式分类

按照压缩模具的上模、下模在压力机上是否固定，压缩模具可分为移动式压缩模（上模、下模均不与压力机固定连接）、半固定式压缩模（通常上模固定在压力机上）、固定式压缩模（上模、下模分别固定在压力机的上、下工作台上）三种类型。

1）移动式压缩模。移动式压缩模结构如图 4—1—2 所示，模具不固定在压力机上，塑料制品成型后将模具移出压力机，采用专门卸模工具（如 U 形支架等）开模取出塑料制品。

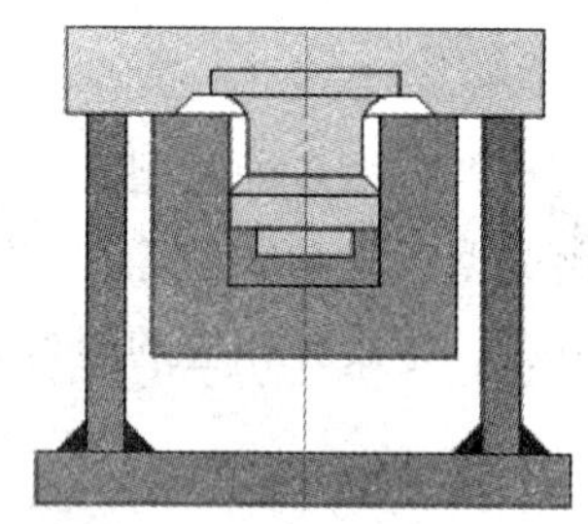

图 4—1—2　移动式压缩模结构

2）半固定式压缩模。半固定式压缩模结构如图 4—1—3 所示，一般将上模固定在压力机上，下模可沿导轨移动，采用定位块定位；当然，根据需要也可采用下模固定的形式。

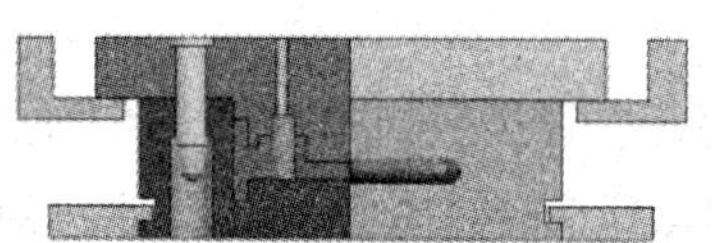

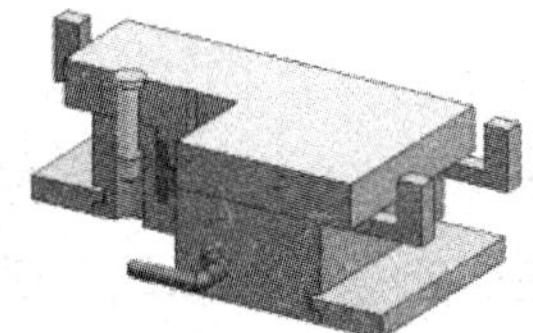

图 4—1—3　半固定式压缩模结构

3）固定式压缩模。固定式压缩模结构如图 4—1—4 所示，上模、下模分别固定在压力机上下工作台上，开模、合模推出等动作均在机内完成，模具结构相对复杂，安装嵌件也不方便，适合于成型批量较大或尺寸较大的塑料制品。

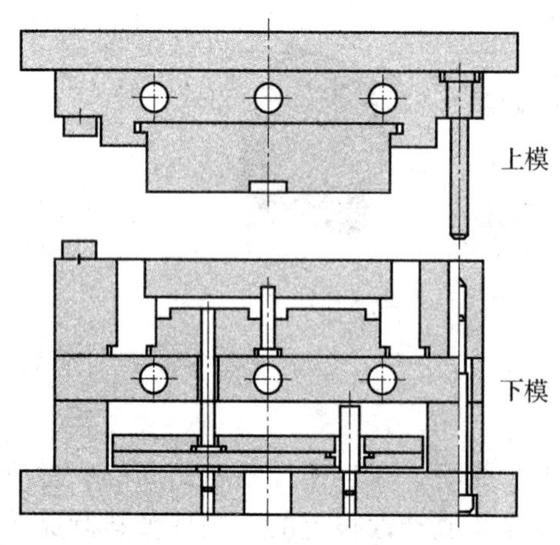

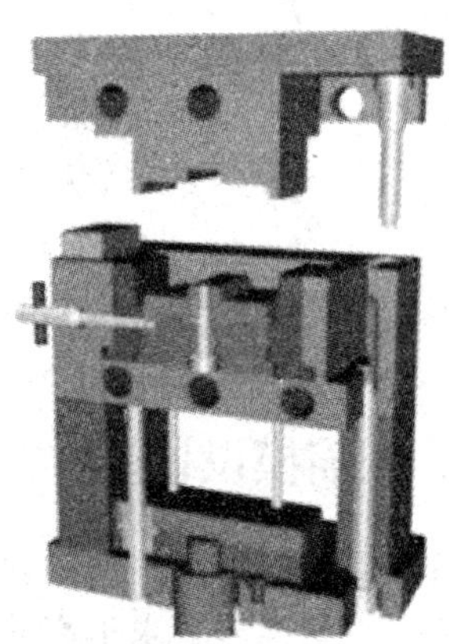

图 4—1—4　固定式压缩模结构

（2）按模具加料室形式分类

根据压缩模具加料腔形式不同，压缩模可分为溢式压缩模、不溢式压缩模、半溢式压缩模三种类型。

1）溢式压缩模。溢式压缩模结构如图4—1—5所示，它没有单独的加料腔，而将型腔本身作为加料腔，所以，型腔高度等于制品高度。凸模和凹模的配合完全依靠导柱定位来实现，没有其他的配合面，制品的径向壁厚尺寸精度不高。另外，凸模、凹模闭合成与制品形状一致的型腔之后，凹模对凸模有一个宽度为 B 的支承面，该支承面同时也是分型面。

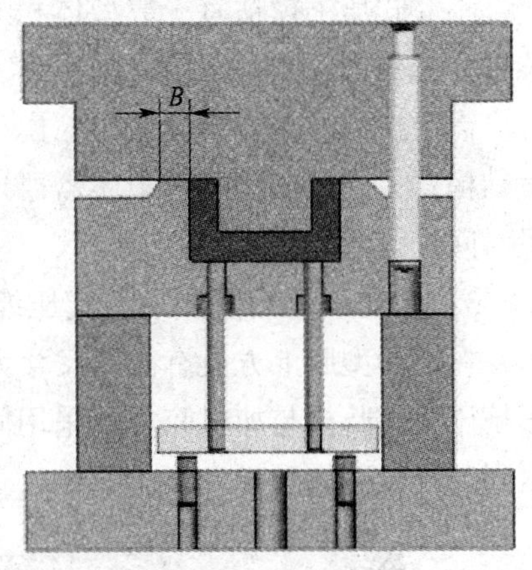

图4—1—5 溢式压缩模结构

溢式压缩模结构简单、耐用，造价低廉，制品容易取出，嵌件安放方便，对于扁平制品可不考虑推出机构。不过，在使用溢式压缩模压缩成型时要注意以下几点，具体内容见表4—1—1。

表4—1—1 溢式压缩模成型注意事项

事项	说明
不适宜成型流动性较差的塑料	带有片状或纤维状填料的塑料，由于流动性较差，成型时将会产生较厚的飞翅，并影响模具闭合。如果必须使用溢式压缩模，最好在成型之前采用预压措施，或采用粒状物料
一般要求加料时有适当的过量值	加料不充分时，型腔内不会有多余的塑料从支承面处溢出，制品将会出现缺料或密度得不到要求的缺陷，加料的过量值通常控制在7%以下；否则会产生较厚的横向飞翅，使制品的尺寸精度和质量密度无法得到准确控制，且在去除飞翅时产生面积较大的疤痕，严重影响制品的外观
需要注意控制模具的闭合速度	闭合速度太慢时，溢出在支承面之间的塑料容易冻结，它们的变形和流动变得比较困难，制品的飞翅厚度随之增大，制品的尺寸精度将难以保证；闭合速度太快时，溢料量将会增大，制品密度同样会出现问题

2）不溢式压缩模。不溢式压缩模也称为闭式压缩模或正压模，其结构如图4—1—6所示，模具的加料腔为型腔上部截面的延续，无挤压面，理论上压力机所施加的压力将全部作用在制品上。另外，凸模与加料腔之间可以采用比较紧密的滑动间隙配合（单边间隙约为0.075 mm），塑料的溢出量很少，所以每模加料必须准确称量。

不溢式压缩模适宜于成型体积大、塑料流动性差的塑料制品，模具必须设置推出装置，否则塑料制品很难取出。

需要指出的是，不溢式压缩模存在着排气比较差的问题，所以模具中必须开设排气结构，另外，成型过程中还需要使压力机短暂卸载，以便使上模、下模暂时松开一段时间进行排气。

3）半溢式压缩模。半溢式压缩模也称为半开式压缩模，其结构如图4—1—7所示，在模具型腔上方设有截面尺寸大于制品尺寸的加料腔，它与型腔的分界处有一环形挤压面。凸模与加料腔之间采用间隙配合，并在四周开设溢料槽，成型时，凸模下压到与挤压面接触时为止。

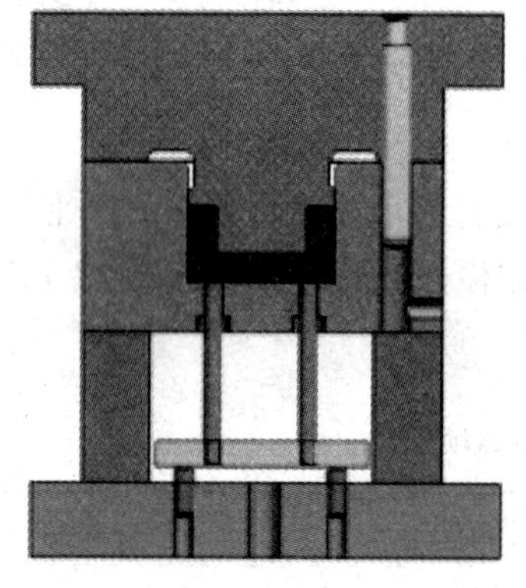

图4—1—6　不溢式压缩模结构

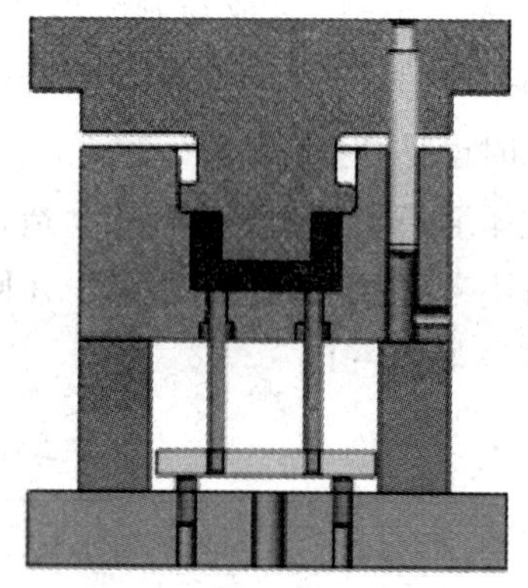

图4—1—7　半溢式压缩模结构

半溢式压缩模兼有溢式压缩模和不溢式压缩模的优点，制品密度、制品精度均较高，模具寿命长，制品容易脱模，生产中被广泛采用。另外，半溢式压缩模成型带有小嵌件的制品也比较方便。

2. 压缩模基本组成

压缩模通常由成型零件、加料装置、导向机构、侧向分型抽芯机构、推出机构、加热系统等几大部分组成。压缩模具的结构特点与注射模具基本相同，但也有其独特之处，如图4—1—8所示。

（1）成型零件

成型零件在模具闭合后形成成型制品要求的型腔，并直接与塑料接触，负责成型出制品的几何形状和尺寸。在图4—1—8中，成型零件包括上凸模3、下凸模7、凹模镶件4、侧型芯20和型芯6。

（2）加料装置

加料装置即加料腔或加料室，利用加料腔可以较多地容纳密度很小的松散状成型物料，从而可以通过较大的压缩率压缩成型出密度很高的制品。图4—1—8中，上凸模3、凹模镶件4、型芯6、下凸模7共同构成加料腔。

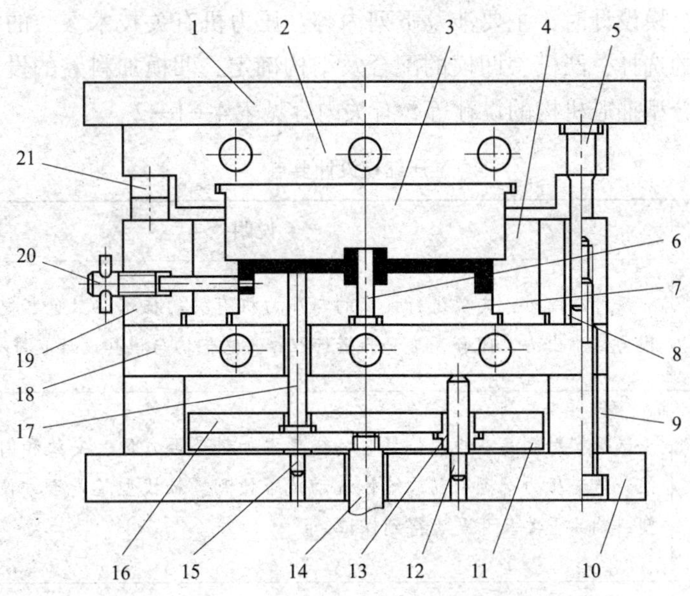

图 4—1—8 压缩模结构

1—上模座板 2—加热板 3—上凸模 4—凹模镶件 5—导柱 6—型芯 7—下凸模 8—导套 9—垫块 10—下模座板 11—推板 12—推板导柱 13—推板导套 14—压力机顶杆 15—支承钉 16—推杆固定板 17—推杆 18—支承板（加热板） 19—凹模固定板 20—侧型芯 21—承压块

（3）导向机构

导向机构用来保证上模、下模合模的对中性。例如，图 4—1—8 中，上模周边的四根导柱 5 和下模周边的四只导套 8 构成了导向机构。

需要说明的是，为了保证推出机构顺利地上下滑动，该模具的推出机构中也设置了导向机构。

（4）侧向分型抽芯机构

当压制带有侧孔或侧凹的制品时，模具上必须设有侧向分型抽芯机构，制件才能脱出。图 4—1—8 所示制品带有侧孔，在开模顶出制品前应先用手转动丝杆抽出侧型芯 20。

（5）推出机构

图 4—1—8 中的推出机构由推杆 17、推杆固定板 16、推板 11、压力机顶杆 14 等零件组成。

（6）加热系统

热固性塑料压缩成型需要在较高的温度下进行，模具必须加热。电加热是常见的加热方法。图 4—1—8 中，加热板 2、18 分别对上模、下模进行加热，加热板圆孔中插入电加热棒。

3. 压缩模设计要点

在进行压缩模设计时，主要涉及下列内容：压力机有关技术参数的校核，塑料制品在模内位置的选择，凸模、凹模的配合及结构确定，凹模加料腔的设计，脱模机构的设计，侧向分型抽芯机构的设计等，有关内容见表4—1—2。

表4—1—2　　压缩模设计要点

内容	说明
压力机有关技术参数	设计压缩时，需要进行校核的与压力机有关的技术参数包括总成型压力、开模力、推出力、闭合高度和开模行程等，它们均与模具设计直接有关
塑料制品在模内位置	选择塑料制品在模内位置时，应考虑加料是否方便、安放和固定嵌件是否方便、传递压力是否有利、熔体流动是否便利、抽拔型芯是否方便、凸模强度和塑料制品重要尺寸是否得到保证
凸模、凹模的配合及结构	凸模、凹模配合的结构形式及尺寸是压缩模设计的关键，不同类型压缩模凸模、凹模的配合形式及尺寸不尽相同 溢式压缩模无加料腔，凸模与凹模间无引导环和配合环；不溢式压缩模加料腔截面尺寸及形状与型腔相同，无挤压环，但有引导环、配合环及排气溢料槽；半溢式压缩模既有水平挤压环，又有配合环和引导环
凹模加料腔	设计的主要问题是其容积能保证压制时原料不溢出模外。为此，要进行塑料体积的计算和加料腔高度的计算
脱模机构和侧向分型抽芯机构	对于固定式压缩模，一般采用机动脱模机构，如推杆推出机构、推管推出机构、推件板推出机构以及凹模推出机构等。设计时，不但要考虑脱模机构与压力机的连接（如间接连接或直接连接），还要考虑制件的留模问题（如应尽量使制件留在压力机顶出装置一侧） 对于半固定式压缩模，可考虑上模或下模从压力机上移出，移出后进行制件的脱模工作 对于移动式压缩模，可考虑采用的脱模机构有撞击架脱模和卸模架脱模。根据需要可选择单分型面卸模架、双分型面卸模架、垂直分型面卸模架，它们的结构示意如图4—1—9所示 压缩模的侧向分型抽芯机构与注射模相似，但不完全相同。这是因为注射模是先合模后注入塑料，而压缩模是先加料后合模压缩。另外，压缩模上的侧向分型与抽芯机构大多采用手动，只有在大量生产时才采用机动

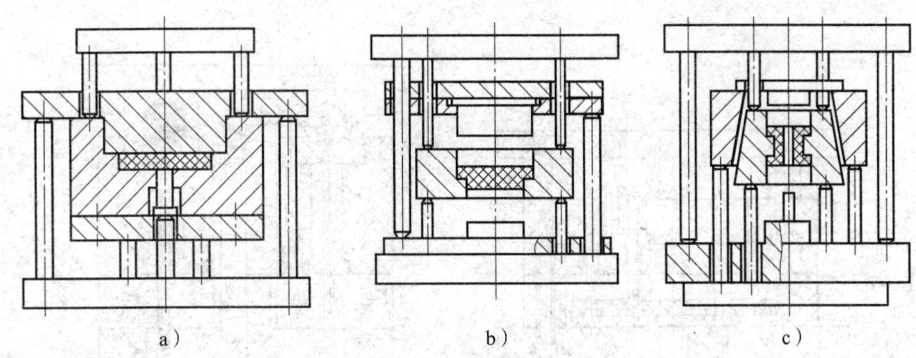

图 4—1—9 卸模架结构示意

a）单分型面用 b）双分型面用 c）垂直分型面用

二、压注模设计

压注模与压缩模有许多共同之处，其型腔结构、脱模机构、成型零件的结构及设计方法都基本相同。不同之处在于，压注模具有单独的加料腔和浇注系统。

1. 压注模类型

压注模包括普通压力机用压注模和专用压力机用压注模两大类。

普通压力机用压注模有移动式和固定式之分，其结构如图 4—1—10 所示。

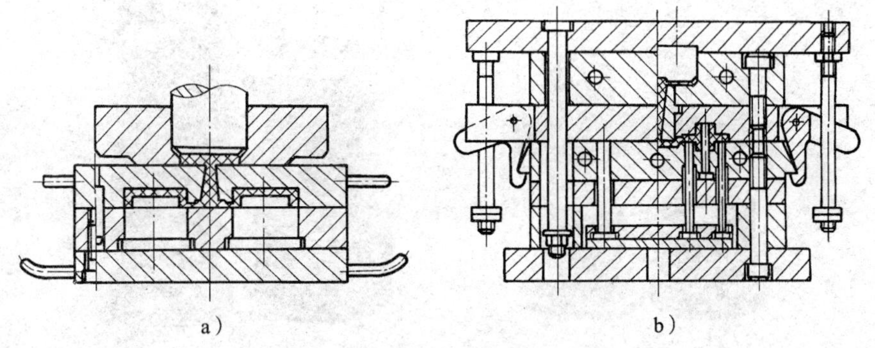

图 4—1—10 普通压注模结构

a）移动式 b）固定式

专用压力机用压注模有加料腔位于上模和加料腔位于下模之分，其结构如图 4—1—11 所示。它们无主流道，只有分流道，圆柱形加料腔直接与分流道相通。由于成型时柱塞所施加的压力不起锁紧作用，所以必须依靠锁模液压缸来锁模。

2. 压注模设计要点

压注模的结构包括凸模型芯、凹模型芯、加料腔、导向机构、推出机构和加热系统等，压注模的结构设计原则与注射模、压缩模基本相似。所以，压注模的设计要点在于其独有结构的设计，设计内容包括：加料腔结构设计、压柱结构设计、浇注系统设计、排气槽设计。

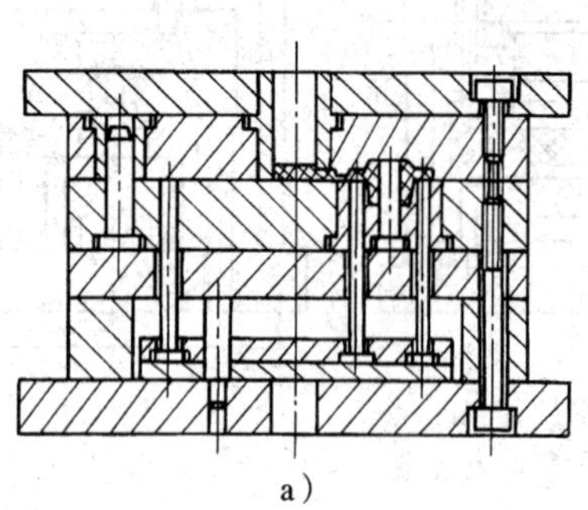
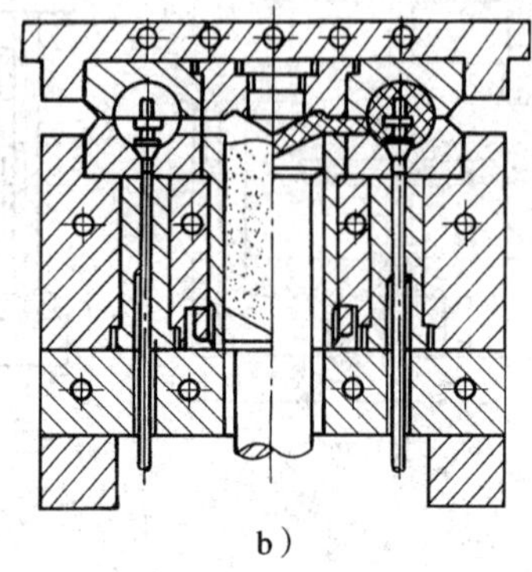

a）　　b）

图 4—1—11　专用压力机用压注模结构

a）上加料腔　b）下加料腔

就加料腔而言，其截面形状取决于型腔结构及型腔数，大多采用圆形，其定位及固定形式取决于所选压力机。另外，加料腔的材料一般可用 40Cr、T10A、CrWMn、Cr12 等，热处理要求为 52～56HRC。

就压柱而言，其常用结构如图 4—1—12 所示，压柱的材料选择和热处理要求与加料腔相同。另外，还应注意压柱与加料腔的配合关系。

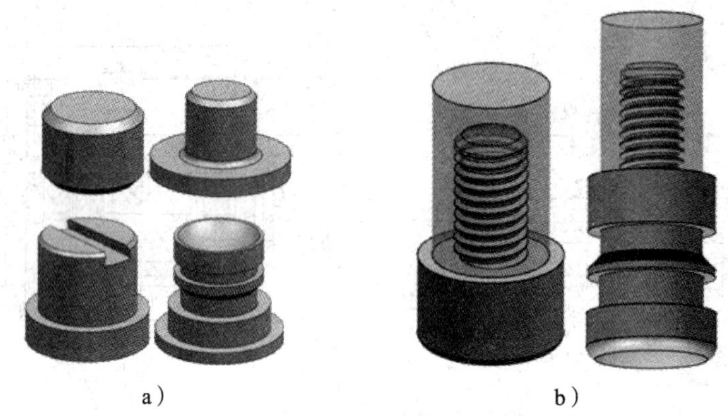

a）　　b）

图 4—1—12　常用压注模结构

a）普通压力机用　b）专用压力机用

就浇注系统而言，结构上与注射模相似，但设计思想上有区别。注射模由于模温低，故其浇注系统中熔体与流道的热交换越少越好，以减少熔体热量的流失。而压注模本身模温较高，故希望熔体流过浇注系统时能从模具中吸收热量提高料温，为此要加大热交换。

压注模的排气比较重要。因为型腔内原有的空气、塑料受热挥发的气体和交联反应产生的气体都需要及时排出，故模具上需开设排气槽。排气槽应开设在料流的末端，开设在靠近嵌件或壁厚最薄处，并最好开设在分型面上。

第二节 挤出机头与气动成型模具设计

塑料制件除了采用注射成型、压缩成型和压注成型外，根据需要，还可以采用挤出成型和气动成型。

挤出成型（见图4—2—1）是将固态塑料在一定温度和压力下熔融、塑化，利用挤出机的加压，使熔融塑料通过特定形状的口模而成型为截面与口模形状相仿的连续型材的加工方法。挤出成型采用的模具称为挤出机头。

图4—2—1 挤出成型

一、挤出机头设计

1. 挤出机头分类及结构组成

（1）分类

作为挤出成型的工艺准备，挤出机头的外观模型示例如图4—2—2所示。在实际生产中，挤出机头多种多样，以满足不同使用需要。一般来说，挤出机头有三种分类方法。按制件截面形状可分为：管（棒）材挤出机头、板（片）材挤出机头、异型材挤出机头、吹塑薄膜挤出机头等；按挤出制件的流出方向与挤出机螺杆轴线的关系可分为直通式机头、直角式机头和旁侧式机头；按熔体所受压力大小可分为低压机头（小于4 MPa）、中压机头（4～10 MPa）、高压机头（大于10 MPa）。

（2）结构组成

挤出成型模具的结构可以分为七大组成部分：口模和芯棒、过滤网和过滤板、分流器和分流器支架、机头体、温度调节系统、调节螺钉、定径套。现以典型的管材挤出机头为例（见图4—2—3），加以说明，见表4—2—1。

图4—2—2 挤出机头外观模型示例

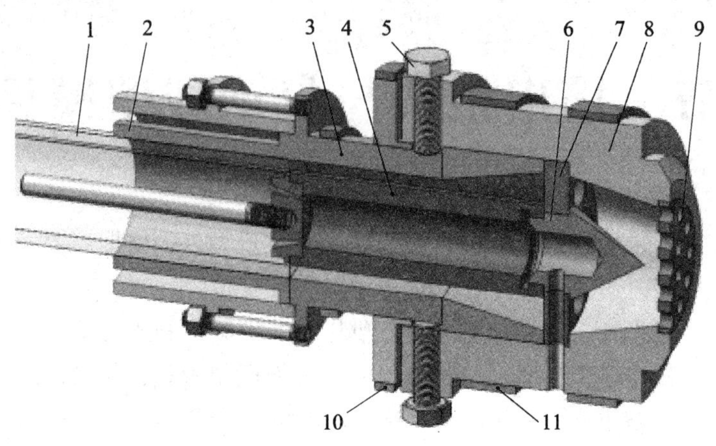

图 4—2—3　管材挤出机头

1—管材　2—定径套　3—口模　4—芯棒　5—调节螺钉　6—分流器
7—分流器支架　8—机头体　9—过滤板（多孔板）　10、11—电加热圈（加热器）

表 4—2—1　　挤出成型模具结构组成

组成部分	相关说明
口模和芯棒	口模用来成型塑料制品的外表面，芯棒用来成型塑料制品的内表面；它们决定了塑料制品的截面形状
过滤板和过滤网	过滤网的作用在于，将塑料熔体由螺旋运动转变为直线运动，过滤杂质，并形成一定的压力；过滤板又称多孔板，起支承过滤网的作用
分流器和分流器支架	分流器（俗称鱼雷头）使通过它的塑料熔体分流变成薄环状，以平稳地进入成型区，同时进一步加热和塑化；分流器支架主要用来支承分流器及芯棒，同时也能对分流后的塑料熔体加强剪切混合作用（有时会产生熔接痕而影响塑料制品的强度）。小型机头的分流器与其支架可制成一个整体
机头体	相当于模架，用来组装并支承机头的各零部件。机头体需与挤出机筒连接，连接处应密封以免塑料熔体泄漏
温度调节系统	为了保证塑料熔体在机头中正常流动及挤出成型的质量，机头上一般设有可以加热的温度调节系统
调节螺钉	通常设置 4 ~8 个调节螺钉，用来调节控制成型区内口模与芯棒间的环隙及同轴度，以保证挤出的塑料制品壁厚均匀
定径套	离开成型区后的塑料熔体虽已具有给定的截面形状，但因其温度仍较高，不能抵抗自重变形，因此，需要用定径套对其进行冷却定型，以使塑料制品获得良好的表面质量、准确的尺寸和几何形状

2. 挤出机头设计

（1）设计原则及选材

设计挤出机头时，应遵循如下原则：

1）考虑塑料特性及成型条件的影响，正确设计机头口模形状。

2）机头内腔应光滑流畅，截面无突变，避免出现死角和停滞区。一般 $Ra<0.1$ μm。

3）机头有足够的压缩比，以获得致密的制件，并消除分流器支架造成的接合缝。

4）机头结构紧凑，与挤出机料筒连接紧密并易于装拆，且有保证口模与芯模间隙均匀的调节机构。

5）机头与塑料接触部分有较好的耐磨性和抗腐蚀性，必要时应镀铬或采取其他措施。

6）口模和机头体的温度能独立控制。

7）机头的机构便于加工制造。

对于机头中与塑料直接接触的部分，由于磨损严重，并伴有腐蚀，该部分应选择耐磨、耐热材料，并进行淬火、表面抛光或镀铬处理。机头表面硬度应为 60 ~ 65HRC，常用镍铬钢、不锈钢、合金工具钢等材料制造。对于其余的结构零件，选用一般的结构钢材料即可。

（2）挤出机头设计

1）管材挤出机头设计要点。管材挤出机头中的主要零件包括口模、芯模、分流器及其支架。

口模作为成型挤出制件外表面的零件，其结构形式随机头的结构形式而异。所以，口模的设计主要是口模的内径尺寸和定型段长度的设计，其结构如图 4—2—4 所示。

芯模作为成型挤出制件内表面的零件，其结构形式也随机头的结构形式而异。所以，芯模的设计主要是芯模外径、压缩段长度及压缩角的设计计算，其结构如图 4—2—5 所示。

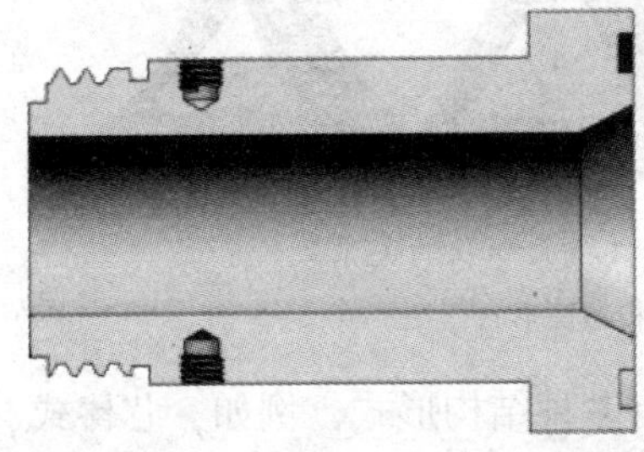

图 4—2—4　直通式管材挤出机头口模结构

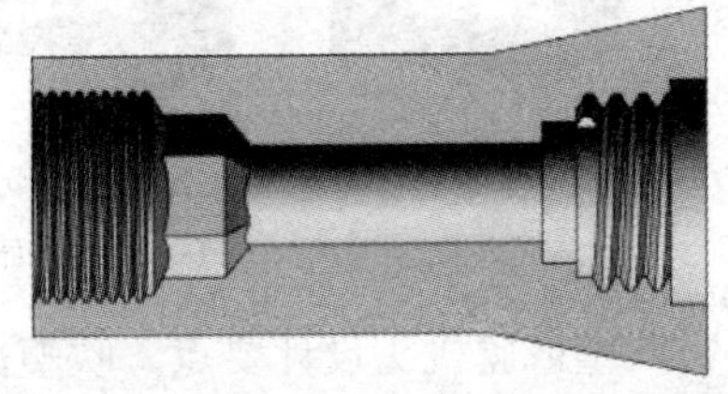

图 4—2—5　芯模结构

分流器及其支架结构如图 4—2—6 所示，其主要尺寸为扩展角、分流锥长度及顶部圆角半径。

2）异型材挤出机头设计要点。相对于管材、板（片）材、棒材等规则截面的型材，其他截面形状的型材均可视为异型材。异型材的截面形状很多，大致可分为四类：管式异型材、中空异型材、开式异型材和实心异型材，它们的结构如图 4—2—7 所示。

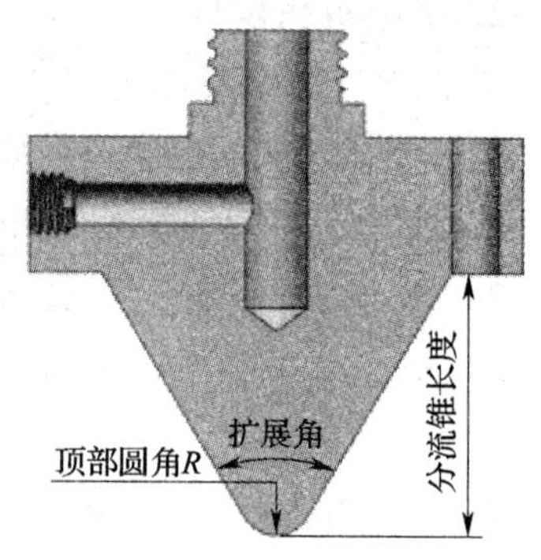

图 4—2—6　分流器结构

异型材挤出机头的设计应保证挤出制件满足技术要求，具有规定的截面形状。由于塑料的特性和成型工艺参数等因素的影响，机头成型部分的截面形状与制件的截面形状会出现偏差。因此，正确设计异型材挤出机头的口模形状是设计工作的关键所在。其中包括：机头口模截面形状的修正，修正关系如图 4—2—8 所示；机头结构参数（如分流器扩展角，机头压缩比，压缩角等）；口模尺寸（如口模与芯模的间隙，截面高度尺寸，截面宽度尺寸及定型段长度等）。

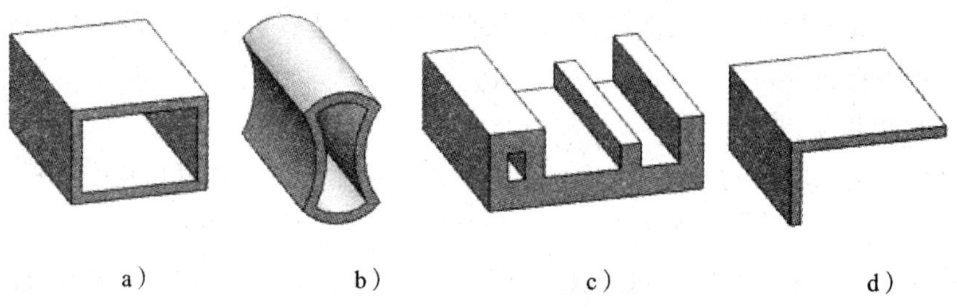

图 4—2—7　异型材结构

a）管式　b）中空　c）开式　d）实心

图 4—2—8　口模截面形状与制件截面形状的关系

1—制品截面形状　2—口模截面形状

3）吹塑薄膜机头设计要点。吹塑薄膜机头有多种结构形式，例如，芯棒式、中心进料的十字形式、螺旋式、旋转式，它们的结构如图 4—2—9 所示。

吹塑薄膜机头设计应考虑的主要几何参数包括：口模与芯模的单边间隙，口模定型段长度，吹胀比、牵引比和压缩比，缓冲槽尺寸，芯模扩展角等。

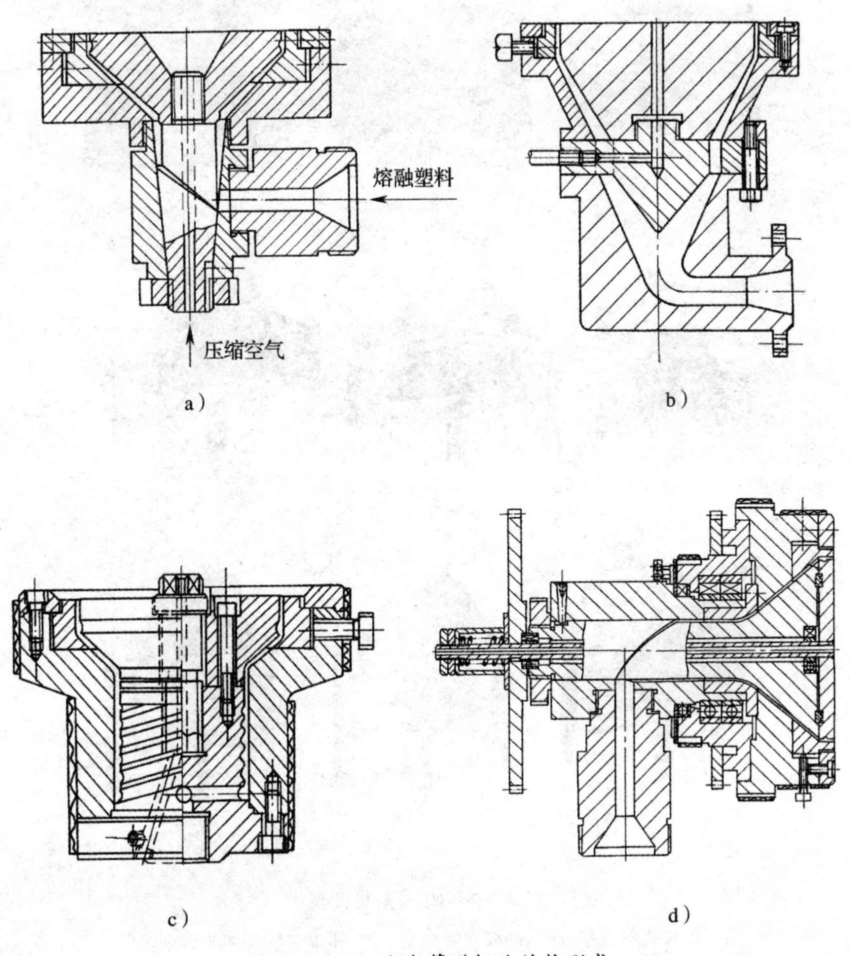

图 4—2—9 吹塑薄膜机头结构形式

a）芯棒式 b）中心进料的十字形式 c）螺旋式 d）旋转式

二、气动成型模具设计

气动成型包括真空成型、压缩空气成型和中空吹塑成型。气动成型的特点是，模具只有一部分，即只有凹模（或凸模），利用气体的压力代替模具的另一部分凸模（或凹模），因此，模具结构简单，制造成本较低，使用寿命则较长。

1. 真空成型模具设计要点

真空成型是将热塑性塑料板（片）材固定在模具上，通过辐射加热器进行加热使之达到软化温度，然后用真空泵把模具与板（片）材之间的空气抽去，使板（片）材贴在模具上而成型，冷却定型后依靠压缩空气将制件从模具中吹出而脱模。具体方法包括凹模真空成型、凸模真空成型及压缩空气延伸法真空成型，其成型如图 4—2—10 所示。

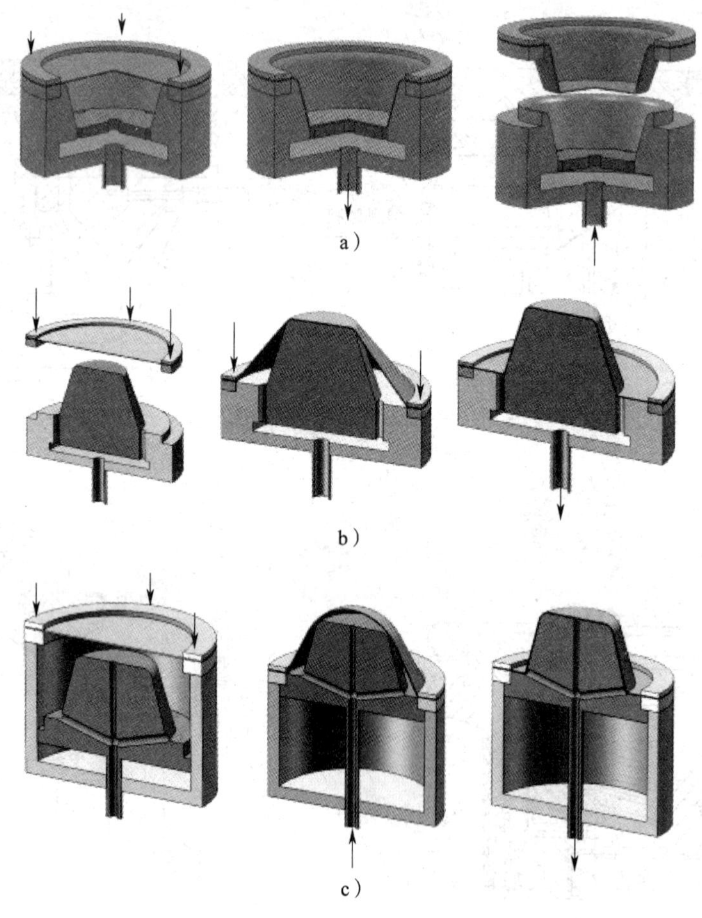

图 4—2—10　真空成型

a）凹模真空成型　b）凸模真空成型　c）压缩空气延伸法真空成型

真空成型模具设计的要点包括：成型零件尺寸的确定、抽气孔的设计、成型零件的表面粗糙度（表面结构）、模具的加热和模具温度调节。另外，模具材料的选择也不容忽视。真空成型与其他成型方法相比，成型压力低，模具材料既可采用金属材料，也可采用非金属材料。主要根据塑料制件的形状和生产批量来选择。小批量生产或试制时可选用木材或石膏等非金属材料，大批量生产可采用铜、铝、锌合金等材料，尤以铝合金应用最广。

2. 压缩空气成型模具设计要点

压缩空气成型是借助压缩空气的压力，将加热软化的塑料板（片）材压入型腔而成型制件的方法，其工艺过程如图 4—2—11 所示。压缩空气成型有凹模成型、凸模成型、柱塞加压成型。

由于压缩空气成型的原理与真空成型相似，所以压缩空气成型模具的设计和选材与真空成型模具基本相同。两者不同之处在于，压缩空气成型模具增加了切边刃的设计。切边刃的设计尺寸包括：夹角、刃口宽度、转角处过渡圆弧、切边刃口与凹模上

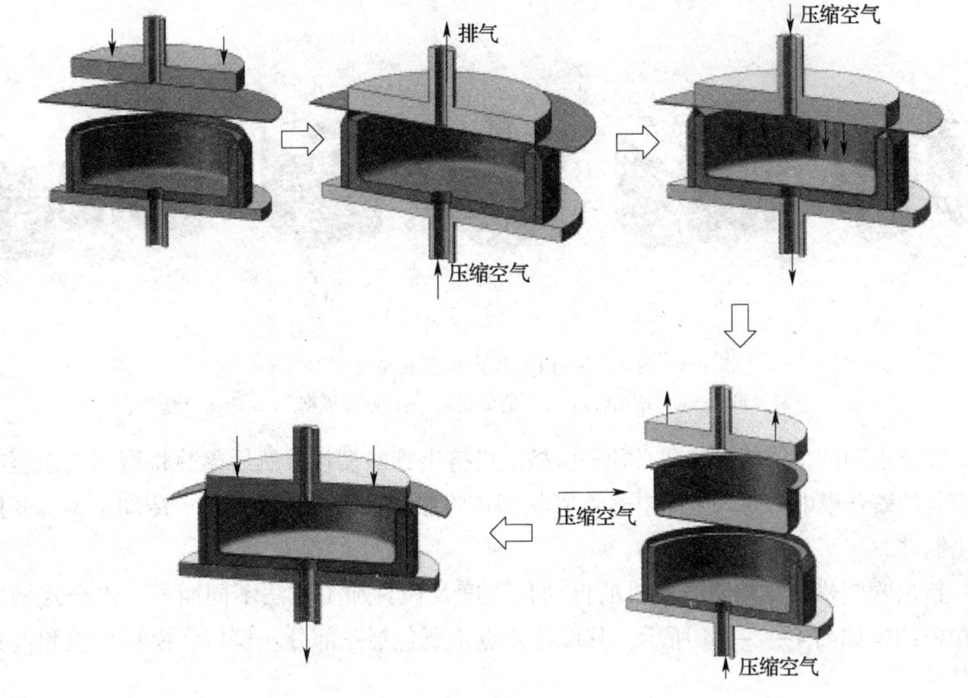

图 4—2—11 压缩空气成型

端面的距离等，如图 4—2—12 所示。此外，切边刃与加热板之间的平行度和平面度要求较高；切边刃与型腔之间应留有一定间隙作为空气通道，并有利于模具的安装与调试。

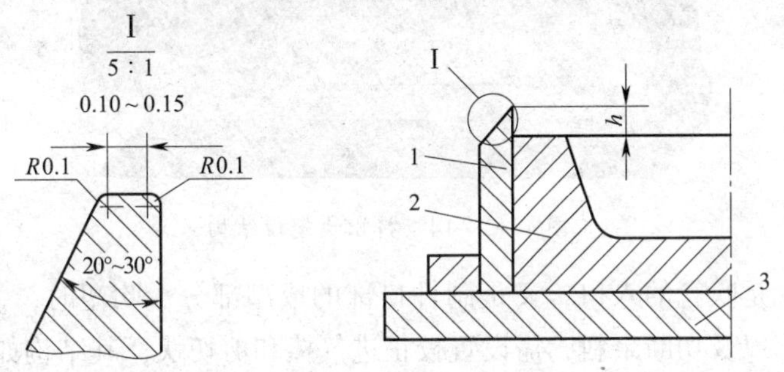

图 4—2—12 切边刃设计尺寸

1—切边刃 2—凹模 3—底板

3. 中空吹塑模具设计要点

中空吹塑是将压缩空气通入置于模具型腔内的已加热软化的塑料型坯中，使之膨胀紧贴型腔壁而成型，经冷却后获得中空薄壁塑料制件的成型方法。根据成型方法的不同，中空吹塑有挤出吹塑、注射吹塑、拉伸吹塑之分。其中，挤出吹塑的成型过程如图 4—2—13 所示。

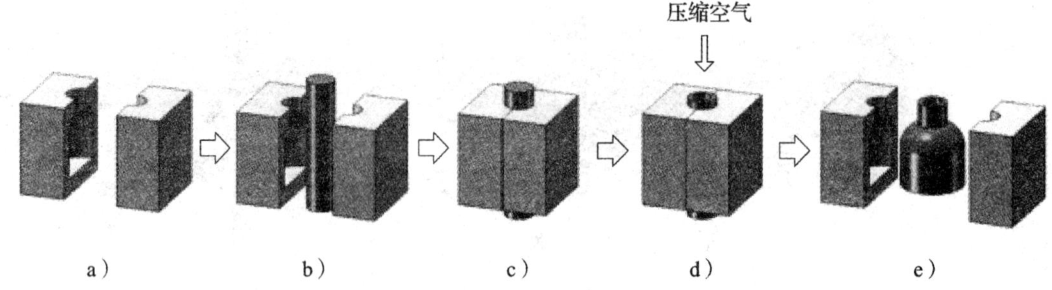

图 4—2—13　挤出吹塑成型过程

a）模具就位　b）挤出管坯　c）合模切断　d）吹胀成型　e）冷却脱模

需要说明的是，挤出吹塑必须先由挤出机挤出管状型坯，然后趁热将型坯夹送至吹塑模具的瓣合模中，通入压缩空气将管状型坯吹胀紧贴型腔，经保压、冷却定型，开模取出制件。

挤出吹塑模的结构随吹塑机的自动化程度及模具加工方法不同而异，组合式挤出吹塑模结构如图 4—2—14 所示。其设计要点主要包括三部分：模口、模具型腔和模具底部。

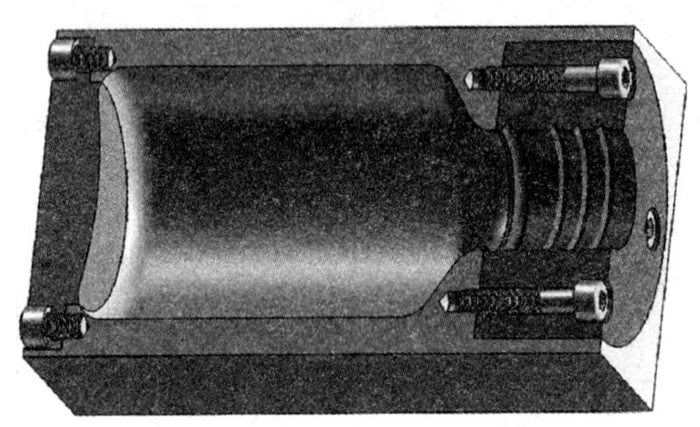

图 4—2—14　挤出吹塑模结构

模口部分既是吹管的入口，又是制件口部的成型部分。吹塑时，为保证制件口部的尺寸和形状，以及切断余料，需设置校正进气棒和剪切块，其结构如图 4—2—15 所示。

吹塑模分型面的选择应使两半型腔对称，减少吹胀比。一般模具常采用一个分型面；必要时，可采用两个或多个分型面。

至于模具底部，考虑挤出吹塑过程中，模具在闭合时需将型坯封口并切除余料，其设计要点包括余料槽的设置、夹坯切口的设计等，其结构如图 4—2—16 所示。

另外，挤出吹塑模设计时还应考虑模具的冷却、排气、材料等。

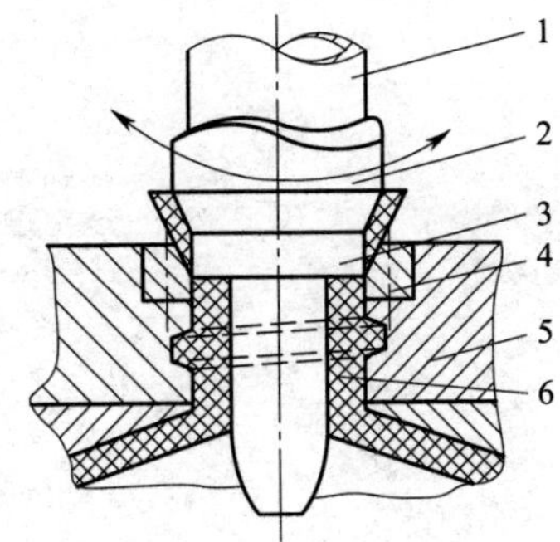

图 4—2—15　模口结构

1—进气杆　2—带齿旋转套筒　3—剪切套
4—剪切块　5—模口圈　6—塑料瓶口

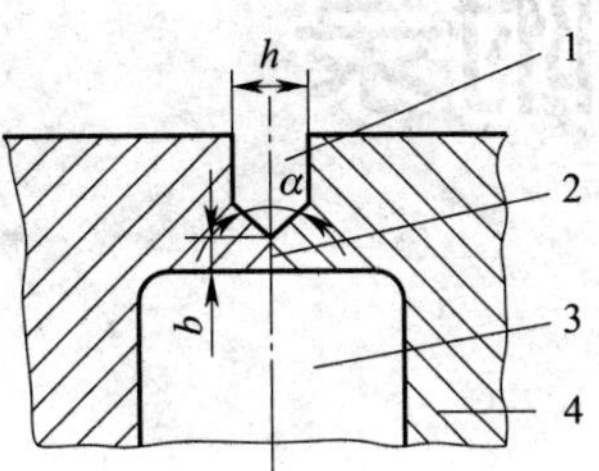

图 4—2—16　夹坯切口结构

1—余料槽　2—夹坯切口
3—型腔　4—模具体

附录一　　常用塑料的使用性能

类型	名称	使用性能
热塑性塑料	聚乙烯	聚乙烯树脂为无毒、无味，呈白色或乳白色，柔软、半透明的大理石状粒料，密度为 0.91 ~ 0.96 g/cm^3 聚乙烯吸水性极小，且介电性能与温度、湿度无关。因此，聚乙烯是最为理想的高频电绝缘材料
	聚氯乙烯	聚氯乙烯树脂为白色或浅黄色粉末，形同面粉，造粒后为透明块状，类似明矾 聚氯乙烯有较好的电气绝缘性能，可以用作低频绝缘材料，其化学稳定性也较好。由于聚氯乙烯的热稳定性较差，长时间加热会导致分解，并放出氯化氢气体，使聚氯乙烯变色，所以其应用范围较窄，使用温度一般为 -15 ~ 55℃
	聚丙烯	聚丙烯无色、无味、无毒，密度仅为 0.90 ~ 0.91 g/cm^3。它不吸水，光泽好，易着色 聚丙烯屈服强度、抗拉强度、抗压强度、硬度及弹性均好于聚乙烯 聚丙烯熔点为 164 ~ 170℃，耐热性好，能在 100℃ 以上的温度下进行消毒灭菌。其低温使用温度达 -15℃，低于 -35℃ 时会脆裂 聚丙烯的高频绝缘性能好，绝缘性能不受温度的影响，但在氧、热、光的作用下极易解聚、老化，所以必须加入防老化剂
	聚苯乙烯	聚苯乙烯无色、无毒、无味、透明、有光泽，密度为 1.054 g/cm^3。聚苯乙烯是目前最理想的高频绝缘材料 聚苯乙烯化学稳定性好，能耐碱、硫酸、磷酸、10% ~ 30% 的盐酸、稀醋酸及其他有机酸，对水、乙醇、汽油、植物油及各种盐溶液也有足够的抗腐蚀能力，但不耐硝酸及氧化剂的作用 聚苯乙烯耐热性低，只能在不高的温度下使用，质地硬而脆，制品由于内应力而易开裂 聚苯乙烯的透明性很好，透光率很高，光学性能仅次于有机玻璃。另外，其着色能力优良，能染成各种鲜艳的色彩

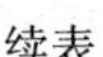
续表

类型	名称	使用性能
热塑性塑料	丙烯腈－丁二烯－苯乙烯共聚物（ABS）	ABS原料易得，价格便宜，是目前产量最大、应用最广的工程塑料之一。ABS无毒、无味，为微黄色或白色的不透明粒料，成型的制品有较好的光泽，密度为1.02～1.05 g/cm^3 ABS的热变形温度高于聚苯乙烯、聚氯乙烯、尼龙等，尺寸稳定性较好，具有一定的化学稳定性和良好的介电性能，经过调配可成任何颜色 ABS耐热性不高，连续工作温度为70℃左右，热变形温度约为93℃。另外，ABS不透明，耐气候性差，在紫外线作用下易变硬发脆
热塑性塑料	聚碳酸酯	聚碳酸酯为无色透明粒料，密度为1.02～1.05 g/cm^3。聚碳酸酯是一种性能优良的热塑性工程塑料，韧而刚，抗冲击性在热塑性塑料中名列前茅；成型制品可达到很好的尺寸精度，并在很宽的温度范围内保持其尺寸的稳定性；成型收缩率恒定为0.5%～0.8%；抗蠕变、耐磨、耐热、耐寒；脆化温度在－100℃以下，长期工作温度达120℃；聚碳酸酯吸水率较低，能在较宽的温度范围内保持较好的电性能。聚碳酸酯是透明材料，可见光的透射率接近90% 聚碳酸酯的耐疲劳强度较差，成型后制品的内应力较大，容易开裂
热固性塑料	酚醛塑料	酚醛塑料是一种产量较大的热固性塑料，它以酚醛树脂为基础制得。酚醛树脂很脆，呈琥珀玻璃状，必须加入各种纤维或粉末状填料后才能获得具有一定性能要求的酚醛塑料 酚醛塑料与一般热塑性塑料相比，刚性好，变形小，耐热、耐磨，能在150～200℃温度范围内长期使用；在水润滑条件下，有极低的摩擦因数；其电绝缘性能优良。不过，酚醛塑料质脆，抗冲击强度差
热固性塑料	氨基塑料	1. 脲－甲醛塑料（UF） 俗称电玉粉，纯净的脲－甲醛塑料无色透明，着色性能特别优异，制品形同玉石，表面硬度较高，耐电弧性较好，能耐弱酸弱碱，但耐水性差 2. 三聚氰胺－甲醛塑料（MF） 又称密胺塑料，无毒无味，制品外观可与瓷器媲美，硬度、耐热性、耐水性均好于脲－甲醛塑料，耐电弧性较好，耐酸碱，但价格较贵
热固性塑料	环氧树脂	环氧树脂是含有环氧基的高分子化合物。未固化之前，它是线型的热塑性树脂，只有在加入固化剂（如胺类和酸酐等化合物）交联成体形结构的高聚物之后，才有作为塑料的实用价值 环氧树脂种类繁多，应用广泛，有许多优良性能，最突出的一点是黏结能力强，是“万能胶”的主要成分。此外，环氧树脂还耐化学药品、耐热，电气绝缘性能良好，收缩率小，比酚醛塑料有更好的力学性能。耐候性差，耐冲击性低，质地脆则是它的缺点

附录二　　常用热塑性塑料的成型特性

塑料名称	成型工艺特性
聚乙烯（PE）	1. 结晶型塑料，吸水性小 2. 流动性极好，溢边值为0.02 mm左右，流动性对压力变化敏感 3. 可能发生熔融破裂，与有机溶剂接触可发生开裂 4. 加热时间长则发生分解、烧伤 5. 冷却速度慢，因此必须充分冷却，宜设冷料穴，模具应有冷却系统 6. 收缩率范围大，收缩值大，方向性明显，易变形、翘曲，结晶度及模具冷却条件对收缩率影响大，应控制模温，保持冷却均匀、稳定 7. 宜用高压注射，料温均匀，应快速填充，充分保压 8. 不宜采用直接进料口，否则易增大内应力，或产生收缩不匀，方向性明显而增大变形。应注意选择进料口位置，防止产生缩孔、变形 9. 质软易脱模，塑料制品有浅侧凹时可考虑强行脱模
聚氯乙烯（PVC）	1. 无定形料，吸水性小，但为了提高流动性、防止产生气泡则宜先干燥处理 2. 流动性差，极易分解，特别是在高温下与钢、铜等金属接触更易分解，分解温度为200℃，分解时有腐蚀及刺激性气体产生 3. 成型温度范围小，必须严格控制料温 4. 用螺杆式注射机及直通喷嘴，孔径宜大，以防止死角滞料，滞料必须及时清除 5. 模具浇注系统应粗短，进料口截面宜大些，不得有死角滞料，模具应冷却，且其表面应镀铬处理
聚丙烯（PP）	1. 结晶型塑料，吸水性小，可能发生熔融破裂，长期与热金属接触易发生分解 2. 流动性极好，溢边值为0.03 mm左右 3. 冷却速度快，浇注系统及冷却系统应缓慢散热 4. 成型收缩范围大，收缩率大，易发生缩孔、凹痕、变形，方向性强 5. 应注意控制成型温度。模具温度低于50℃时塑料制品无光泽，易产生熔接不良、流痕；模具温度高于90℃时塑料制品则易发生翘曲、变形 6. 塑料制品应壁厚均匀，避免缺口、尖角，否则易应力集中
聚苯乙烯（PS）	1. 无定型塑料，吸水性小，不易分解，性脆易裂，易产生内应力 2. 流动性较好，溢边值为0.03 mm左右 3. 塑料制品厚度应均匀，不宜有嵌件（如有嵌件应预热）、缺口、尖角，各面应圆滑连接 4. 可用螺杆或柱塞式注射机成型，喷嘴可用直通式或自锁式

续表

塑料名称	成型工艺特性
聚苯乙烯（PS）	5. 宜采用高料温、高模温、低注射压力并延长注射时间，以利于降低内应力，防止缩孔和变形（尤其对厚壁塑料制品），但料温高易出现银丝，料温低或脱模剂多则透明性差 6. 可采用各种形式的进料口，进料口与塑件应圆弧连接，防止去浇口时损坏塑件，脱模斜度宜取2°以上，顶出应均匀，以防脱模不良导致变形、开裂，可用于热流道结构
丙烯腈－丁二烯－苯乙烯共聚物（ABS）	1. 无定型塑料，其品种牌号很多，各品种的性能及成型特性各有差异，应按品种确定成型方法和成型条件 2. 吸水性强，含水量应小于0.3%，必须充分干燥，要求表面光泽的塑料制品应长时间预热干燥 3. 流动性中等，溢边值为0.04 mm左右。流动性比聚苯乙烯、AS差，但比聚碳酸酯、聚氯乙烯好 4. 比聚苯乙烯成型困难，宜取高料温、高模温，对耐热、高抗冲击和中抗冲击型树脂，料温更宜取高。料温对物性影响较大，料温过高易分解（分解温度为250℃左右，比聚苯乙烯易分解），对要求精度较高的塑料制品，模温宜取50～60℃，要求光泽及耐热型塑料制品宜取60～80℃。注射压力应比成型聚苯乙烯高，一般用柱塞式注射机时料温为180～230℃，注射压力为1 000～1 400 kg/cm^2；螺杆式注射机则取160～220℃和700～1 000 kg/cm^2 5. 模具设计时要注意浇注系统对料流阻力要小。进料口处外观不良时易发生熔接痕，应注意选择进料口位置、形式。顶出力过大或机械加工时塑件表面呈现“白色”痕迹（但在热水中加热可消失），脱模斜度宜取2°以上
聚碳酸酯（PC）	1. 无定型塑料，热稳定性好，成型温度范围宽，超过330℃才出现严重分解，分解时产生无毒、无腐蚀性气体 2. 吸水性极小，但水敏性强，含水量不得超过0.2%，成型前必须干燥处理，否则会出现银丝、气泡及强度显著下降现象 3. 流动性差，溢边值为0.06 mm左右，流动性对温度变化敏感，冷却速度快 4. 成型收缩率小，如成型条件适当，塑料制品尺寸可控制在一定公差范围内，塑料制品精度高 5. 可能发生熔融开裂，易产生应力集中，应严格控制成型条件，塑件宜进行退火处理消除内应力 6. 熔融温度高，黏度大。对大于200 g的塑料制品应采用螺杆式注射机成型，喷嘴应加热，宜采用敞开式延伸喷嘴

续表

塑料名称	成型工艺特性
聚碳酸酯（PC）	7. 由于黏度大，对剪切作用不敏感，冷却速度快，模具浇注系统应以粗、短为原则，并设置冷料穴。宜采用直接进料口、圆片或扇形等截面较大的进料口，但应防止内应力增大，料口附近产生残余应力，必要时可采用调节式进料口。模具宜加热，模温一般取70~120℃为宜，应注意顶出均匀，模具应采用耐磨钢，并淬火处理 8. 塑料制品壁不宜取厚，并应均匀，避免尖角、缺口及金属嵌件造成应力集中，脱模斜度宜取2°，若有金属嵌件，则应进行预热，预热温度一般为110~130℃ 9. 料筒温度对控制塑料制品质量是一个重要因素，温度低会造成缺料，表面无光泽，银丝、紊乱；温度高易溢边，出现银丝、暗条，塑件变色、起泡 10. 模温对塑料制品质量影响很大，薄壁塑料制品宜取80~100℃，厚壁塑料制品宜取80~120℃。模温太低，则收缩率、伸长率、抗弯强度、抗压强度低；模温超过120℃，则塑料制品冷却变慢，易变形粘模，脱模困难，成型周期变长

附录三　　常用热塑性塑料注射成型工艺参数

名称		硬聚氯乙烯	软聚氯乙烯	低密度聚乙烯	高密度聚乙烯	聚丙烯	共聚聚丙烯	玻璃纤维聚丙烯	苯乙烯	改性聚苯乙烯	丙烯腈－丁二烯－苯乙烯共聚物		
材料	代号	UPVC	SPVC	LDPE	HDPE	PP	PP	FRPP	PS	HIPS	ABS	耐热级ABS	阻燃级ABS
	收缩率（%）	0.5~0.7	1~3	1.5~4	1.3~3.5	1.2~2.5	1~2	0.6~1	0.4~0.7		0.4~0.7		
	密度（g/cm^3）	1.35~1.45	1.16~1.35	0.91~0.925	0.941~0.965	0.90~0.91	0.91	—	1.04~1.06	1.02~1.16	1.02~1.16		
设备	类型	螺杆式											
	螺杆转速（r/min）	20~40	40~80	60~100	40~80	30~80	30~60		40~80		30~60		20~50
	喷嘴形式	直通式											

续表

<table>
<tr><th colspan="2">名称</th><th>硬聚氯乙烯</th><th>软聚氯乙烯</th><th>低密度聚乙烯</th><th>高密度聚乙烯</th><th>聚丙烯</th><th>共聚聚丙烯</th><th>玻璃纤维聚丙烯</th><th>苯乙烯</th><th>改性聚苯乙烯</th><th colspan="3">丙烯腈－丁二烯－苯乙烯共聚物</th></tr>
<tr><td rowspan="5">温度</td><td>料筒一区（℃）</td><td>150～160</td><td>140～150</td><td>140～160</td><td>150～160</td><td>150～170</td><td>160～170</td><td>160～180</td><td>140～160</td><td>150～160</td><td>150～170</td><td>180～200</td><td>170～190</td></tr>
<tr><td>二区（℃）</td><td>165～170</td><td>155～165</td><td>150～170</td><td>170～180</td><td>180～190</td><td>180～200</td><td>190～200</td><td>170～180</td><td>170～190</td><td>180～190</td><td>210～220</td><td>200～210</td></tr>
<tr><td>三区（℃）</td><td colspan="2">170～180</td><td>160～180</td><td>180～200</td><td>190～205</td><td>190～220</td><td>210～220</td><td>180～190</td><td>180～200</td><td>200～210</td><td>220～230</td><td>210～220</td></tr>
<tr><td>喷嘴（℃）</td><td>150～170</td><td>145～155</td><td>150～170</td><td>160～180</td><td>170～190</td><td>180～220</td><td>190～200</td><td>160～170</td><td>170～180</td><td>180～190</td><td>200～220</td><td>180～190</td></tr>
<tr><td>模具（℃）</td><td>30～60</td><td>30～40</td><td>30～45</td><td>30～50</td><td>40～60</td><td>40～70</td><td>30～80</td><td>30～50</td><td>20～50</td><td>50～70</td><td>60～85</td><td>50～70</td></tr>
<tr><td rowspan="2">压力</td><td>注塑（MPa）</td><td>80～130</td><td>40～80</td><td>60～100</td><td>80～100</td><td>60～100</td><td>70～120</td><td>80～120</td><td colspan="3">60～100</td><td>85～120</td><td>60～100</td></tr>
<tr><td>保压（MPa）</td><td>40～60</td><td>20～30</td><td>40～50</td><td colspan="2">50～60</td><td colspan="2">50～80</td><td>30～40</td><td>30～50</td><td>40～60</td><td>50～80</td><td>40～60</td></tr>
<tr><td rowspan="4">时间</td><td>注塑（s）</td><td>2～5</td><td>1～3</td><td colspan="5">1～5</td><td>2～5</td><td>1～3</td><td>1～5</td><td>2～5</td><td>3～5</td></tr>
<tr><td>保压（s）</td><td>10～20</td><td colspan="2">5～15</td><td>10～30</td><td>5～10</td><td colspan="2">5～15</td><td>10～15</td><td>5～15</td><td>5～10</td><td colspan="2">15～30</td></tr>
<tr><td>冷却（s）</td><td>10～30</td><td>10～20</td><td>15～20</td><td>15～25</td><td colspan="3">10～20</td><td colspan="3">5～15</td><td colspan="2">15～30</td></tr>
<tr><td>周期（s）</td><td>20～55</td><td>10～38</td><td>20～40</td><td>25～60</td><td>15～35</td><td colspan="2">15～40</td><td>20～30</td><td colspan="2">15～30</td><td colspan="2">30～60</td></tr>
<tr><td rowspan="3">后处理</td><td>方法</td><td colspan="7" rowspan="3">—</td><td>红外线烘箱</td><td rowspan="3">—</td><td colspan="2">红外线烘箱</td><td>—</td></tr>
<tr><td>温度（℃）</td><td>70～80</td><td>70</td><td colspan="2">70～90</td></tr>
<tr><td>时间（h）</td><td>2～4</td><td colspan="3">0.3～1</td></tr>
<tr><td colspan="2">备注</td><td colspan="7">—</td><td colspan="5">材料预干燥0.5 h以上</td></tr>
</table>

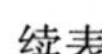
续表

<table>
<tr><th colspan="2">名称</th><th>丙烯腈－氯化聚乙烯－苯乙烯</th><th>丙烯腈－苯乙烯共聚物</th><th colspan="2">有机玻璃</th><th>聚甲醛</th><th>共聚聚甲醛</th><th>聚碳酸酯</th><th>玻纤增强聚碳酸酯</th><th>聚砜</th><th>改性聚砜</th><th colspan="2">玻纤增强聚砜</th></tr>
<tr><td rowspan="3">材料</td><td>代号</td><td>ACS</td><td>AS(SAN)</td><td colspan="2">PMMA</td><td colspan="2">POM</td><td>PC</td><td>FRPC</td><td>PSU</td><td>改性PSU</td><td colspan="2">FRPSU</td></tr>
<tr><td>收缩率(%)</td><td>0.5～0.8</td><td>0.4～0.7</td><td colspan="2">0.5～1.0</td><td colspan="2">2～3</td><td>0.5～0.8</td><td>0.4～0.6</td><td>0.4～0.8</td><td colspan="3">0.3～0.5</td></tr>
<tr><td>密度(g/cm^3)</td><td>1.07～1.10</td><td>—</td><td colspan="2">1.17～1.20</td><td>1.41～1.43</td><td>—</td><td>1.18～1.20</td><td>—</td><td>1.24</td><td>—</td><td colspan="2">1.34～1.40</td></tr>
<tr><td rowspan="3">设备</td><td>类型</td><td colspan="2">螺杆式</td><td>柱塞式</td><td>螺杆式</td><td>柱塞式</td><td>螺杆式</td><td>柱塞式</td><td colspan="5">螺杆式</td></tr>
<tr><td>螺杆转速(r/min)</td><td>20～30</td><td>20～50</td><td>—</td><td>20～30</td><td>—</td><td>20～40</td><td>—</td><td>20～40</td><td colspan="4">20～30</td></tr>
<tr><td>喷嘴形式</td><td colspan="12">直通式</td></tr>
<tr><td rowspan="5">温度</td><td>料筒一区(℃)</td><td>160～170</td><td>170～180</td><td colspan="2">180～200</td><td>170～180</td><td>170～190</td><td>260～290</td><td>240～270</td><td>260～280</td><td>280～300</td><td>260～270</td><td>290～300</td></tr>
<tr><td>二区(℃)</td><td>180～190</td><td>210～230</td><td>—</td><td>190～230</td><td>—</td><td>180～200</td><td>—</td><td>260～290</td><td>270～310</td><td>300～330</td><td>280～300</td><td>310～330</td></tr>
<tr><td>三区(℃)</td><td>170～180</td><td>200～210</td><td>210～240</td><td>180～210</td><td colspan="2">170～190</td><td>270～300</td><td>240～280</td><td>260～290</td><td>290～310</td><td>260～280</td><td>300～320</td></tr>
<tr><td>喷嘴(℃)</td><td>160～180</td><td>180～190</td><td>180～210</td><td>180～200</td><td colspan="2">170～180</td><td>240～250</td><td>230～250</td><td>240～270</td><td>280～290</td><td>250～260</td><td>280～300</td></tr>
<tr><td>模具(℃)</td><td>50～60</td><td>50～70</td><td colspan="2">40～80</td><td colspan="2">80～100</td><td colspan="3">90～110</td><td>130～150</td><td>80～100</td><td>130～150</td></tr>
</table>

续表

<table>
<tr><th colspan="2">名称</th><th>丙烯腈－氯化聚乙烯－苯乙烯</th><th>丙烯腈－苯乙烯共聚物</th><th colspan="2">有机玻璃</th><th>聚甲醛</th><th>共聚聚甲醛</th><th>聚碳酸酯</th><th>玻纤增强聚碳酸酯</th><th>聚砜</th><th>改性聚砜</th><th colspan="2">玻纤增强聚砜</th></tr>
<tr><td rowspan="2">压力</td><td>注塑（MPa）</td><td colspan="2">80～120</td><td>80～130</td><td>80～120</td><td>80～130</td><td>80～120</td><td>100～140</td><td>80～130</td><td colspan="4">100～140</td></tr>
<tr><td>保压（MPa）</td><td colspan="2">40～50</td><td colspan="4">40～60</td><td>50～60</td><td>40～60</td><td colspan="4">40～50</td></tr>
<tr><td rowspan="4">时间</td><td>注塑（s）</td><td>1～5</td><td>2～5</td><td>3～5</td><td>1～5</td><td colspan="2">2～5</td><td colspan="2">1～5</td><td>2～5</td><td colspan="2">1～5</td><td>2～7</td></tr>
<tr><td>保压（s）</td><td colspan="2">15～30</td><td colspan="2">10～20</td><td colspan="2">20～40</td><td colspan="2">20～80</td><td>20～60</td><td>20～80</td><td colspan="2">20～50</td></tr>
<tr><td>冷却（s）</td><td colspan="4">15～30</td><td colspan="2">20～40</td><td colspan="4">20～50</td><td colspan="2">20～40</td></tr>
<tr><td>周期（s）</td><td colspan="2">40～70</td><td colspan="2">35～55</td><td colspan="2">40～80</td><td colspan="2">40～130</td><td>40～110</td><td>50～130</td><td colspan="2">40～100</td></tr>
<tr><td rowspan="3">后处理</td><td>方法</td><td colspan="8">红外线烘箱</td><td colspan="3">热风烘箱</td></tr>
<tr><td>温度（℃）</td><td>70～80</td><td>70～90</td><td colspan="2">60～70</td><td colspan="2">140～150</td><td colspan="3">100～110</td><td>170～180</td><td>70～80</td><td>170～180</td></tr>
<tr><td>时间（h）</td><td colspan="4">2～4</td><td colspan="2">1</td><td colspan="3">8～12</td><td>2～4</td><td>1～4</td><td>2～4</td></tr>
<tr><td colspan="2">备注</td><td colspan="2">材料预干燥 0.5 h 以上</td><td colspan="2">材料预干燥 1 h 以上</td><td colspan="2">材料预干燥 2 h 以上</td><td colspan="3">材料预干燥 6 h 以上</td><td colspan="3">材料预干燥 2～4 h</td></tr>
</table>

附录四　　塑料模塑件尺寸公差表（GB/T 14486—2008）　　mm

公差等级	公差种类	基本尺寸												
		>0~3	>3~6	>6~10	>10~14	>14~18	>18~24	>24~30	>30~40	>40~50	>50~65	>65~80	>80~100	>100~120
标注公差的尺寸公差值														
MT1	*a*	0.07	0.08	0.09	0.10	0.11	0.12	0.14	0.16	0.18	0.20	0.23	0.26	0.29
	b	0.14	0.16	0.18	0.20	0.21	0.22	0.24	0.26	0.28	0.30	0.33	0.36	0.39
MT2	*a*	0.10	0.12	0.14	0.16	0.18	0.20	0.22	0.24	0.26	0.30	0.34	0.38	0.42
	b	0.20	0.22	0.24	0.26	0.28	0.30	0.32	0.34	0.36	0.40	0.44	0.48	0.52
MT3	*a*	0.12	0.14	0.16	0.18	0.20	0.22	0.26	0.30	0.34	0.40	0.46	0.52	0.58
	b	0.32	0.34	0.36	0.38	0.40	0.42	0.46	0.50	0.54	0.60	0.66	0.72	0.78
MT4	*a*	0.16	0.18	0.20	0.24	0.28	0.32	0.36	0.42	0.48	0.56	0.64	0.72	0.82
	b	0.36	0.38	0.40	0.44	0.48	0.52	0.56	0.62	0.68	0.76	0.84	0.92	1.02
MT5	*a*	0.20	0.24	0.28	0.32	0.38	0.44	0.50	0.56	0.64	0.74	0.86	1.00	1.14
	b	0.40	0.44	0.48	0.52	0.58	0.64	0.70	0.76	0.84	0.94	1.06	1.20	1.34
MT6	*a*	0.26	0.32	0.38	0.46	0.52	0.60	0.70	0.80	0.94	1.10	1.28	1.48	1.72
	b	0.46	0.52	0.58	0.66	0.72	0.80	0.90	1.00	1.14	1.30	1.48	1.68	1.92
MT7	*a*	0.38	0.46	0.56	0.66	0.76	0.86	0.98	1.12	1.32	1.54	1.80	2.10	2.40
	b	0.58	0.66	0.76	0.86	0.96	1.06	1.18	1.32	1.52	1.74	2.00	2.30	2.60
未注公差的尺寸允许偏差														
MT5	*a*	±0.10	±0.12	±0.14	±0.16	±0.19	±0.22	±0.25	±0.28	±0.32	±0.37	±0.43	±0.50	±0.57
	b	±0.20	±0.22	±0.24	±0.26	±0.29	±0.32	±0.35	±0.38	±0.42	±0.47	±0.53	±0.60	±0.67
MT6	*a*	±0.13	±0.16	±0.19	±0.23	±0.26	±0.30	±0.35	±0.40	±0.47	±0.55	±0.64	±0.74	±0.86
	b	±0.23	±0.26	±0.29	±0.33	±0.36	±0.40	±0.45	±0.50	±0.57	±0.65	±0.74	±0.84	±0.96
MT7	*a*	±0.19	±0.23	±0.28	±0.33	±0.38	±0.43	±0.49	±0.56	±0.66	±0.77	±0.90	±1.05	±1.20
	b	±0.29	±0.33	±0.38	±0.43	±0.48	±0.53	±0.59	±0.66	±0.76	±0.87	±1.00	±1.15	±1.30

续表

公差等级	公差种类	基本尺寸											
		>120 ~140	>140 ~160	>160 ~180	>180 ~200	>200 ~225	>225 ~250	>250 ~280	>280 ~315	>315 ~355	>355 ~400	>400 ~450	>450 ~500
标注公差的尺寸公差值													
MT1	*a*	0.32	0.36	0.40	0.44	0.48	0.52	0.56	0.60	0.64	0.70	0.78	0.86
	b	0.42	0.46	0.50	0.54	0.58	0.62	0.66	0.70	0.74	0.80	0.88	0.96
MT2	*a*	0.46	0.50	0.54	0.60	0.66	0.72	0.76	0.84	0.92	1.00	1.10	1.20
	b	0.56	0.60	0.64	0.70	0.76	0.82	0.86	0.94	1.02	1.10	1.20	1.30
MT3	*a*	0.64	0.70	0.78	0.86	0.92	1.00	1.10	1.20	1.30	1.44	1.60	1.74
	b	0.84	0.90	0.98	1.06	1.12	1.20	1.30	1.40	1.50	1.64	1.80	1.94
MT4	*a*	0.92	1.02	1.12	1.24	1.36	1.48	1.62	1.80	2.00	2.20	2.40	2.60
	b	1.12	1.22	1.32	1.44	1.56	1.68	1.82	2.00	2.20	2.40	2.60	2.80
MT5	*a*	1.28	1.44	1.60	1.76	1.92	2.10	2.30	2.50	2.80	3.10	3.50	3.90
	b	1.48	1.64	1.80	1.96	2.12	2.30	2.50	2.70	3.00	3.30	3.70	4.10
MT6	*a*	2.00	2.20	2.40	2.60	2.90	3.20	3.50	3.90	4.30	4.80	5.30	5.90
	b	2.20	2.40	2.60	2.80	3.10	3.40	3.70	4.10	4.50	5.00	5.50	6.10
MT7	*a*	2.70	3.00	3.30	3.70	4.10	4.50	4.90	5.40	6.00	6.70	7.40	8.20
	b	2.90	3.20	3.50	3.90	4.30	4.70	5.10	5.60	6.20	6.90	7.60	8.40
未注公差的尺寸允许偏差													
MT5	*a*	±0.64	±0.72	±0.80	±0.88	±0.96	±1.05	±1.15	±1.25	±1.40	±1.55	±1.75	±1.95
	b	±0.74	±0.82	±0.90	±0.98	±1.06	±1.15	±1.25	±1.35	±1.50	±1.65	±1.85	±2.05
MT6	*a*	±1.00	±1.10	±1.20	±1.30	±1.45	±1.60	±1.75	±1.95	±2.15	±2.40	±2.65	±2.95
	b	±1.10	±1.20	±1.30	±1.40	±1.55	±1.70	±1.85	±2.05	±2.25	±2.50	±2.75	±3.05
MT7	*a*	±1.35	±1.50	±1.65	±1.85	±2.05	±2.25	±2.45	±2.70	±3.00	±3.35	±3.70	±4.10
	b	±1.45	±1.60	±1.75	±1.95	±2.15	±2.35	±2.55	±2.80	±3.10	±3.45	±3.80	±4.20

续表

公差等级	公差种类	基本尺寸											
		>500 ~630	>630 ~800	>800 ~1000									
标注公差的尺寸公差值													
MT1	*a*	0.97	1.16	1.39									
	b	1.07	1.26	1.49									
MT2	*a*	1.40	1.70	2.10									
	b	1.50	1.80	2.20									
MT3	*a*	2.00	2.40	3.00									
	b	2.20	2.60	3.20									
MT4	*a*	3.10	3.80	4.60									
	b	3.30	4.00	4.80									
MT5	*a*	4.50	5.60	6.90									
	b	4.70	5.80	7.10									
MT6	*a*	6.90	8.50	10.60									
	b	7.10	8.70	10.80									
MT7	*a*	9.60	11.90	14.80									
	b	9.8	12.10	15.00									
未注公差的尺寸允许偏差													
MT5	*a*	±2.25	±2.80	±3.45									
	b	±2.35	±2.90	±3.55									
MT6	*a*	±3.45	±4.25	±5.30									
	b	±3.55	±4.35	±5.40									
MT7	*a*	±4.80	±5.95	±7.40									
	b	±4.90	±6.05	±7.50									

注：*a*——不受模具活动部分影响的尺寸。

b——受模具活动部分影响的尺寸。

不受模具活动部分影响的尺寸，是指模具中由同一个模具零件所成型的尺寸，例如，由整体型腔成型塑料制品的径向尺寸；受模具活动部分影响的尺寸，是指由相对位置可发生变化的两个或更多模具零件共同成型的尺寸，例如，壁厚和底厚尺寸，受嵌件或滑块位置影响的尺寸。

附录五　　常见注射成型塑料制品的缺陷及原因分析

缺陷	产生原因	解决措施
塑料不足 形状有欠缺	料筒、喷嘴温度偏低	提高料筒、喷嘴温度
	模具温度太低	提高模具温度
	加料量不够	增加料量
	注射压力低	提高注射压力
	进料速度太慢	调节进料速度
	锁模力不够	增加锁模力
	型腔无适当排气孔	修整模具，增加排气孔
	注射时间太短，柱塞或螺杆回退过早	增加注射时间
	杂物堵塞喷嘴	清理喷嘴
	流道浇口太小，浇口数量不够，位置不当	正确设置浇注系统
存在溢边 （俗称“批锋”）	注射压力太大	降低注射压力
	锁模力不足	调节锁模力
	模具密封不严，有杂物或模板弯曲变形	修整模具
	型腔排气不良	修整模具
	料筒、喷嘴及模具温度过高	调节温度
	原料流动性太大	考虑更换原料
存在明显的熔接痕	料温太低，塑料流动性差	提高料温
	注射压力太小	提高注射压力
	注射速度太慢	提高注射速度
	模温太低	提高模温
	型腔排气不良	改善型腔排气
	脱模剂过多	减少脱模剂量
表面存在黑点及条纹	料温高，塑料分解	降低料温
	喷嘴与主流道不吻合，产生积料	修整结合处，除去死角
	模具排气不良	修整模具排气装置
	染色不均匀	重新染色
	原料污染或带进杂料	更换、处理原料

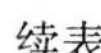
续表

缺陷	产生原因	解决措施
表面存在银丝及斑纹	料温过高，分解物进入型腔	降低料温
	原料含水量高，成型时汽化	原材料预热或干燥
	物料中含有易挥发物	原材料预热或干燥
存在明显变形	冷却时间短	延长冷却时间
	顶出力不均	改变顶出位置
	模温太高	降低模温
	内应力太大	设法消除内应力
	通水不良，冷却不均	改良水路
	制品壁厚不均	正确设计制品
存在脱皮、分层	原料不纯	净化处理原料
	不同级别或牌号原料混用	严格使用原料
	润滑剂配入过量	减少润滑剂用量
	塑化不均匀	增加塑化能力
	混入异物	清除异物
	浇口过小，摩擦力太大	增大浇口，减小摩擦力
	保压时间过短	延长保压时间
存在裂纹	模温过低	调高模温
	冷却时间过长	缩减冷却时间
	塑料和金属嵌件收缩不一	预热金属嵌件
	顶出装置倾斜或不平衡，顶出面积小或分布不当	合理安排顶出装置
	脱模斜度不够	正确设计脱模斜度
表面存在波纹	物料温度低，黏度大	提高料温
	模温低	提高模温
	注射速度过慢	提高注射速度
	浇口过小	适当扩大浇口
性脆、强度下降	料温过高，塑料分解	降低料温，控制塑料在料筒内滞留时间
	塑料和嵌件内应力过大	预热嵌件，保证嵌件周围有一定厚度的塑料
	塑料回用次数过多	控制回料配比
	塑料含水	塑料预热干燥

续表

缺陷	产生原因	解决措施
脱模困难	模具顶出装置结构不良	改进顶出装置
	型腔脱模斜度不够	正确选择脱模斜度
	型腔温度不合适	适当控制模温
	型腔有接缝或存料	清理模具
	成型周期太短或太长	适当控制成型周期
	芯模无进气孔	修整芯模
尺寸不稳定	注射机电路或油路系统不稳定	维修注射机电路或油路系统
	成型周期不一	严格控制成型周期
	温度、时间、压力变化	调节温度、时间、压力，使之稳定
	塑料颗粒大小不一	使用均一塑料
	回收下脚料与新料混合比例不均	均匀混合比例
	加料不均	控制或调节加料，使之均匀